ネイチャーガイド

A Field Guide to Aquatic Plants of Japan

# 日本の水草

Yasuro KADONO

角野康郎

## はじめに

　拙著『日本水草図鑑』（1994年）を出版してから20年になる。お陰様で，この図鑑は多くの方に利用いただくことになった。しかし，大判で重かったことから，フィールドに持ち出せる，もう少しハンディな水草図鑑を作れないだろうかという話が持ち上がった。また私自身も，この図鑑に載せなかった水辺の植物のことが気になっていた。当時，ある大学でカサスゲの生態を研究していた学生から「カサスゲは載っていませんね」と言われた記憶が鮮明に残っている。上記の図鑑の執筆にあたっては，「ハサミとノリ」（今風に言うと「コピペ」か）は止めるという方針にこだわったので，自分できちんと調べたことのない植物は載せられなかったというのが正直なところであるが，さまざまな報告で「水草の範囲は角野（1994）に従った」と書かれる例を見るにつけ，掲載種をもう少し広くカバーした図鑑を作る責任があると痛感するようになった。

　そこでフィールド版の準備を開始したのだが，私自身の多忙はさておき，次々と追加すべき種が増えていった。この間にいくつかの分類群で新たな研究が進み，ミズニラ属やコウホネ属をはじめとして新しい種が何種も加わった。また，新たに野生化する外来水草が次々と登場している。図鑑に掲載するには，自分で調べ，写真も撮影したい。資料集めや現地調査を重ねているうちに，時間ばかりが経ってしまった。しかし，今年は先の図鑑を出版してから20年目である。このタイミングを逃すことはできないと頑張って，ようやく出版にこぎ着けた次第である。

　掲載種の選択については最後まで悩んだ。国内の水辺に生育している水草（狭義）は可能な限り取り上げる方針で臨んだが，チゴザサは載っているのに，なぜカズノコグサやミゾソバが載っていないのかと問われると苦しい。水田雑草の多くも取り上げることができなかった。またホシクサやコウガイゼキショウの仲間に関しても，私の不勉強がたたって今回は代表種を掲載することしかできなかった。

　一方で，研究者の作る図鑑として恥ずかしくないものにしたいとこだわった結果もある。例えば，なぜシマツユクサは水草なのかと不審に思われるかも知れない。沖縄（特に八重山諸島）へ行くと水路や水田にシマツユクサが多い。九州以北ならばイボクサが生育している環境である。つまり九州以北におけるイボクサのニッチェ（生態的地位）を沖縄ではシマツユクサが占めているのである。私にとっては発見であった。これは載せない訳にはいかないと考えた。湧水で沈水形をとるヤナギタデを載せたのも，水辺の植物の興味深い生態を紹介したいと考えたからである。北海道と沖縄の水辺の植物については，気になりながら取り上げられなかった種が多い。今後の課題としたい。

　本書で新旧いずれの分類体系を採用するかということでも迷った。周知のように，現在，被子植物の分類体系は大きな過渡期にある。分子系統学の進歩によって登場したAPGの新

しい分類体系によって，私たちが長年なじんできた単子葉類や双子葉類，合弁花類，離弁花類といった分類は消滅しようとしている。日本国内ではAPG体系に基づく図鑑や植物誌の出版はまだ限られるために，戸惑われる読者も多かろうと予想したが，今後，旧来の分類体系が復活する可能性はない。そこで本書ではAPGの分類体系に基づいて科を配列することにした。所属が大きく変更された分類群が少なくないが，混乱がないように旧分類群との対応を注記した（p.6「本書の利用にあたって」参照）。

現在の水草を巡る状況の一端は総論「日本の水草」でふれたので，お読みいただきたい。水辺（湿地）の生物多様性保全は，私たちに課せられた重要な課題である。水辺の自然の成り立ちと，そこを生活の場とする生きものの姿を知ることが，そのための第一歩である。本書がそのための一助になればと願っている。

本書には，ウキミクリやハリナズナのように私自身がまだ生きた植物を見たことがなく，標本でしか知らない水草も含まれる。また，私の写真ではもの足りない種もあった。貴重な写真を快くご提供いただいた（北から）佐々木純一さん（ウキミクリ），山崎真実さん（ウキミクリ，チシマミクリ，ヒナミクリ），鈴木まほろさん（ハリナズナ），高田順さん（モウコガマ），黒沢高秀さん（トウゴクヘラオモダカ），栗山由佳子さん（湧水のイヌタデ），村松正雄さん（セトヤナギスブタ），倉園知広さん（ガマ属の花），上赤博文さん（ヒシモドキ），高宮正之さん（シナミズニラ，オオバシナミズニラ）には心からお礼申し上げる。また絶滅種タカノホシクサの画像を提供いただいた群馬県立自然史博物館と大森威宏さん，大胞子の写真を撮るためにオオバシナミズニラの標本を貸していただいた徳島県立博物館と茨木靖さんに謝意を表する。

本書は，私の長年にわたる研究・調査の積み重ねの成果である。この間，全国の多くの方々に野外調査の際の現地案内や情報提供でお世話になった。逐一お名前を挙げない失礼をお許しいただき，心から感謝申し上げたい。なお，今回の図鑑に収録したいと考えてぎりぎりまで現地調査に出かけた。杉山昇司さん（北海道東部の希少種自生地），高田順さん（モウコガマ自生地），瀧崎吉伸さん（ハビコリハコベとヒガタアシの産地情報），大嶋範行さん（西表島の水草情報）のご協力のお陰で，納得のいく形で収録できた種もある。皆様方には深く感謝したい。

本書の出版に際し，文一総合出版の菊地千尋さんには辛抱強く原稿を待っていただき，編集にあたってもたいへんお世話になった。斉藤博社長ともども，ご支援に心よりお礼申し上げる。

末筆ながら，日頃の研究活動や野外調査を理解し，支えてくれている妻・万里子に深く感謝する。

2014年7月　角野康郎

# 目 次

はじめに ......3
本書の利用にあたって ......6
日本の水草 ......7

## ■シダ類
ミズニラ科 ......20
サンショウモ科 ......28
トクサ科 ......24
イノモトソウ科 ......35
デンジソウ科 ......26

## ■スイレン目
ハゴロモモ科 ......37
スイレン科 ......39

## ■単子葉類
ショウブ科 ......54
トチカガミ科 ......84
カワツルモ科 ......139
ミズアオイ科 ......144
ホシクサ科 ......166
サトイモ科 ......56
アマモ科 ......109
アヤメ科 ......141
ガマ科 ......149
カヤツリグサ科 ......169
オモダカ科 ......70
ヒルムシロ科 ......110
ツユクサ科 ......142
イグサ科 ......163
イネ科 ......204

## ■真正双子葉類
マツモ科 ......224
アリノトウグサ科 ......232
カワゴケソウ科 ......240
アブラナ科 ......256
ヒユ科 ......264
ヒルガオ科 ......267
タヌキモ科 ......285
ウコギ科 ......301
キンポウゲ科 ......225
バラ科 ......238
ミソハギ科 ......246
タデ科 ......260
ヌマハコベ科 ......266
ナガボノウルシ科 ......268
ミツガシワ科 ......295
セリ科 ......303
ハス科 ......231
ミゾハコベ科 ......239
アカバナ科 ......251
モウセンゴケ科 ......263
ムラサキ科 ......267
オオバコ科 ......269
キク科 ......300

## ■コケ類…306

引用文献 ......309
索引
　特定外来生物 ......315
　絶滅危惧種 ......315
　学名 ......317
　和名 ......322

### コラム

オオアカウキクサ類の
　　　　識別法 ...33
日本産コウホネ属の
　　　　多様性 ...40
園芸スイレンの野生化 ...53
ヒルムシロ属の雑種 ...125
両生植物としての
　　　　ホシクサ属 ...168
水辺のイネ科植物 ...222
沈水性コケ植物の世界 ...307

## 本書の利用にあたって

1. 本書における科の配列はAPG III の分類体系（Haston et al., 2009）に基づく。学名（❶）は，原則として米倉浩司著（邑田仁監修）『日本維管束植物目録』(2012)，BG Plants 日本植物学名検索システム（Ｙリスト）に従ったが，分類群の認識について見解が異なる場合は，別の学名を使用した。併記した学名（❷）は，他の図鑑等にしばしば使用されているものを便宜的に列記したもので，シノニムリストではないことに注意されたい。

    なお，一部の種の学名は未発表であり，現時点では裸名である。いずれも正式記載の準備中である。
2. 国内分布（❸）は，北海道，本州，四国，九州，沖縄の順で記載した。国外分布（❹）については，種名の変更等により情報が錯綜している状況等を鑑み，ややおおまかな記載とした。外来種の野生化情報についても記録のたどれた地域のみを挙げている。
3. レッドリスト（RL）のカテゴリー（❺）は，第4次レッドリスト（2012）による。また特定外来生物は2014年6月現在の指定に基づく。
4. 写真については撮影地と撮影年月日を記載しているが，採集等による減少が危惧される場合は記載していない。
5. 説明文は，同定に有用な情報を優先し，個々の形質の記載については簡潔なものとした。詳細については専門の図鑑等と併用していただければ幸いである。
6. 最近の新たな知見については可能な限り文献を引用した。各分類群に関するさらに包括的な文献情報については拙著『日本水草図鑑』の参考文献を参照されたい。

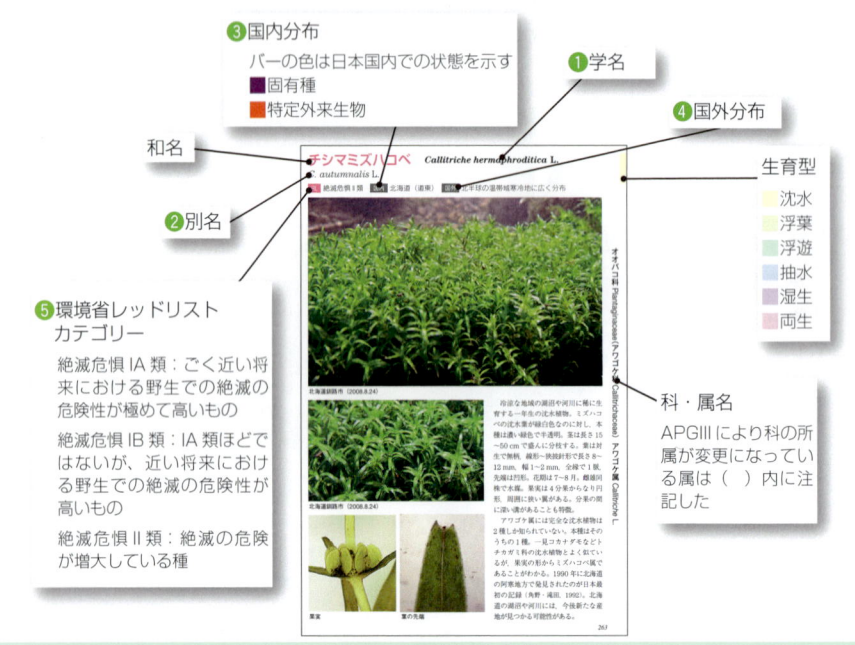

❸ 国内分布
バーの色は日本国内での状態を示す
■ 固有種
■ 特定外来生物

❶ 学名

❹ 国外分布

和名

❷ 別名

チシマミズハコベ　*Callitriche hermaphroditica* L.
*C. autumnalis* L.
絶滅危惧I類　北海道（道東）　国外　北半球の温帯域寒冷地に広く分布

北海道網走（2006.8.24）

オオバコ科 Plantaginaceae（アワゴケ科 Callitrichaceae）

アワゴケ属 *Callitriche* L.

生育型
沈水
浮葉
浮遊
抽水
湿生
両生

科・属名
APGIIIにより科の所属が変更になっている属は（ ）内に注記した

❺ 環境省レッドリストカテゴリー

絶滅危惧IA類：ごく近い将来における野生での絶滅の危険性が極めて高いもの

絶滅危惧IB類：IA類ほどではないが，近い将来における野生での絶滅の危険性が高いもの

絶滅危惧II類：絶滅の危険が増大している種

北海道網走（2006.8.24）

岸辺の地域の湖沼や河川に稀に生育する一年生の沈水植物。ミズハコベに比べ葉が細長く苞がないことに特徴がある。茎は長さ5～50 cmで枝よく分枝する。葉は針形で細長い円形，縦形～狭倒卵形で長さ8～12 mm，幅1～2 mm，全体で1個，先端は3浅裂し，花期は7～8月，果実は卵形で全縁にならず，周囲に狭い翼があり，全体の間に狭い隙があることを特徴。
アワゴケ属は完全な北米植物と呼ばれ，小さいヒンヤリ分布している。本種はそのうち1種，一見コカナダモのような小ささで，ミズハコベにチカボそ科の水生植物とよく似ているが，果実の形からミズハコベ属であることがわかる。1990年に北海道の阿寒湖北方で発見された最初の記録（角野・滝田，1992）に，北海道の湖沼や河川には，今後新たな産地が見つかる可能性がある。

果実　葉の先端

263

# 日本の水草

## 1. 水草とは

　湖沼やため池，河川，水路，湿原や干潟，湧水など，水に育まれる多様な水辺環境が，平野部から山間部まで日本各地に存在する。これらの水辺環境は，広く「湿地」（ウェットランド）と呼ばれ，高い生物多様性を有する環境として注目されている（角野・遊磨，1995）。湖沼や河川などの水域も含める「湿地」という概念はラムサール条約の定義に基づくが，日常用語としての湿地という言葉と混同しないように，ここでは「水辺」または「水辺環境」という用語を用いる。
　水草（水生植物；Water plant, Aquatic plant）は，このような水辺に生育する植物たちであるが，さまざまな定義がある（Sculthorpe, 1967）。陸から水域への環境の変化は連続的であり，さらに季節的な水位変動を考慮すると，どこで線を引くかによって定義が変わってくるのである。湿地や湿原に生育する植物（湿生植物）まで含めて水草（広義の水草）と呼ぶこともあれば，生活史の大半を水中で生活する植物に限定して水草（狭義の水草）とすることもある。生嶋（1972）は「植物の発芽は水中か，水が主な基質となっているところで起こり，生活環のある期間は少なくとも完全に水中か抽水の状態で過ごすもの」を水草と定義した。これは狭義の水草の生態を的確に表現しており，本書ではこの定義に該当する植物を中心に取り上げている。

　系統分類学的に見ると，維管束植物（種子植物とシダ植物）だけでなく，コケ植物や淡水藻類の車軸藻類も水草に含めることがある。植物プランクトンやアオミドロなどの糸状藻類に対し，肉眼で見ることのできる水生植物という意味で，大型水生植物（Aquatic macrophyte）と呼ばれる。このうち，車軸藻類以外は，祖先をたどれば陸生の植物である。クジラやイルカが陸上の哺乳類が進化して水中生活を始めたのと同様に，さまざまな植物たちが陸上から水中に進出し，新たな適応を獲得して水草となった。

## 2. 生育形による水草の分類

　水草は，植物体と水面の相対的な位置関係に基づき，以下の4つの生育形に分類される。

**(1) 抽水植物**（Emergent plant）：茎や葉が水面を突き抜けて空気中に出る植物。ヨシやガマのような大形の抽水植物からヒメホタルイやチャボイのような小形の植物まで含まれる。水が引いて湿地になっても，土壌が乾燥しない限りほぼ通常の生活を営む。生育可能な最大水深は1.5 m前後で，日本の水草で最も深い場所まで群落を形成する抽水植物はヒメガマである（ただしヒメホタルイのように沈水形を取ることのできる種はさらに深い水深まで生育する）。植物体が直立せず，伸張した茎が水面に浮遊して匍匐するような生活形をもつ植物を**半抽水植物**（Semi-

7

(1) 抽水植物——小川原湖のヒメガマ群落（青森県三沢市，2011.9.13）

(2) 浮葉植物——オニバス（岡山県倉敷市，1997.8.25）

(3) 沈水植物——セキショウモ（山梨県富士河口湖町，2012.9.10）

(4) 浮遊植物——ウキクサとアオウキクサ（長野県安曇野市，2004.7.13）

emergent plant）と呼ぶこともある（例：アシカキ，チクゴスズメノヒエ）。

(2) **浮葉植物**（Floating-leaved plant）：水底から茎や葉柄が伸び，水面に浮く葉（浮葉）を展開する植物。ヒシやアサザ，オニバスなどが代表例。抽水植物よりも深い水域まで生育できるが，浮葉を水面に到達させるためにはコストが必要で，生育できる水深には限度がある。また流速が速い場所では生育が難しく，湖沼やため池，河川の淀みなどの止水域が主な生育環境となる。

(3) **沈水植物**（Submerged plant, Submersed plant）：植物体全体が水中に沈んで成長する植物。クロモやミズオオバコが代表例。水中生活に最も適応した水草たちで，光合成に必要な光が届く限り深い場所にも生育できる。水中の葉（沈水葉）は気孔を欠き，表皮のクチクラ層も発達しない。陸上生活をしていた過去の歴史の名残で花だけは水面上で咲かせる種もあるが，一部の種は水面または水中で受粉ができるように適応した。前者（水面媒）の例としてはセキショウモやリュウノヒゲモ，後者（水中媒）の例としてはイバラモやイトクズモなどがある。

(4) **浮遊（浮漂）植物**（Free-floating plant）：根が水底に固着せずに水面または水中を浮遊する植物。水面上を浮遊する種としてはウキクサやホテイアオイ，水中を浮遊する種としてはムジナモやタヌキモ，マツモなどがある。前者は光合成や呼吸の方法では浮葉植

物あるいは抽水植物と共通の性質を持ち，後者は沈水植物と共通する。根を水底に張らないため成長に必要な栄養塩類は水中から吸収する。沈水性の浮遊植物であるマツモやタヌキモ類の一部の種では，茎の基部が「仮根」となり水底に固着している場合もある。

これらの生育形は，種によって決まっているわけではなく，同じ種でも水深や流速に対応してしばしば生育形は変化する。例えば，ミクリ属の多くの種は抽水植物であるが，流水域ではしばしば浮葉形や沈水形をとる。水位が低下すると沈水形の茎が水面上に伸びて抽水形になるキクモのような例や，浮葉形が抽水形になるマルバオモダカのような例もある。渇水期に陸生形 (land form, terrestrial form) を形成する種も少なくない。抽水植物が湿地に生育するケースだけでなく，ササバモのような沈水植物が形態を大きく変えて陸生形となる場合もある (p.120)。本書において「沈水形〜抽水形」というような表現をしているのは，このような生育形の可塑性を示している。

生育形が変わると形態的特徴も変わってくるので，このような性質を理解しておくことは，種の正しい同定のためにも重要である。なお，可塑性の有無や程度は種によって異なり，それぞれの種の生育環境を決定する要因になる。

生育形の可塑性の興味深い例が，水陸の境界を自在に越えて陸上でも水中でも生育できる種である。エゾノミズタデ (p.260) はその典型で，水中では浮葉〜抽水植物となるが，陸上では直立する通常の陸生植物である。別々に見れば同じ種とは思えないだろう。このような植物を両生植物 (Amphibious plant) と呼ぶ。エゾノミズタデは，水位低下によって干上がった場所に陸生形を形成するのではなく，はじめから陸生形と水生形がある特異な例である。

ホシクサ属（ホシクサ科）やイグサ属のコウガイゼキショウ類（イグサ科）には，栄養成長期は沈水状態ですごし，夏から秋にかけた渇水期には陸生となって開花，結実する種が多い。これらの種は形態的な変化は少ないが，両生植物といえる。湿地にだけ生育し，長期間の冠水に耐えられない植物は湿生植物 (Helophyte) と呼び，狭義の水草 (Hydrophyte) と区別する。湿地には通年冠水しない湿地状態の場所と，1年のうちのある時期だけ水が引いて湿地状態になる場所がある。本書で「湿生植物」と記述しているのは後者のケースに生育する植物である。

## 3. 水草の生育環境

水草が生育する環境は多様である。ここでは主要な環境を取り上げて紹介する。

(1) **河川**：日本の河川は急流域が多く，増水と渇水を繰り返す不安定な環境であるために水草の生育には必ずしも適していない。このような河川に生育する水草はツルヨシなど特定の種に限られる。湧水がある河川の場合は上流にバイカモ群落が見られるなど，河川によって状況は異なる。中〜下流域には生育する水草が増える。特に北海道の

湿原から流出する河川（北海道安平町，2011.8.7）

湧水のある水路。水中にはナガエミクリ（兵庫県養父市，2013.6.29）

クリーク。トチカガミが群生する（佐賀市，2001.9.24）

湿原から流出する河川は，水量が比較的安定していることもあってさまざまな水草が生育していることが多い。本来，熱帯～亜熱帯地域に分布する特殊な渓流植物であるカワゴケソウ科植物が，鹿児島県と宮崎県の河川に生育することも特記される。しかし，後述するように，河川改修や水質の悪化で，河川の水草群落は著しく衰退する傾向にある。代わってオオカナダモやナガエツルノゲイトウなどの外来種の異常繁茂が各地で問題となっている。

(2) **水路**：農業用水や生活用水として利用するために，各地に多くの水路がある。幅が10mを超えるような水路から，幅1mにも満たない溝と呼ぶ方がふさわしい水路まで，その姿は変化に富む。

水路は，多くの場合水量が人為的にコントロールされるため，自然河川よりも安定した環境である。「藻上げ」，「藻刈り」，「江ざらい」などと呼ばれる除草作業が定期的に行われるにもかかわらず，さまざまな水草が生育するのは，水深や流速など，水草の生育に適した条件があるからである。湧水の有無や，管理の仕方で水草相は大きく変わることも注目される。「こぶな釣りしかの川」と唱われたような小川は近年，護岸改修などで減少したが，水草の多産する水路は各所に残されている。なお佐賀平野から筑後平野に広がるクリークも農業と結びついた水域であり，多くの水草が生育している。

(3) **湖沼**：湖沼は成因や立地により地形や水質が異なり，まったく水草の生育しない湖から，里湖（平塚ほか，2006）として人間が水草を利用するほど多産する湖まで，その状況はさまざまである。湖岸から沖に向かって抽水植物－浮葉植物－沈水植物の帯状分布（ゾーネーション）が見られるのは湖沼の水草群落の特色だが，そのパターンや種組成は湖の特性に応じて変わる。日本には山間の貧栄養湖から平野部の富栄

日本の水草

湖沼（北海道根室市オンネナイ沼）

水草の種多様性が高いため池（兵庫県加東市，2007.9.8）

水草の多産する水田（兵庫県三田市，2010.9.6）

養湖，さらには海に近い汽水湖まで多様な湖が存在し，特有の水草相を支えている。なお，平野部に多数存在した潟と呼ばれる湖沼のほとんどが干拓によって消滅した。人間活動と水草の楽園は共存できなかった（角野，1999）。

(4) **ため池**：農業灌漑用のため池は人工的な水域である。その歴史は弥生時代まで遡るが，本格的なため池の築造が始まったのは奈良時代である。江戸時代の新田開発にともない多数のため池が造られ，その数は30万か所近くに達した。内田（2003）は，1989年度のため池数を213,893か所としており，その後，埋め立てや小規模ため池の統合によって数はさらに減少しているが，生物多様性を支える身近な水辺として注目されている（江崎・田中，1998；浜島ほか，2005）。人の営みと生きものが共存してきた環境であり，まさに人と自然の共生のモデルとしても注目される。水の利用にともなう水位変動に水草がどのように適応するかを見ることができ，たいへん興味深い水草の生育環境である。

(5) **水田**：我が国で最も広い面積を有する水辺環境であり，水草にとっても大切な生育場所である。稲作の農事暦に合わせて水のある期間とない期間がある特異な環境であるが，そのようなサイクルに生活史を合わせたさまざまな植物たちが存在する。桐谷（2010）は，水田に生育する植物（コケ類含む）として2,075種をリストアップしている。水草はその一部であるが，水田雑草と称される植物たちは広い意味での水草である。除草剤の使用や大規模な圃場整備によって，かつては普通種であった「水田害草」の多くが今や絶滅危惧種になっている。現在は谷間に残された湿田などが，追い詰められた絶滅危惧種の残り少ない生育場所になっている。

(6) **湧水**：日本の水環境を語るとき，湧水の存在を忘れてはならないだろう。

水草の生育環境

水田の水草たち。スブタ，ミズオオバコ，ウリカワなどが生育（兵庫県三田市，2010.9.6）

湧水で沈水形となったチドメグサ属植物（静岡県富士宮市，2013.7.2）

湧水中で開花するイヌタデ（静岡市，2008.10.17）
撮影：栗山由佳子

日本の水草

鳥海山麓，富士山麓，阿蘇山麓など，我が国には多くの有名な湧水地帯が存在する。湧水のある河川や泉は，水の清らかさだけでなく，生態学的にもたいへん興味深い環境である。湧水中には特有の水草が生育しているが，それに加えて本来ならば陸上に生育する植物が沈水形となって生育している。イヌタデが湧水中で花を咲かせる光景は驚きである。湧水中には二酸化炭素が多いことが，このようなユニークな現象を支えていると私は予測しているが，まだ実証されていない仮説である。大量の湧水に支えられる湧水河川だけでなく，山から絶えず流入する少量の湧き水が水田の水草相を支えている例も多い。

ここには挙げなかったが，湿原の中の池塘，塩湿地のなかの水たまりなど，その規模や永続性も含めて多様な水辺環境があり，水草たちの生育環境になっている。

## 4. 水草はどのようにして水辺環境に適応しているか

水草は，その形態，生理，生態など，さまざまな側面で水中生活への巧みな適応を獲得してきた。ここでは，水草の形態や生態を理解する上で重要な3つのトピックについてふれる。

### (1) 可塑性，とくに異形葉について

水草は，生育環境によってそのサイズや形が著しく変化する。同一種だとは思えないほどに姿を変える種もあり，このような変異性はしばしば水草の分類を混乱させる。その1つの例が異形葉である。

異形葉（異葉性，Heterophylly）とは，1個体の植物が2種類以上の異なった形や性質を持つ葉をつけている状態，または同種の植物が生育環境の違いによって葉形の変化を示すことを指す。浮葉性ヒルムシロ属やコウホネ属の種では幼葉に相当する沈水葉と成葉となる浮葉の形態は大きく異なる。これは前者の例である。オモダカ属やミズアオイ属の種のように，成長するにつれて葉形が変化するのは発育段階と結びついた異形葉で，これらの変化は遺伝的に決まっているので生育場所にかかわらず見られるのが原則である。

他方，生育環境によって形態の大きく異なる葉を形成する異形葉がある。水中で展開する葉（**水中葉，沈水葉**）と空気中で展開する葉（**気中葉，抽水葉**）の形態が著しく異なる例としてキクモ（p.278），タチモ（p.236），スギナモ（p.277）などが代表的である。水中葉は繊細で薄く，羽状葉の場合は細裂して体積あたりの表面積が最大になる形態をしている。表皮のクチクラ層は発達しない。表皮細胞を通じた水中でのガス交換を容易にするためである。気孔も水中では機能しないので退化している。一方，気中葉では，クチクラ層の発達，気孔の分化，柵状組織と海綿状組織の分化など陸上植物の葉と共通する特徴が見られる。異形葉は陸上植物でも見られる現象であるが，水草では特に顕著であり，水中生活への適応としてたいへん興味深い。水草を同定する際にも十分に注意する必要がある。

### (2) 栄養繁殖と殖芽

水草の特徴の1つとして，多様な栄養繁殖手段が発達していることが挙げられる。最も単純な栄養繁殖様式は植物体の断片（切れ藻）からの再生，すなわち切れ藻が不定根を出して別の場所に定着することである。外来水草のコカナダモが琵琶湖中に分布を拡大したのは切れ藻に

キクモの異形葉。左：水中葉，右：気中葉

よってであり（Kunii, 1984），また全国各地への分布拡大も切れ藻がアユの稚魚とともに運搬されたことによると推測されている（生嶋，1980）。沈水植物に限らず，ミズヒマワリやナガエツルノゲイトウのような抽水性の外来水草も植物体の断片からの再生力が旺盛である。そのためにいったん広がると駆除作業は困難を極めることになる。

ヨシやハスのように地下茎を伸ばして殖える種，ホテイアオイやトチカガミのように走出枝で殖える種もある。ウキクサ科植物のように葉状体が次々と娘葉状体をつくり，あたかも分裂するように殖える例もある。

水草の世界で特異的なのが殖芽（turion）の形成である。形態的あるいは生理的に特殊化した栄養繁殖器官を殖芽と呼び，地下茎や走出枝の先端に形成される塊茎や鱗茎（オモダカ，クロモ，ヒルムシロなど），茎の先端に未展開の葉が密集して棒状の殖芽となる例（マツモ，フサモなど）など，形態的にはさまざまな起源のものがある。ほとんどの殖芽は越冬器官になるが，エビモ（p. 126）のように夏を越す場合（越夏芽）もある。

栄養繁殖の興味深い例として無性芽の形成も忘れてはならない。花のつく位置にできる無性芽（胎生芽）（マルバオモダカ，ハリイ類など）のほかに，ミズワラビやミズヒマワリ（p.300）のように葉から幼個体が発生する場合もある。

殖芽の形態は同定の決め手としても重要である。イヌタヌキモとタヌキモ，オオタヌキモ（p. 286〜288），フサモとハリマノフサモ，オグラノフサモ（p. 233

ミズワラビの葉に形成された無性芽

〜235）などは，殖芽を観察することによって容易に識別できる。

### (3) 有性生殖

水草における有性生殖の役割は限定的だという見方もあるが（Hutchinson, 1975），一年草の場合はもちろん，栄養繁殖手段の発達した多年草においても，有性生殖は遺伝的多様性の維持など重要な役割を持っている。そして有性生殖を成功させるために，開花〜結実のプロセスにはさまざまな適応が存在する。

1つは自家受粉（自殖）の進化である。オニバス，フサタヌキモ，ヒシモドキなどは，通常の花を持ちながら同時に閉鎖花を形成する。ノタヌキモ，ミズオオバコ，オニビシなどは閉鎖花ではなく通常の花で自家受粉が卓越していることがわかっている。一般に自殖は不確定要素がある環境でも確実に種子を生産する手段である。水域の環境の不安定さが自殖を促したという意見もあるが，水草におけるその進化については，まだよくわかっていない。

一方，ミツガシワ科の種には，雌しべが長く雄しべが短い花（長花柱花）と，雌しべが短く雄しべが長い花（短花柱花）

があり，さらにホテイアオイでは雌しべの長さが中間的な中花柱花が存在する。アサザでは雌しべと雄しべの長さがほぼ同じになる等花柱花の存在も確認されている。これを**異形花柱性**（heterostyly）と呼ぶ。結実するためには異なった花型間で受粉することが必要なため，自家受粉を避け他家受粉（他殖）を促進する仕組みであると考えられている。

ハスやジュンサイなどは3～4日間にわたって花の開閉を続けるが，1日目にはまず雌しべが成熟し，翌日以降に雄しべが成熟して花粉を放出する。これも自家受粉を避け，他家受粉を促す仕組みとして知られる（雌雄異熟　dichogamy）。このように自殖と他殖のふたつの進化の道筋が水草の世界には見られる。

水草独自の受粉様式として水媒が進化した。セキショウモやクロモでは雄花が水面を浮遊して雌花に達する（水面媒）。水中媒を行うイバラモ属やイトクズモは水中に花粉を放出するが，どの程度に効率よい受粉を行っているのであろうか。まだ未解明のテーマである。

## 5. 生態系における水草の役割と人間とのかかわり

ここでは生態系における水草の役割や機能を考えてみよう。生態系の物質循環は一次生産者である植物（光合成生物）から始まる。水辺環境では，その役割を水草と藻類が担う。水草が生育しない水辺や，環境の悪化で水草が消滅した場所における一次生産者は藻類であるが，水草が生育する場所では水草が有機物生産に大きな役割を果たす。消費者である多

復元された縄文時代の住居。ヨシが利用されている

様な水生動物たちの世界は，水草の存在があって初めて成立するのである。

水草群落の存在はトンボや水鳥などの種多様性を増大させることが示されている。さまざまな生育形やサイズの水草が存在することで，魚や水生昆虫，水鳥などの生息空間の構造は複雑になる。採餌，産卵，避難などにさまざまな場が提供されることにより，多くの魚や水生昆虫，水鳥たちの生活が成り立つのである。また水草の茎や葉にはさまざまな微生物や藻類が付着している。それらの微小生物の採餌活動や栄養塩の吸収は，水草群落のもつ水質浄化機能を支えている。

水草と人間生活のかかわりも，衣食住全般にわたって深い。上の写真は，縄文文化のイメージを大きく変えたとされる三内丸山遺跡（青森市）において復元された堀立柱建物である。屋根は茅葺きだが周囲にはヨシの茎が使われている。既に縄文時代から，人々は水辺に多産するヨシを住居に利用していたのである。ヨシは，葦簀や屋根葺きの素材のほか，さまざまな伝統文化の中でも利用されてきた水草である（西川，2002）。畳表にな

*15*

食用にジュンサイの若芽を収穫する

るイグサや菅笠の材料となるカサスゲなども日本人の生活とは切っても切れない水草であった。

　食用になる水草も多い。ハスの越冬芽である蓮根やクワイは誰もが口にする食品であろう。ヒシの実やハスの実も食用にすることはよく知られているが、オニバスの堅い実も飢饉のときの救荒植物とされた。ジュンサイの若芽は、和食では貴重な食材である。自生地で採取権を購入して採集するのが普通であったが、今は休耕田を利用した栽培も行われている。セリやオランダガラシはなじみのある食用植物であり、栽培もされる。東南アジアへ行くとミズオオバコからウキクサまで、さまざまな水草が市場に並んでいる。多くの水草の薬効も知られており、漢方で用いられる水草の種は数多い。

　衣食住のように直接人間生活に関わる自然の恵み（生態系サービス）であるだけでなく、水草は人間の心に癒しを与える存在でもある。自然の水辺に育つ水草の姿が心の安らぎを与えることもある。「ビオトープ」に水草を植えるのは、トンボを呼ぶためだけではないだろう。水槽で美しい水草を楽しむアクアリウムも空前のブームである。熱帯魚を飼うための舞台装置としてではなく、水草を主役とした水槽創りも人気である。

## 6. 日本の水草の今

### (1) 絶滅危惧水草の現状

　水辺は絶滅危惧種が集中する環境と言われる。本書にとりあげた269種の在来水草（変種、雑種を含む）のうち、108種（40.1％）が環境省レッドリスト（2012）に掲載されている。日本産維管束植物全体でレッドリスト登載種の割合は32％であることを考えると、水草は絶滅危惧種の割合が高い。我が国で既に絶滅した水草はタカノホシクサ1種であるが、事実上の野生絶滅状態にあるムジナモのほか、私が知る限り残された自生地は1か所しかないという種が五指に余る。さらに、つい昨日まで普通種だと思っていたトチカガミやヤナギモなどが私たちの周りから急激に姿を消している。

　人間は古くから治水や利水のために水辺に手を加えてきたが、土木事業が土と木からコンクリートに変わるとともに、水辺の動植物の世界にも大きな変化が起こった。湖沼やため池の干拓や埋め立て、河川などの護岸改修工事、水田の圃場整備による湿田の乾田化、それに加え水質汚濁の進行や除草剤の使用など、人間活動によって姿を消した水草たちの現実はあらためて触れるまでもないだろう。

　最近になって、もう1つの問題が顕在化している。『生物多様性国家戦略』で「第2の危機」とされた人間活動の縮小である。人間活動が自然を破壊してきたことと矛盾するようだが、人間が何もし

富栄養化でアオコが発生したため池。水草は消滅した（和歌山県紀の川市，2012.8.20）

放棄されて干上がったため池（兵庫県三木市，2009.9.18）

なくなることも種の消滅要因になる。人間が里山や草地を利用しなくなったために多くの動植物が消滅の危機にあることはよく知られるようになったが，同様の問題が水草でも生じている。例えば水田の耕作放棄が進むことで，そこに生きてきた水草たちは消滅を余儀なくされる。水位変動のあるため池の環境に適応してきた両生植物は，水を貯えたままで高い水位を維持する最近の管理下では次世代に命をつなぐことができない。湿原・湿地も放置により植生遷移が進み，絶滅のおそれのある種が増加している。人の営みと共存してきた水草たちの危機である。

人為的攪乱だけでなく，自然攪乱の減少も問題となる。かつて日本の平野の河川の周囲には氾濫原湿地が広がっていた。しかし，最近は治水事業によって，そのような環境はほとんど姿を消した。増水の度に水に洗われて裸地が形成されていた場所で攪乱が消滅すると植生遷移が進行する。かつて河川の水辺に生育したミズアオイやオオアブノメ，カワヂシャなどの減少は，攪乱環境の減少が主要な要因である。絶滅危惧種を保全する

ためには，攪乱を含む維持管理が求められる時代になったのである。

外来動物による被害も目立つようになった。各地の公園や城の堀でハスが短期間の間に消滅する事例が相次いだ。犯人は，ミドリガメとして屋台やペットショップで販売されるミシシッピアカミミガメである。ソウギョ（草魚），アメリカザリガニ，ヌートリア，観賞用のニシキゴイも水草の消滅をもたらす。これらの外来動物対策は，水草の保全の観点からも重要な課題である。

陸上植物に深刻な影響を与えているシカによる水草の食害も確認されるようになった。このままでは絶滅危惧水草は増加する一方と予想される。

**(2) 外来水草の急増**

多くの在来水草が減少し絶滅危惧種となる一方で，水草の世界では外来水草の野生化と，その異常繁茂が各地で問題となっている。本来の生態系を大きく変質させるという問題だけでなく，在来の水草を消滅に追い込む点でも影響は深刻である。

その背景には，アクアリウムプランツやビオトープ植物として多くの外来水草

日本の水草の今

繁茂する外来水生植物。手前がブラジルチドメグサ。奥がボタンウキクサ（熊本市江津湖，2013.8.19）

せめぎあうオオカワヂシャ（外来種）と「ミシマバイカモ」（静岡県清水町　柿田川，2013.7.30）

## 日本の水草

が日本に導入され，流通している現実がある。自宅で栽培していて水草が増えたからといって不用意に近くの川や池に投棄すると何が起こるか。ボタンウキクサやブラジルチドメグサ，ミズヒマワリ，オオカナダモ，そして最近ではオオバナミズキンバイなどが異常に繁茂し，行政や市民団体が駆除に乗り出す事例が増えている。被害の甚大さだけでなく，駆除に費やされる経費と労力は膨大である。

富栄養化の進んだ水域で外来水草が異常繁茂するケースとは別に，湧水域への外来種の侵入も増加している。富士山麓の有名な湧水河川である柿田川（静岡県清水町）ではオオカワヂシャが広がり，「ミシマバイカモ」などの在来種を駆逐する勢いである。地元では駆除の取り組みが進んでいるが，根絶は難しい。イケノミズハコベは，正しく同定されないまま分布を拡大している外来種で，在来種のミズハコベを脅かす存在になっている。

観賞植物を楽しむのは結構なことだが，きちんと管理することが前提である。自然界への逸出や，意図的に植栽するような行為が，日本の自然にいかに深刻な生態系被害をもたらすのか，十分な自覚が求められている。

外国から導入される水草だけではなく，国内外来種の問題も忘れてはならない。別の場所から生きものを持ち込むことの問題点は，メダカやゲンジボタルの遺伝的多様性（地理的変異）の攪乱として注意喚起されてきた。しかし，何が問題なのか社会の共通認識にはならない現実がある。

水草も例外ではない。絶滅危惧種のアサザやミズキンバイなどが本来生育しないはずの場所で見つかる事例が増えている。誰かが捨てたか植えたのだろうが，このような行為は日本固有の生物多様性の保全に反する行為である。

現在，外来種，在来種を問わず多くの水草がネット販売やホームセンターで容易に入手できる。しかし，趣味や観賞用の生きものの飼育・栽培にはルールと責任があるという意識が，日本人は極めて低い。水草に限ったことではないが，販売する側にも問題があって，稀少種に付加価値をつけるのはその最たる例である。日本には1か所しか残存しないはずの絶滅危惧種がネット上で公然と販売さ

れている。最近，産地が数か所しか残っていない絶滅危惧種シモツケコウホネについて全個体遺伝子解析が進み，販売されている植物の由来を突き止めることができるようになった（志賀ほか，2013b）。そのことが公表された途端にシモツケコウホネは流通市場から姿を消したという。これは売る側にも購入する側にもモラルが求められる事例である。

行政が進めるビオトープや「自然復元」事業でも，業者任せにして安易に外来種や絶滅危惧種が導入される例が多い。これも外来生物問題や生物多様性の保全に対する意識の低さを示すものだろう。

日本は美しい水辺に恵まれた国である。そのような自然環境をぜひ守りたい。水草の世界を知ることは，その一歩になるに違いない。

私は20年前の著書『日本水草図鑑』に「10年後，20年後，本書に出ている水草が「現状不明」になることがないように，しっかりと日本の水草たちを見つめていきたいと思う。」と書いた。そしてこの20年間，多くの水草の減少は進んだが，現状不明になった水草は1種もない。逆に正確に認識されていなかった稀少種の現状が次々と明らかにされつつある。これはたいへん嬉しいことだ。

日本の水辺を守り，そこに暮らす多様な生きものたちと共存していくために，私たちに何ができるのかを考えたい。

# ミズニラ　*Isoetes japonica* A.Braun

RL 準絶滅危惧　国内 本州，四国　国外 朝鮮，中国

ミズニラ科 Isoetaceae ミズニラ属 *Isoetes* L.

流水中のミズニラ（兵庫県多可町，2013.5.5）

水田のミズニラ（静岡市，2010.6.27）

茎の横断面

大胞子

　貧栄養の湖沼やため池，湧水のある河川や水路，水田などに生育する多年生の沈水〜湿生植物。茎は塊茎状で断面は3裂，径1〜3cmで年々肥大する。葉は多数が叢生，鮮緑色〜緑白色で長さ10〜50（〜80）cm，円柱形で次第に細くなって先はとがる。内部は4室からなる空隙となっており，手触りは柔らかい。葉の基部は白色で偏平，幅広くなり外側に膨らむ。6〜7月ごろから内側に胞子嚢が形成される。異型胞子をもち，外側の葉に大胞子嚢，内側の葉に小胞子嚢ができる。大胞子は白色球形で，表面のひだ状の盛り上がりが規則正しく配列してハチの巣状の模様をなす。2n＝66（6倍体）。

# ミズニラモドキ
### *Isoetes pseudojaponica* M.Takamiya, Mitsu.Watan. et K.Ono

`RL` 絶滅危惧II類　`国内` 日本固有種。本州，四国

兵庫県福崎町（2010.10.2）

植物体基部の縦断面

茎の横断面

ミズニラモドキの大胞子

ミズニラ科 Isoetaceae ミズニラ属 *Isoetes* L.

貧栄養の湖沼やため池の浅水域，水田などに生育する多年生の沈水〜湿生植物。外部形態はミズニラと同様。茎の断面も3裂。大胞子の表面模様がやや乱れ，ミズニラのようにきれいなハチの巣状に見えないことと，小胞子の表面に針状の突起が多数あること（ミズニラの小胞子表面は平滑で少数の瘤状突起がある）で区別できる。2n＝88（8倍体）。

ミズニラとミズニラモドキの雑種として**ミチノクミズニラ** *I.*×*michinokuana* M.Takamiya, Mitsu.Watan. et K.Ono が宮城県から報告されている。胞子に異常形のものが混じることで両親種から識別できる。2n＝77（7倍体）。

# オオバシナミズニラ *Isoetes sinensis* T.C.Palmer var. *coreana* (Y.H.Chung & H.K.Choi) M.Takamiya, Mitsu.Watan. et K.Ono

RL 絶滅危惧IB類　国内 本州（茨城県，長野県，中国地方），四国　国外 済州島

ミズニラ科 Isoetaceae ミズニラ属 *Isoetes* L.

岡山県高梁市（1992.10.6）撮影：高宮正之

オオバシナミズニラの大胞子（徳島県立博物館所蔵標本：高松市産）

シナミズニラ（熊本県人吉市，1990.11.3）撮影：高宮正之

　ため池や湿地に生育する多年生の沈水〜抽水〜湿生植物。高さ15〜50 cm，ミズニラとミズニラモドキに酷似して外部形態で識別することは不可能だが，大胞子表面の模様が不規則に配列した鶏冠状隆起となることで容易に識別できる。基本変種のシナミズニラよりも大形になる。2n=66（6倍体）。
　**シナミズニラ** *I. sinensis* T.C.Palmer var. *sinensis*（絶滅危惧II類）は本州（新潟県）と九州に分布。高さ15〜30 cm。大胞子の特徴は同じ。染色体（2n=44）を確認しないと決め手はない。高宮（1999）は，葉の長径／短径比がシナミズニラでは1.6以下，オオバシナミズニラでは1.7以上としている。

# ヒメミズニラ　*Isoetes asiatica* (Makino) Makino

RL 準絶滅危惧　国内 本州（中部以北），北海道　国外 千島，サハリン，カムチャツカ

青森県十和田市（2011.9.11）

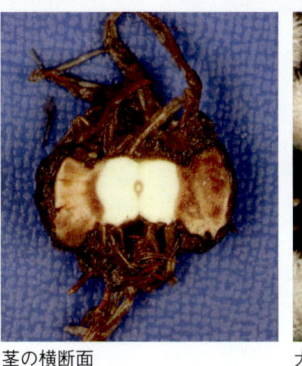

茎の横断面　　大胞子

全形

ミズニラ科 Isoetaceae ミズニラ属 Isoetes L.

　寒冷地の貧栄養の湖沼や湿原の池塘などに生育する多年生の沈水植物．陸生形は作らない．塊茎は径5～20 mm，断面は2裂．葉は叢生し長さ5～25 cm．基部は白色で幅広く，縁辺は膜質，内側に胞子を形成する．胞子嚢を部分的に覆う蓋膜をもち，小舌は広心形．大胞子の表面に密に円錐（針）状の突起があることで他種から容易に識別できる．2n＝22．北半球に広く分布する**チシマミズニラ *I. lacustris* L.** が北海道に産するとする古い記録もあるが，再検討が必要である．

# ミズドクサ（ミズスギナ） *Equisetum fluviatile* L.
*E. limosum* L.

`国内` 北海道，本州（中部以北） `国外` 北半球の温帯域に広く分布

トクサ科 Equisetaceae トクサ属 *Equisetum* L.

北海道釧路市（2011.6.19）

枝を輪生する植物体（北海道釧路市，2011.6.19）

胞子嚢穂（北海道釧路市，2011.6.19）

湖沼や河川，水路の浅水域や湿原に群生する多年生の抽水植物。夏緑性。地下茎が匍匐し，直立する茎は高さ50～100 cm，直径3～7 mm，濃い緑色で表面には多数の条があるが手触りは平滑，中空なので指で軽く押さえただけでつぶれる（p.25参照）。茎は枝を出さない場合から多数の枝を輪生する場合までさまざま。葉鞘は長さ5～10 mm。長さ1～2 cmの胞子嚢穂を5～6月ごろ茎に頂生。胞子は同形。

# イヌスギナ　*Equisetum palustre* L.

国内　北海道，本州（主として中部以北）　国外　北半球の温帯域に広く分布

北海道浜中町（2011.6.18）

トクサ科 Equisetaceae　トクサ属 *Equisetum* L.

胞子嚢穂（北海道浜中町，2011.6.18）

茎の断面。左：ミズドクサ，右：イヌスギナ

　湖沼や河川，湿地などに生育する多年生の抽水〜湿生植物。夏緑性。ミズドクサが水中に生えることが多いのに対し，本種は水際から陸寄りの湿生域に生育することが多い。湿った路傍や堤防上にも見かける。ミズドクサよりやや小形で，大規模な純群落を作ることも稀である。匍匐する地下茎から直立する茎は高さ20〜60 cm，径2〜4 mmで縦条が顕著。茎は中空ではないので，指で押したときの感触がミズドクサに比べて堅い。葉鞘は5〜20 mm，斜上する枝を輪生する。胞子嚢穂は頂生し，長さ1〜3 cm。

25

# デンジソウ　*Marsilea quadrifolia* L.

RL 絶滅危惧Ⅱ類　国内 本州，四国，九州，沖縄（稀）　国外 東アジア，インド，ヨーロッパ

デンジソウ科 Marsileaceae デンジソウ属 *Marsilea* L

山形県村山市（2009.8.23）

浮葉形（山形県村山市，2009.8.23）

葉柄の基部に形成された胞子嚢果

陸生形（山形県村山市，2009.8.23）

胞子嚢果の柄の一部が葉柄と合着

池沼や河川，溝，水田などに生育する多年生の抽水〜浮葉，または湿生植物。径1.5〜2 mmの細い根茎が不規則に分枝しながら匍匐し，根茎から長さ5〜30（〜50）cmの葉柄が伸び，4枚の小葉からなる葉をつける。小葉は長さ，幅とも1〜2.5 cm。陸生の場合は8〜11月ごろ葉柄の基部近くから出た短い枝に1〜3個の有柄の胞子嚢果がつく。果柄の一部が葉柄と合着する。胞子嚢果は堅く，長さ3〜5 mm，はじめ白い軟毛に包まれるが，やがて毛は落ちて黒色〜褐色になる。中に数個の胞子嚢群があり，1個の大胞子を含む大胞子嚢と多数の小胞子を含む小胞子嚢が混じる。

# ナンゴクデンジソウ　*Marsilea crenata* C.Presl

RL 絶滅危惧IB類　国内 九州（南部），沖縄　国外 アジアの熱帯～亜熱帯域

デンジソウ科 Marsileaceae　デンジソウ属 *Marsilea* L

沖縄県石垣島（2002.8.2）

浮葉形（沖縄県石垣島，2002.8.2）

胞子嚢果。ほとんどの果柄が葉柄の基部から出る

休耕田に繁茂する陸生形（沖縄県金武町，2013.11.5）

池沼や水路，水田などに生育する常緑多年生の抽水～浮葉，または湿生植物。デンジソウに比べやや小形で，小葉は長さ 0.7～1.5（～2）cm。胞子嚢果のほとんどの果柄が葉柄と合着せずに基部から直接出る。果柄は長さ 0.5～1 cm，胞子嚢果は長さ 2～4 mm，薄茶色～白色の毛が密生。中に大胞子嚢と小胞子嚢が数個混在。胞子嚢果の形成は春～秋にかけてみられる。胞子嚢果を欠いた状態では，デンジソウから識別する決め手はない。南西諸島の水田などではかつては普通に見られたが，最近は激減している。

# サンショウモ　*Salvinia natans* (L.) All.

| RL | 準絶滅危惧 | 国内 | 本州、四国、九州 | 国外 | アジア、ヨーロッパ、アフリカ。アメリカで野生化 |

サンショウモ科 Salviniaceae　サンショウモ属 Salvinia Adans.

群馬県板倉町（2011.8.21）

兵庫県豊岡市（2009.10.10）

　池沼や水路，水田などに生育する一年生の浮遊植物。茎は長さ3〜10 cm，まばらに分枝する。葉は3枚ずつ輪生し，そのうち2枚は対生して水面に浮かぶ浮葉となり，他の1枚は細裂して根のように水中に垂れる（水中葉）。根はない。浮葉は長楕円形で長さ8〜15 mm，幅4〜10 mm，短柄がある。表面には束になった毛が密生，裏面には軟毛がある。秋になると水中葉の基部に球形の大胞子嚢と小胞子嚢を形成する。

葉の裏に形成された胞子嚢 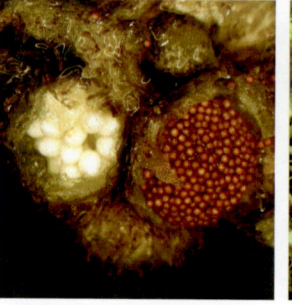　　大胞子（左）と小胞子（右） 　　ハート型の前葉体

# オオサンショウモ　*Salvinia molesta* D.S.Mitch.

国内 本州，沖縄で野生化　国外 南米原産。世界各地の熱帯〜亜熱帯地域で野生化

野生化したオオサンショウモ（神戸市須磨区，1994.9.25）

毛が密生し，内側に二つ折りになる

葉の表面の毛。先端が連結していることが特徴

胞子嚢群

葉が広がった状態

サンショウモ科 Salviniaceae サンショウモ属 *Salvinia* Adans.

　温暖地の池沼や水路に群生する浮遊植物。観賞用に栽培されるが，一部の地域で逸出して野生化。茎は長さ5〜20 cm，分枝しながら成長する。葉は長さ20〜30 mm，幅20〜25 mm，内側に二つ折りになることが多いが，生育環境によっては葉が広がっている場合もある。表面には毛が密生して全体が白っぽく見える。一束の毛は4本からなり先端部が連結して檻状となることが特徴である。秋には多数の胞子嚢を形成する。
**ナンゴクサンショウモ** *S. cucullata* Roxb. ex Bory も栽培されるが野生化の記録はない。葉の表面の毛の先端が連結しないことがオオサンショウモとの識別点である。

# アカウキクサ *Azolla imbricata* (Roxb. ex Griff.) Nakai
*A. pinnata* R.Br. subsp. *asiatica* R.M.K.Saunders et K.Fowler

RL 絶滅危惧Ⅱ類　国内 本州（関東以西），四国，九州，沖縄　国外 中国，韓国，東南アジア，インド

サンショウモ科 Salviniaceae（アカウキクサ科 Azollaceae）アカウキクサ属 *Azolla* Lam.

静岡市（2007.1.17）

静岡市（2007.5.24）

根。根毛が密生する

茎の突起

水田や水路，池沼などに生育する小形の浮遊植物。1年を通じて生育し，夏は緑白色，冬には赤色を帯びる。茎は羽状に密に分岐，葉はお互いに重なりながら2列に互生する。全体は三角形状をなし，長さ1〜1.5 cm。葉の表面には粒状の突起が著しい。茎にも突起がある。これはアカウキクサだけの特徴であり乾燥標本でも種の同定の有力な決め手になる。根には根毛が密生。オオアカウキクサ同様，湧水のある環境を好むが，やや富栄養な水域にも生育する。

近年は農薬や圃場整備による冬期の乾田化のために水田では激減した。

# オオアカウキクサ
*Azolla japonica* (Franch. et Sav.) Franch. et Sav. ex Nakai

`RL` 絶滅危惧Ⅱ類　`国内` 日本固有種。本州，四国，九州

クレソン田に繁茂する（静岡県富士宮市，2013.12.11）

兵庫県豊岡市（2008.11.2）

群生して盛り上がる（静岡県富士宮市） 　根。根毛は早期に脱落する

サンショウモ科 Salviniaceae（アカウキクサ科 Azollaceae）アカウキクサ属 *Azolla* Lam.

湧水のある山裾の水田やクレソン田，水路などに生育する多年生の浮遊植物。秋から冬にかけて赤色となるが夏には緑白色となる。成長が良い植物体の全長は2cm以上になる。分枝がまばらでヒノキの葉に似た状態や，葉が密生して折り重なる状態など，形状は変異が著しいが，全形がアカウキクサのように整った三角形状にならず，葉の表面の突起も顕著ではない。根の根毛が早期に脱落するので，成長した根では根毛が目立たない。次ページから紹介する外来アゾラが誤ってオオアカウキクサと同定されているケースが多いが，根毛を欠くことが外来種から識別する有力な決め手になる。

　圃場整備による乾田化や耕作放棄による遷移の進行により，近年激減している。

# ニシノオオアカウキクサ　*Azolla filiculoides* Lam.

国内 本州，四国，九州　　国外 北米原産

サンショウモ科 Salviniaceae（アカウキクサ科 Azollaceae）アカウキクサ属 *Azolla* Lam.

水田に生育する（兵庫県丹波市，2010.6.12）

兵庫県丹波市（2010.6.12）

「イワヒバ状」に成長した状態（栽培）

葉の裏に形成された胞子嚢果。大胞子と小胞子を作る異型胞子性

葉の表面の突起。1細胞

　水田やため池に群生する多年生の浮遊植物。オオアカウキクサと異なり，湧水のない平地の水域でも旺盛に繁茂する。形態はオオアカウキクサと酷似するが，葉の表面の突起がやや顕著で1細胞からなる。ときに茎が著しく伸長して「イワヒバ状」になるのは本種の特徴である。通常，根毛は脱落せずに残る。胞子嚢果の形成は他種では稀であるが，本種では6～7月頃，葉の裏側にしばしば胞子嚢果を形成する。以前はオオアカウキクサの「大和型」と呼ばれていたが，現在では外来種と考えられている。

# アメリカオオアカウキクサ　*Azolla cristata* Kaulf.

**国内** 本州。他の地域の分布は不明　**国外** 北米，中南米？

水田やため池，河川などに生育する浮遊植物。前2種に酷似するが，二叉分枝を繰り返しながら平面的形状を取る。根毛は発達。葉の表面の突起が2細胞からなることが本種の特徴。アゾラ（合鴨）農法で各地に配布され一時各地に広がったが，外来生物法による特定外来生物指定により配布が中止されてから急速に姿を消し，今ではきわめて稀になっている。アメリカオオアカウキクサという和名は *A. caroliniana* Willd. に対して使われていたが，*A. caroliniana*，*A. microphylla*，*A. mexicana* の3種を統合して *Azolla cristata* とまとめられ（Evrard and Van Hove, 2004），和名も本種に対して用いることが提案された（鈴木，2010）。この分類学的統合には異論もあり，日本に導入された系統の解明も含めて今後の課題である。

サンショウモ科 Salviniaceae（アカウキクサ科 Azollaceae）アカウキクサ属 *Azolla* Lam.

埼玉県川越市（2011.11.23）

葉状体の拡大（埼玉県川越市，2011.11.23）

葉の表面の突起が2細胞

## オオアカウキクサ類の識別法

1. 根毛がない ……………………………………………………………… オオアカウキクサ
1. 根毛が発達；葉の表面の細胞突起が
　　　1細胞 …………………………………………………………… ニシノオオアカウキクサ
　　　2細胞 …………………………………………………………… アメリカオオアカウキクサ
　　　1細胞と2細胞が混在 …………………………………………… アイオオアカウキクサ

# アイオオアカウキクサ　*Azolla cristata* × *A. filiculoides*

国内 本州，四国，九州　国外 ？

サンショウモ科 Salviniaceae（アカウキクサ科 Azollaceae）アカウキクサ属 *Azolla* Lam.

水田に群生する（滋賀県高島市，2009.6.6）

兵庫県稲美町（2008.4.29）

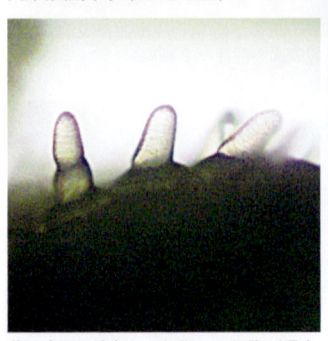

葉の表面の突起。1細胞と2細胞が混在

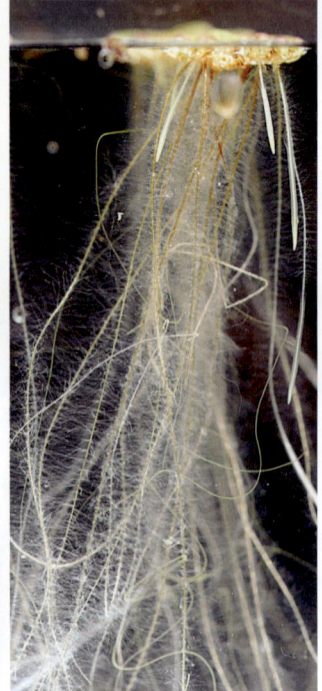

根。根毛が発達する

湖沼やため池，河川，水路，水田などに群生する浮遊植物。冬だけでなく夏も赤色で，水面を赤く染める集団が多い。アメリカオオアカウキクサとニシノオオアカウキクサの人工雑種で，全体の長さは7〜15 mmとやや小ぶりであるが，外部形態で他の外来アゾラと識別するのは難しい。葉の表面の突起に1細胞のものと2細胞のものが混じるのが決め手である。個々の水域からは2〜3年で消えることが多いが，水鳥の足につくなどして容易に拡散し，分布拡大に歯止めがかからない。現在，各地に分布を拡大している外来アゾラの大半は本種である。

# ミズワラビ　*Ceratopteris thalictroides* (L.) Brongn.

RL 準絶滅危惧　国内 沖縄　国外 アジア亜熱帯〜熱帯域, オセアニア, 中米

イノモトソウ科 Pteridaceae（ミズワラビ科 Parkeriaceae）ミズワラビ属 *Ceratopteris* Brongn.

沖縄県西表島（2013.11.4）

栄養葉（沖縄県西表島, 2013.11.4）

反り返る胞子葉（沖縄県金武町, 2013.11.5）

胞子葉は細裂する

　日本産ミズワラビには2種の隠蔽種が存在することが遺伝学的研究で明らかにされていたが（Masuyama *et al.* 2002）, そのうちの「南方型」が本種として整理された（Masuyama and Watano, 2010）。琉球諸島の池沼, 水田, 水路などに生育する。根茎は短く, 叢生する葉には二型ある。栄養葉（裸葉）は長さ10〜40 cm, 葉柄はときに葉身より長い。葉身は柔らかい草質で2〜4回羽状に深裂し, 長さ5〜20 cm, 幅4〜10 cm。羽片の分岐点にときどき無性芽を生じ, これが脱落して定着すると新しい植物体となる。胞子葉（実葉）は長さ15〜60 cmで, 長く伸びると反り返る。葉身は2〜4回羽状に深裂, 狭三角形で長さ10〜40 cm, 幅4〜20 cm. 裂片は細く長い。栄養葉よりも硬く, 秋〜冬になると胞子を形成して褐色になる。胞子嚢は裏面の葉脈上に並んでつき, 反転した葉で包まれる。胞子は同型。

# ヒメミズワラビ

***Ceratopteris gaudichaudii*** Brongn. var. ***vulgaris*** Masuyama et Watano

国内 本州（福島県以南），四国，九州，沖縄（稀）　国外 韓国，台湾，ネパール

イノモトソウ科 Pteridaceae（ミズワラビ科 Parkeriaceae）ミズワラビ属 *Ceratopteris* Brongn.

群馬県館林市（2011.8.21）

葉の細裂が顕著（静岡市，2009.9.26）

稲刈り後の水田に生育する小形のヒメミズワラビ（兵庫県朝来市，2007.9.5）

　ミズワラビ「北方型」が *C. gaudichaudii* の新変種ヒメミズワラビ var. *vulgaris* として記載された。池沼，水田，水路などに生育する一年生の抽水〜湿生植物。秋の稲刈り後の水田に見られる草長が数 cm の小形ものから 40 cm 近くなる大形のものまでサイズと形態の変異が著しい。栄養葉（裸葉）は柔らかい草質で 2〜4 回羽状に分かれたうえにさらに細裂する場合も見られる。葉柄が葉身の 1/3〜3/4 とミズワラビに比べて相対的に短い。羽片の分岐点にときどき無性芽を生じるのはミズワラビと同様。胞子葉（実葉）は長さ 5〜40 cm，細裂は 1〜3 回。秋には裏面に胞子を形成して褐色になる。

# ジュンサイ *Brasenia schreberi* J.F.Gmel.

国内 北海道，本州，四国，九州　国外 アジア東部，アフリカ，オーストラリア，北・中米

兵庫県加西市（2012.6.17）

ハゴロモモ科 Cabombaceae ジュンサイ属 *Brasenia* Schreb.

① ② ③

開花のサイクル。雌性期（①）から雄性期（②，③）へ

寒天質の粘液に覆われた若い芽

　腐植栄養または貧～中栄養の湖沼やため池に生育する多年生の浮葉植物。やや堅い地下茎が地中を匍匐し，節から水中茎を伸ばす。沈水葉は薄く，楕円形で長さ3～6cm，幅1.5～4cm。浮葉は葉柄の先に楯状につく。葉身は楕円形で長さ5～15cm，幅3～8cm。裏面は赤紫色がかる。若芽や葉柄，葉の裏面は透明な寒天質の粘液に被われる。花期は6～8月。葉腋から花茎が伸び，先に径1.5cm前後のあまり目立たない花が1個つく。がく片と花弁の分化は明瞭でなく，淡い暗赤色の花被片が3枚ずつ2輪に並ぶ。雄しべは多数，雌しべは（7～）9個。開花は2日にわたり1日目に雌しべが成熟，2日目に雄しべが伸びて花粉を放出する（中段写真②③）。風媒花。果実は細長く1～1.5cm，中に1～2個の種子が入る。

　若芽は食用になる。富栄養化の進行で自生地が減り天然のジュンサイの収量は減少しているが，東北地方では休耕田で栽培される。

37

# ハゴロモモ（フサジュンサイ）
*Cabomba caroliniana* A.Gray

国内 北海道,本州,四国,九州　国外 北米原産。観賞植物として導入されヨーロッパとアジアで野生化。

兵庫県三田市（2008.8.16）

ハゴロモモ科 Cabombaceae　ハゴロモモ属 Cabomba Aubl.

開花中のフサジュンサイと浮葉（兵庫県加東市，2011.8.27） 　花（鳥取市，2011.9.1） 　沈水葉

　湖沼やため池，河川や水路などに生育する多年生の沈水植物。地下茎は発達せず，水中茎は根元で分枝して株状になる。沈水葉は対生，葉柄は長さ5～20 mm，葉身は基部で5裂片に分かれ，さらにそれぞれが2～3回二叉状に分裂して糸状の裂片が掌状に広がる。全体の輪郭は扇状で基部から先端までの長さ1～3.5 cm。各裂片の先端はやや鈍頭で，検鏡すると鋸歯がある。開花時にのみ見られる浮葉は互生で楕円形（楯状葉）または矢尻形，長さ0.8～1.8 cmで目立たない。花期は7～10月。浮葉の葉腋から花茎が伸び，径1～1.5 cmほどの白い花をつける。花被片は6枚，雄しべ6，雌しべは3個。1日目に雌しべが，2日目に雄しべが成熟する雌性先熟花。果実は長さ4～7 mm，種子は長さ2～3 mmの楕円形。

　水槽植物として導入されたものが逸出し，昭和初期から野生化が報告されている。やや水質汚濁の進行した水域にも生育し，各地で大群落を作る。

# オニバス *Euryale ferox* Salisb.

RL 絶滅危惧Ⅱ類　国内 本州，四国，九州　国外 アジア東部，インド

スイレン科 Nymphaeaceae オニバス属 *Euryale* Salisb.

兵庫県稲美町（2009.9.18）

開花中のオニバス（兵庫県明石市，1995.9.3）

花（兵庫県明石市，2006.9.7）

葉の裏面

　やや富栄養化した湖沼やため池，河川，クリークなどに生育する一年生の浮葉植物。植物体全体に鋭い刺がある。茎は塊状。葉は根生する。初期の浮葉は基部に切れ込みのある長楕円形，10数枚目の葉から楯状の円形になる。成長した浮葉の直径は0.3～1.5m，ときに2mを超える。表面には著しいしわがある。裏面は鮮やかな赤紫色で葉脈が桟状に隆起する。花には水中で自家受粉する閉鎖花と，水面上に出て開花する開放花があり，前者は6月下旬から10月，後者は7～9月。がく片は4枚，花弁は紫色で多数。子房下位で雌しべの柱頭は凹盤状。果実は鋭い刺のある楕円形。種子は寒天質の仮種皮につつまれ，直径約1cm。開放花はほとんど結実せず，種子生産の大半は閉鎖花による。種子は休眠状態で数十年間は生存可能と推定されている。

　水域の埋め立てや水質汚濁の進行で激減した。平地の植物であるために常に開発や環境破壊と隣り合わせの状態にあり，有効な保全対策が実行されないと絶滅のおそれがある。

# コウホネ　*Nuphar japonica* DC. f. *japonica*

国内 北海道，本州，四国，九州　国外 朝鮮

スイレン科 Nymphaeaceae　コウホネ属 *Nuphar* Smith.

北海道滝川市（2010.8.8）

　湖沼やため池，河川，水路などに生育する多年生の抽水植物。深い湖沼では浮葉植物となる場合もあり，また流水域では沈水葉だけの群落も見られる。コウホネ属では最も大形の種。「河骨」という名称の由来となった太い地下茎が横走し，分枝した地下茎の先端に葉は束生する。沈水葉は薄い膜質，長さ10〜50cm，幅6〜18cm，葉縁は波打つ。抽水葉と浮葉は長卵形〜長楕円形で長さ（12〜）20〜50cm，幅（5〜）12〜20cm，基部は矢尻形。花期は6〜10月，径3〜5cmの黄色の花を水面上に咲かせる。色付いた部分は萼で5片，その内側に退化した花弁がある。雄しべは多数，雌しべは多数の心皮が合生して1つとなり，各心皮の柱頭は柱頭盤上に放射状に配列する。柱頭は黄色で先端部は柱頭盤から突き出て歯牙状になることが多い。雌性先熟。果実は卵形で緑色，中に多数の種子がつまる。
　北日本のコウホネは抽水葉，沈水葉ともに細長いが，本州中部以西のコウホネの葉は短い卵形となる傾向がある。
　花（萼片）が橙赤色（開花後期から着色が顕著）の**ベニコウホネ f. *rubrotincta* (Casp.) Kitam.** が栽培される。

ヒメコウホネの標本（名古屋市採集）。首都大学東京牧野標本館所蔵

花（北海道千歳市，2010.8.9） 　　　　　　ベニコウホネ（山梨県北杜市，2014.9.7）

開花中のコウホネ（山形県村山市，2009.8.23） 　　沈水葉（山形県鶴岡市，2009.8.24）

スイレン科 Nymphaeaceae　コウホネ属 Nuphar Smith.

## 日本産コウホネ属の多様性

　どんな研究も問題の発見から始まる。コウホネ属の研究もそうだった。左の写真は牧野標本館（首都大学東京）に所蔵されているヒメコウホネの標本の1枚である。この標本を見たとき，私はそれまで西日本各地で見ていた「ヒメコウホネ」と全然違うことに驚いた。葉は小さく円い。「葉の長さ5〜11 cm，幅4〜8.5 cm。葉の基部は三角形状に切れ込み，矢尻形……」という牧野富太郎の原記載どおりの標本である。では私が今まで「ヒメコウホネ」だと思い込んでいた植物は，いったい何なのか。

　そんな疑問を抱いていたとき，神戸大学大学院に志賀隆君（現在，新潟大学准教授）が入学して，コウホネ属の研究を始めることになった。「ヒメコウホネ」の正体を明らかにすることが最初の課題であった。形態の詳細な解析や，後には遺伝的解析も行った結果，西日本の「ヒメコウホネ」はやはり別種とするのが妥当という結論になり，新種「サイコクヒメコウホネ」となった。

　1つ問題が解決すれば，次の新しい疑問が現れる。それが研究の面白さであるが，ここでその詳細に触れる紙面はない。世界初の沈水性コウホネ属植物と話題になった新種シモツケコウホネの発見を含めて日本産コウホネ属は7種2変種2雑種の計11分類群に整理して，志賀君の学位論文が無事にまとまった。世界中を見渡しても，これほどコウホネ属が多様化している地域はない。なぜ大陸の端の日本の狭い国土でこのような種の分化が進んだのか。興味尽きないテーマである。

# サイジョウコウホネ
*Nuphar* × *saijoensis* (Shimoda) Padgett et Shimoda
*N. japonica* DC. var. *saijoensis* Shimoda

国内 日本固有種。本州，九州

スイレン科 Nymphaeaceae コウホネ属 *Nuphar* Smith.

広島県東広島市（1996.6.1）

開花中のサイジョウコウホネ（広島県東広島市，1996.6.1）

花。柱頭が赤い（広島県東広島市，1996.6.1）

　湖沼やため池，河川，水路に生育する多年生の浮葉〜抽水植物。コウホネやサイコクヒメコウホネに似るが，葉はやや小ぶりで卵形に近く，長さと幅の比が2倍を超えることはない。葉の長さ12〜24 cm，幅7〜15 cm，葉裏には毛が多い。柱頭盤の形は変異に富むが（下田，1991），赤く色づくことが特徴。コウホネとベニオグラコウホネの雑種であることが明らかにされており，花粉稔性は50%前後である（Padgett et al., 2002）。

　広島県西条盆地（東広島市）から報告されたが，類似品は他の地域でも見つかっている。柱頭盤が赤くなるという特徴は，各地で独立して起源した突然変異である可能性を示唆している。

# ヒメコウホネ　*Nuphar subintegerrima* (Casp.) Makino

RL 絶滅危惧Ⅱ類　国内 日本固有種。本州（東北地方南部〜中部地方）

スイレン科 Nymphaeaceae コウホネ属 *Nuphar* Smith.

浮葉形。沈水葉も多い。赤い水草はミズユキノシタ（三重県南伊勢町，1995.10.12）

抽水形（岐阜市，2004.9.18）

　湧水のあるため池や河川の淀み，水路などに生育する多年生の浮葉〜抽水植物。地下茎は横走。沈水葉は円形〜広卵形で薄い膜質，長さ5〜15 cm，幅4〜15 cm。浮葉と抽水葉は円心形で長さ5〜15 cm，幅4〜15 cm，基部は心形。花期は6〜10月。花は径2.5〜3.5 cm。柱頭の先端は鈍頭で柱頭盤から突き出すことはない。

　サイコクヒメコウホネも含めて「ヒメコウホネ」とされていたが，両者は別の分類群であり，本種は分布域の限定された稀少種であることが判明した（志賀・角野，2005）。サイコクヒメコウホネよりも小形で，葉が円いことが特徴である。開発等で多くの産地が消滅し，現在は東海地方に数集団しか残っていない。

# サイコクヒメコウホネ　*Nuphar saikokuensis* Shiga et Kadono

RL レッドリスト絶滅危惧Ⅱ類の「ヒメコウホネ」は本種も含む　国内 本州（中部地方以南），四国，九州

スイレン科 Nymphaeaceae　コウホネ属 *Nuphar* Smith.

抽水形の群落（兵庫県三木市，2009.6.2）

沈水葉

浮葉形（兵庫県加西市，2012.6.17）

花

　湖沼やため池，河川，水路などに生育する浮葉〜抽水植物。今まで「ヒメコウホネ」とされていたが，最近の研究で新分類群であることが判明した。沈水葉は広卵形で薄い膜質，長さ6〜30 cm，幅6〜20 cm，浮葉と抽水葉は卵形〜広卵形で長さ10〜30 cm，幅7〜20 cm，基部は心形，裏面（特に葉脈上）に毛があるが，その状態は産地によって変異が著しい。花期は6〜10月。花はコウホネよりやや小さく径3〜4 cm。柱頭はややいびつに並び中心側で相接し，先端は鈍頭で柱頭盤から突き出すことは稀。
　コウホネとヒメコウホネ，集団によってはオグラコウホネも関与した複雑な交雑によって起源したことが明らかにされ（Shiga and Kadono, 2004, 2008），稔性を有するために新種とされた。ヒメコウホネの産地が限定されるのに対し，本種は西日本に広く分布する。

# オグラコウホネ *Nuphar oguraensis* Miki var. *oguraensis*

RL 絶滅危惧Ⅱ類　国内 本州（中部地方以南），四国，九州　国外 朝鮮

広島県安芸高田市（2011.9.28）

花　　葉柄の断面

沈水形の群落（兵庫県篠山市，1996.7.4）

スイレン科 Nymphaeaceae コウホネ属 *Nuphar* Smith.

　ため池や河川，水路に生育する多年生の浮葉植物。他のコウホネ属植物と比べ葉柄はきわめて細く（径3〜5 mm，長さは水深によって1 mを超える），断面は三角形状で中央部に小さな穴があいていることが特徴。沈水葉は広卵型〜円心形で長さ8〜15 cm，幅6〜15 cm。浮葉は卵形〜広卵形で長さ8〜18 cm，幅6〜15 cm，基部は深く切れ込む。浮葉形成時にも多数の沈水葉が残る。流水中ではしばしば沈水葉だけの群落で開花する。花期は6〜10月。花は径2〜3.5 cm，柱頭盤は黄色，柱頭はお互いに離れて規則正しく並ぶ。
　本種は水位低下時でも抽水形を作らない。これは葉柄が細く，葉を立てることができないことと関連している。河川・水路の改修や水質の悪化で生育地が次々と消滅している。台湾に産するタイワンコウホネと近縁。

# ベニオグラコウホネ
*Nuphar oguraensis* Miki var. *akiensis* Shimoda

国内 本州（中国地方），四国，九州　国外 韓国，台湾

スイレン科 Nymphaeaceae コウホネ属 *Nuphar* Smith.

広島県東広島市（1996.6.1）

広島県東広島市（1996.6.1）

花（広島県東広島市，1996.6.1）

　ため池や河川，水路に生育する多年生の浮葉植物。葉柄が細く，中央部に穴があることなど形態的特徴はオグラコウホネに共通だが，花の柱頭盤が赤いことが異なる。浮葉は広卵形で長さ 7〜14 cm，幅 4〜12 cm。流水では沈水葉だけの状態で花柄を水面上に伸ばして開花することもまれではない。広島県西条盆地から報告されたが，その後，四国と九州にも分布することが判明した。

　最近の研究では**タイワンコウホネ** *N. shimadae* Hayata と同種の可能性が高いことが示唆されている。

# ネムロコウホネ（エゾコウホネ）
*Nuphar pumila* (Timm) DC. var. *pumila*

|RL| 絶滅危惧Ⅱ類　|国内| 北海道，本州（東北地方の高山）　|国外| ユーラシア大陸の寒冷地に広く分布

スイレン科 Nymphaeaceae コウホネ属 *Nuphar* Smith.

ネムロコウホネが群生する沼（北海道根室市，2010.7.10）

北海道根室市（2010.7.10） 　　ネムロコウホネの花 　　オゼコウホネの花

　湖沼や湿原の池塘などに生育する多年生の浮葉植物。沈水葉は膜質，広卵形〜円心形で長さ8〜15 cm，幅8〜13 cm。浮葉は卵形〜広卵形，長さ11〜22 cm，幅8〜15 cm，基部は深く切れ込む。花期は7〜8月。花の径は約2.5 cm，柱頭盤中央部の窪みの中にしばしば突起が認められる。
　**オゼコウホネ** *N. pumila* (Timm) DC. var. *ozeensis* (Miki) H.Hara（絶滅危惧Ⅱ類）は北海道ならびに本州北部の湖沼，湿原の池塘に生育する浮葉植物。柱頭盤が赤く色づくが果実は緑色。果実も赤い**ウリュウコウホネ** *N. pumila* (Timm) DC. var. *ozeensis* H.Hara f. *rubro-ovaria* Koji Ito ex Hideki Takah., M.Yamazaki et J.Sasaki が北海道雨竜沼に産する。

# ホッカイコウホネ　*Nuphar* × *hokkaiensis* Shiga et Kadono

**国内** 日本固有種。北海道

スイレン科 Nymphaeaceae　コウホネ属 *Nuphar* Smith.

北海道豊富町（2011.8.3）

浮葉形（北海道七飯町，2009.7.17）

花（北海道豊富町，2011.8.3）

　湖沼に産する浮葉〜抽水植物。形態はコウホネとネムロコウホネの中間的特徴を示し，両種の雑種として記載された。水深が深い場合は浮葉植物群落をなすが，浅くなると浮葉形の群落中に抽水〜半抽水状態の葉が混在する様子が見られる。開花後，雄しべの花糸が著しく反り返ることが特徴である。集団によって花粉稔性の回復が見られ，交雑起源の種分化が進行中であることが示された（Shiga and Kadono, 2007）。

48

# シモツケコウホネ　*Nuphar submersa* Shiga et Kadono

RL 絶滅危惧IA類　国内 日本固有種。本州（栃木県）

スイレン科 Nymphaeaceae コウホネ属 *Nuphar* Smith.

自生地

開花中のシモツケコウホネ

花

赤紫色の果実

　河川や水路に生育する多年生の沈水植物。細い地下茎が分枝しながら伸長する。ごく稀に浮葉を形成する場合があるが，通常は狭長楕円形の沈水葉のみを形成。沈水葉は薄く膜質で長さ 10〜18 cm，幅 2〜5 cm，赤紫色または緑色。葉柄は細く，断面中央部に空隙がある。花期は 6〜11 月（志賀ほか，2013a）で，花は径 2〜3 cm。柱頭盤は赤く色づく。果実は長さ 2〜3 cm で濃い赤紫色。栃木県のみに産するが現存する産地は限られる。全個体の遺伝子解析が行われているために盗掘個体は産地が特定できる（志賀ほか，2013b）。

　シモツケコウホネとコウホネの雑種**ナガレコウホネ** *N.* × *fluminalis* Shiga et Kadono は，両親種の中間的形態となり，葉がやや幅広いことのほかに，花の柱頭盤が赤味がかること，花粉放出後の雄しべが著しく反り返ることなどが特徴である。果実の赤紫色はシモツケコウホネと共通。

# ヒツジグサ　*Nymphaea tetragona* Georgi var. *tetragona*

`国内` 北海道，本州，四国，九州，沖縄　`国外` ヨーロッパ，東アジア，インド，北米

スイレン科 Nymphaeaceae スイレン属 *Nymphaea* L.

青森県つがる市（2006.9.15）

神戸市北区（2012.6.10）

1日目（雌期）の花

2日目（雄期）の花

　腐植栄養または貧～中栄養の湖沼やため池，湿原の池塘などに生育する多年生の浮葉植物。太短い塊状の根茎に葉が束生する。沈水葉は側裂片が横に広がる幅広い矢尻形～半円形で薄く，長さ・幅とも15 cmまで。浮葉は楕円形～卵形，長さ5～30 cm，幅4～24 cm，裏面は濃淡の差はあるが赤紫色，基部は深く切れ込む。花期は6～11月。花径は3～7 cm，がく片は4枚で基部の花托は正方形，花弁は白色で多数。雄しべも多数，雌しべは多数の心皮が合生して1つとなる。開花は2～3日続き，雌性先熟。花後，花柄はらせん状に巻いて縮み水中で結実。果実はがく片に包まれたまま成熟する。
　葉や花弁（サイズと数）は北日本へ行くほど大きくなる傾向がある。変異が連続的であるために，北海道の「エゾノヒツジグサ」と呼ばれるタイプをを独立した分類群として識別することはできない。

# エゾベニヒツジグサ
*Nymphaea tetragona* Georgi var. *erythrostigmatica* Koji Ito

RL 絶滅危惧Ⅱ類　国内 北海道

北海道猿払村（2011.8.1）

北海道猿払村（2011.8.1） 　　花を訪れる昆虫

スイレン科 Nymphaeaceae スイレン属 *Nymphaea* L.

　湖沼に生育する多年生の浮葉植物。特徴はヒツジグサと同じだが，浮葉は長さ15〜30 cm，幅10〜22 cmと北日本のヒツジグサ同様，やや大形である。花期は6〜9月。ヒツジグサでは黄色を呈する雌しべの柱頭と周辺の雄しべが鮮やかな黒紫色となることが特徴であるが，色づく範囲は集団によって差がある。分布は北海道の東部と北部にほぼ限定される。

# 園芸スイレン　*Nymphaea* cvs.

国内 北海道, 本州, 四国, 九州, 沖縄　国外 世界各地

スイレン科 Nymphaeaceae スイレン属 *Nymphaea* L.

兵庫県加西市（2014.6.18）

野生化した温帯性スイレンの1品種（兵庫県加西市，2014.6.18）

熱帯性スイレンの1品種（大阪市立大学植物園，2010.7.31）

葉の上に幼植物を形成する「胎生種」（大阪市立大学植物園，2010.7.31）

　湖沼やため池などに生育する多年生の浮葉植物。海外に自生するスイレン属植物ならびにそれらを原種として交配等によって作出された栽培品種を，ここでは「園芸スイレン」と総称する。主に植物園や公園などで栽培されるが，各地に野生化している（コラム参照）。
　園芸スイレンは主に耐寒性によって温帯性スイレンと熱帯性スイレンに分類される。温帯性スイレンの花の色は白，黄色，赤，ピンクが代表的であり，すべてが昼咲きであるが，熱帯性スイレンには青や紫あるいはその中間色の花が加わり，夜咲きの品種もある。ほとんどの品種が在来種のヒツジグサに比べて大きく厚みのある葉を持ち，花も華美である。温帯性スイレンは泥中を横走する地下茎をもつのに対し，熱帯性スイレンは塊状の根茎をもつ。葉の上に幼植物を分化する「胎生種」もある。
　ハスやカキツバタの育種が日本で盛んだったのと対照的に，スイレンの育種は欧米を中心に進んでいる。日本で作出された品種や海外から導入されている代表的品種については，赤沼・宮川（2005），川島（2010）などを参照のこと。

## 園芸スイレンの野生化

　花が美しい園芸スイレンは人気のある観賞植物で，その品種は日本で栽培されているものに限っても100種類を超える。最近はホームセンターでポット苗が売られ，通信販売を利用すれば数十種類を扱っている業者もある。沈水葉も美しいのでアクアリウムプランツとして人気のある種もある。個人でも容易に入手し，家庭のミニビオトープや水槽で栽培して観賞することができる。

　その園芸スイレンが日本各地の湖沼やため池で野生化し，殖えている。野生化の原因は逸出というよりも意図的に投入されたか植栽されたケースが大半である。美しい花を楽しめる水辺にしようという善意からの行為かもしれない。しかし投げ込んだ1株が，在来の生態系に深刻な影響を与えることになる。

　日本に自生するスイレンの仲間であるヒツジグサの根茎は塊状で横に広がることはない。ところが，野生化が目立つ温帯性スイレンの多くは分枝しながら横に伸びる地下茎をもつ（写真①）。そのためにいったん定着すると，群落はどんどん広がる。園芸スイレンは日本在来の水草よりも大形で強壮であるので，競合関係になればほぼ確実に勝つ。水面を被い尽くせば水域の生態系基盤に与える影響も甚大である。

　写真②は鳥取市多鯰ヶ池に広がる園芸スイレンの様子である。水中にはびこる外来水草のハゴロモモとともに大きく湖の生態系を変え，在来種は片隅に追いやられている。特に日本でも産地の限られていた稀少種のヒメイバラモは最近確認されていない。かつてヒメイバラモが生育していたであろうと想像される入り江は，今や園芸スイレンにびっしりと被われている。

　園芸スイレンの植栽がきわめて安易に行われていることも問題である。個人の「篤志家」の行為だけではない。国立公園の景勝地となっている湖にも園芸スイレンが広がっている例は少なくない。写真③は北海道利尻島のオタトマリ沼の園芸スイレンである。観光客が利尻富士を背景に記念写真を撮影するスポットに園芸スイレンが生育していた。写真の背景に美しい花をと誰かが考えたのかもしれない。これだけの面積の群落でも人手での除去は容易ではない。もっと大規模な群落が広がっている有名な観光地の湖もある。園芸スイレンに限ったことではないが，現場では外来種の植栽に対する問題意識が極めて低い。

　スイレンはなじみのある水草なので抵抗がないのかもしれないが，いったん広がると根絶はたいへん難しい。植物園や公園でもしっかりと管理しているところは鉢植えにして水の中に入れているはずである。地植えして広がれば人力での管理はたいへん労力を要するのだ。自然水域に定着した園芸スイレンは，侵略的外来種に姿を変えることを自覚する必要がある。

①温帯性スイレンの地下茎と太い根

②多鯰ヶ池に広がる園芸スイレン。奥はヒシ群落（鳥取市，2010.10.2）

③オタトマリ沼に定着した園芸スイレン（北海道利尻町，2011.8.4）

スイレン科 Nymphaeaceae

# ショウブ　*Acorus calamus* L.

国内 北海道, 本州, 四国, 九州　国外 アジア；ヨーロッパと北米に帰化。

兵庫県加東市（2012.6.2）

ショウブ科 Acoraceae ショウブ属 Acorus

花序　　　　　花の拡大　　　　　結実率は低い

　湖沼やため池, 水路, 湿地などに生育する多年生の抽水植物。特有の香りがある。堅い地下茎が分枝しながら横走し, 葉は地下茎の先端部から根生して立ち上がる。剣状で質は堅く光沢がある。長さ50〜120 cm, 幅1〜2.5 cm, 鋭頭で中央脈は隆起して明瞭。花期は5〜6月。葉間から花茎がのび, 長さ4〜8 cm, 径6〜10 mmの肉穂花序をつける。その先に葉状の長い苞がつくので, 葉の側部に花序がついているように見える。花は花序に密生しており, 花被片6, 雄しべ6, 雌しべ1からなる両性花である。結実率はきわめて低いが理由は不明。

　キショウブの葉がやや粉白色を帯びるのに対し, ショウブの葉は明るい緑色で光沢があるので, 花はなくても識別できる。端午の節句の菖蒲湯などに利用されるため, 人が植えたと思われる場所も多く, 現在の産地がどこまで自然分布かはわからない。

# セキショウ *Acorus gramineus* Sol. ex Aiton

国内 本州, 四国, 九州, 沖縄　国外 朝鮮, 中国, 東南アジア, インド

熊本県南阿蘇村（2013.8.17）

ショウブ科 Acoraceae ショウブ属 *Acorus*

立ち上がる花序 　　　花の拡大 　　　果実期の花序

　渓流や小河川の浅水域に生育する抽水〜湿生植物。湧水域では沈水状態でも生育する。アクアリウムでは沈水状態で栽培される。地下茎が伸び、葉は根生する。葉は線形で濃い緑色、長さ20〜50 cm、幅3〜10 mmで中央の脈は隆起せず平滑、湾曲する。花期は4〜5月。10〜30 cmの花茎が伸び、長さ5〜10 cmの細長い肉穂花序が直立またはやや斜上する。苞は葉状。ショウブとは対照的に、よく結実する。長さ2.5〜3 mmの蒴果をつけ、中に4〜6個の種子が入る。
　園芸品種が作出されており、我が国では矮性形の**アリスガワゼキショウ** var. *pussilus* Engler が有名である。

# ヒメカイウ（ヒメカユウ）　*Calla palustris* L.

RL 準絶滅危惧　国内 北海道，本州（中部以北）　国外 北半球の寒冷地に広く分布

サトイモ科 Araceae ヒメカイウ属 *Calla* L.

北海道釧路市（2011.6.19）

花序（北海道釧路市，2011.6.19） 　　果実（北海道釧路市，2005.8.6）

　沼や湿原内の浅い池や水路，ときに林内の湿地などにも生育する多年生の抽水〜湿生植物。径1〜2 cmの地下茎が泥中を横走し，節から数枚の葉が束生する。高さ20〜40 cm。葉は10〜25 cmの葉柄があり，葉身は心形〜卵心形，長さ7〜18 cm，幅5〜12 cm，先端は尖る。花期は6〜7月。長さ15〜30 cmの花茎の先に白色の仏炎苞に包まれて長さ3 cmほどの肉穂花序を形成する。花は両性，花被片はなく，1個の子房と6個（9〜12個の場合もあり）の雄しべからなる。果実は液果で，夏から秋にかけて赤く熟す。果実内には数個の種子がある。
　なお園芸用に栽培されるカラーはオランダカイウ属 *Zantedeschia* の植物である。

# ヒメウキクサ (シマウキクサ)

**_Landoltia punctata_ (G.Mey) Les et D.J.Crawford**
_Spirodela punctata_ (G.F.W.) Thompson; _S. oligorhiza_ (Kurz) Hegelm.

国内 本州,四国,九州  国外 南半球(オーストラリア,アフリカ南部)と東アジア。全大陸で野生化

茨城県土浦市 (2011.11.5)

葉状体。裏面と周縁が赤紫色　　　　根端

サトイモ科 Araceae (ウキクサ科 Lemnaceae) ヒメウキクサ属 _Landoltia_ Les et D. J. Crawford

　ため池や水路,水田,クレソン田など,特に湧水のある環境に生育する常緑の浮遊植物。サイズはアオウキクサ属の種と変わらないが,根が2本以上あるので別属であることがわかる。葉状体は左右不相称の長楕円形で表面は濃緑色で光沢がある。長さ2〜4.5 mm,幅1.5〜3 mm,長さと幅の比は1.5〜2とやや細長く,先端はややとがる。裏面は普通赤紫色で表面の縁辺部まで色づく。2〜4個の葉状体で群体をなす。根は(1〜)2〜7本,長さ10〜40 mm,根端は鈍頭。開花は稀。
　特殊な殖芽は形成せず,葉状体のままで越冬する。冬の間でもコウキクサやナンゴクアオウキクサと混生して水面に広がる様子が見られるが,ヒメウキクサは緑色が濃いので複数の種が混生していることは容易にわかる。外来種とする見解もあるが,自然分布であろう。分子系統学的研究に基づいて,ヒメウキクサ1種からなる新属 _Landoltia_ となった (Les and Crawford, 1999)。

57

# アオウキクサ
*Lemna aoukikusa* Beppu et Murata subsp. *aoukikusa*

国内 日本固有種。北海道，本州，四国，九州

ウキクサ（大形）と混生する（兵庫県明石市，2012.7.9）

サトイモ科 Araceae（ウキクサ科 Lemnaceae）コウキクサ属（アオウキクサ属）*Lemna* L.

　ため池や水田，水路などに生育する一年生の浮遊植物。水田ではウキクサと並んで最も普通。葉状体は倒卵状広楕円形，長さ3〜5 mm，幅2〜4 mm，葉状体は比較的薄く3脈が見える。表裏とも淡緑色。根は1本で長さ〜5 cm，根鞘基部に翼がある。根端は鋭頭。7〜9月ごろ盛んに開花する。花は1個の雌しべと2個の雄しべからなり，自家受粉によってよく結実する。種子は長楕円形で長さ1〜1.5 mm。秋になると葉状体は枯死し，種子で越冬する。水田耕作に適応して一年草の生活史をとるようになったと考えられている（別府ほか，1985）。水田では5〜6月ごろに種子から発芽した幼植物が見かけられる。

　**ホクリクアオウキクサ** subsp. *hokurikuensis* Beppu et Murata は本州日本海側（山形県〜岐阜県）の多雪地帯の水田などに生育する。アオウキクサに似るが，根の先端部がらせん状にねじれることが多い。冬には葉状体が澱粉を貯蔵し，そのまま水中に沈む。春には再び浮上して新しい葉状体を形成する。なお，夏の状態でアオウキクサから識別するのは困難なので，越冬様式を確認する必要がある。

水田に群生するアオウキクサ（兵庫県明石市，2012.7.9）

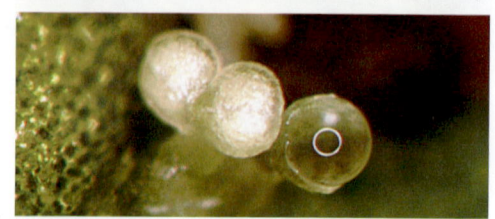

アオウキクサの雄花（左）と雌花（右）

花の受粉　　　　　根端

# ナンゴクアオウキクサ　*Lemna aequinoctialis* Welw.
*L. paucicostata* Hegelm.

国内 本州（静岡県以西），四国，九州，沖縄　　国外 世界の熱帯～温帯域に広く分布

冬期の群落（神戸市垂水区，1990.12.2）

ナンゴクアオウキクサの葉状体（和歌山県有田市採集）

果実をつけた葉状体。右の葉状体は開花中

サトイモ科 Araceae（ウキクサ科 Lemnaceae）コウキクサ属（アオウキクサ属）Lemna L.

水路やため池などに群生する常緑の浮遊植物。葉状体は広倒卵形で左右相称に近く，やや厚みがあるためにコウキクサに酷似する。根端が鋭頭であること（コウキクサは鈍頭）と根鞘基部に翼があることでアオウキクサ類であることがわかり，葉状体のまま越冬することでアオウキクサとホクリクアオウキクサから識別される。花は雌性先熟で自家不和合性を示す。

59

# コウキクサ　*Lemna minor* L.

**国内** 北海道，本州，四国　　**国外** 南米を除く全大陸に広く分布

サトイモ科 Araceae（ウキクサ科 Lemnaceae）コウキクサ属（アオウキクサ属）*Lemna* L.

滋賀県高島市（2009.6.6）

葉状体は厚みがある（兵庫県養父市，2013.6.29）　　根端

　湖沼や水路，水田（特に湿田），ハス田などに群生する常緑の浮遊植物。西日本の産地は湧水環境にほぼ限られる。葉状体は広楕円形でやや厚みがあり，葉脈（3脈）は不明瞭。長さ3〜4.5 mm，幅2〜3.5 mm，表面は明るい黄緑色だが，日陰では緑色が濃くなる。裏面は淡緑色。根は長さ3〜8 cm，根鞘基部に翼はなく，根端は鈍頭。開花は稀。冬は葉状体のまま越す。

# ムラサキコウキクサ　*Lemna japonica* Landolt

**国内** 北海道, 本州, 四国, 九州　**国外** 東アジア

島根県松江市（2013.6.10）

アオウキクサと混生する

葉状体の裏と表

サトイモ科 Araceae（ウキクサ科 Lemnaceae）コウキクサ属（アオウキクサ属）*Lemna* L.

　湖沼やため池，水路などに群生する常緑の浮遊植物。葉状体にやや厚みがあり，根端が鈍頭であることはコウキクサと共通であるが，通常はやや小ぶりである。全体または根のつけ根を中心に赤紫色を帯びることが特徴である。ただし環境や季節によっては着色の見られない場合があるので，着色の有無のみによってコウキクサと識別することはできない。遺伝的には識別可能であり，現在までの調査では，コウキクサ（狭義）が主に北日本に普通で日本海沿いに山陰地方まで南下しているのに対し，中部地方以南の太平洋側にはムラサキコウキクサが多い。両種の識別が困難なときはコウキクサ（広義）と一括するのも1つの取り扱い方であろう。

61

# キタグニコウキクサ（エゾコウキクサ）
*Lemna turionifera* Landolt

国内 北海道（主に東部）　国外 北米とアジアの温帯域

サトイモ科 Araceae（ウキクサ科 Lemnaceae）コウキクサ属（アオウキクサ属）*Lemna* L.

ウキクサ（大）と混生する（北海道釧路市，1999.4.8）

葉状体（北海道帯広市産）

根端

冬は葉状体が水中に沈む

　湖沼や河川の淀みに生育する多年生の浮遊植物。葉状体の表面は光沢のある緑色で長さ2～4 mm，幅1～3 mm，コウキクサほどの厚みはないが，中央脈の数個の突起が明瞭である。表面に赤い斑点が見られることがあるほか，裏面は全体がほぼ一様に鮮やかな赤紫色に着色するので容易に識別できる。根は鈍頭だがコウキクサほど円くはならない。冬が近づくと葉状体が越冬体（殖芽）となり，そのまま水底に沈む。これが種小名の由来である。

# イボウキクサ　*Lemna gibba* L.

国内 本州，四国　国外 ヨーロッパ原産；アフリカ，アジア，南北アメリカでも野生化

コウキクサ（小形の葉状体）と混生する（山梨県忍野村，2016.10.14）

開花中のイボウキクサ（栽培，2013.7.2）　　裏面の浮嚢

サトイモ科 Araceae（ウキクサ科 Lemnaceae）コウキクサ属（アオウキクサ属）*Lemna* L.

　ため池や河川，水路，特に湧水のある池やクレソン田に生育する常緑性の浮遊植物。葉状体は広楕円形で長さ4〜6 mm，幅3〜4 mm，表面も膨らむが，裏面に著しい浮嚢が発達する。葉状体表面はときに赤紫色の着色が見られる。根の先端は鈍頭。栄養条件によって浮嚢の発達程度には差があり，ときにコウキクサとの識別が困難であるとの指摘もあるが，野外で観察する限りまぎらわしいことはない。植物生理学研究の材料として導入された植物体が広がったと見られるが，日本には遺伝的に2系統あることが明らかにされている（角野・平塔，1994）。

# ヒナウキクサ　*Lemna minuta* Kunth
*L. miniscula* Herter ; *L. minima* Philippi

`国内` 本州　`国外` 南米原産；ヨーロッパと東アジアに野生化

静岡市（2008.5.26）

ウキクサ（大型）と混生する（静岡市，2007.7.13）　　根端

サトイモ科 Araceae （ウキクサ科 Lemnaceae）コウキクサ属（アオウキクサ属）Lemna L.

　湖沼やため池，水路，ハス田などに生育する小形で常緑性の浮遊植物。葉状体は卵形～長楕円形で膨らみはなく葉脈は1本，長さ1.5～2 mm，幅1～1.2 mm，脈上に1～3個の目立たない突起が認められる。根の先端は細くなるがとがらない。冬は葉状体のまま越す。湧水のある河川やクレソン田でコウキクサなどと混生する小形の1脈性植物は葉状体にやや厚みがあるが，遺伝子解析の結果，本種であることが明らかになった。変異や分布の現状について，さらに調査が求められる。**チビウキクサ *L. perpusilla* Torr.** として報告されたものは正体が不明であるが，本種の誤認であろうと筆者は考えている。

# チリウキクサ　*Lemna valdiviana* Philippi

国内 本州　国外 南米，北米原産；他の地域での野生化情報はない。

兵庫県淡路市（2012.9.2）

冬期の群落（神戸市西区，1988.2.11）　　　根端

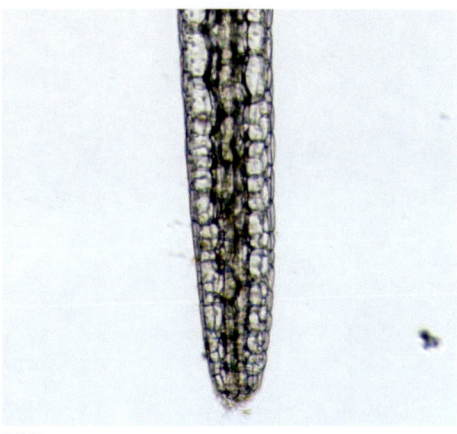

サトイモ科 Araceae（ウキクサ科 Lemnaceae）コウキクサ属（アオウキクサ属）Lemna L.

　ため池や水路に生育する小形で常緑性の浮遊植物。葉状体は細長く長楕円形，ときにやや湾曲する（鎌形となる）。日の当たる水面では緑白色だが，ハスなどの陰で生育すると緑色が濃くなる。長さ2〜4 mm，幅1〜2 mm，葉脈は1本。根端は鈍頭。冬は葉状体のまま越すが，一部の葉状体は水中に沈む。

　日本には1脈性のウキクサ類は1種しかないとされ（Landolt, 1986），分類や学名が混乱していたが，最近の遺伝学的研究で2種が分布することが明らかになった（Kadono and Iida, 準備中）。チリウキクサは，ヒナウキクサに比べて葉状体が細長く，またしばしば鎌形となることで識別できる。

65

# ヒンジモ　*Lemna trisulca* L.

RL 絶滅危惧Ⅱ類　　国内 北海道, 本州, 九州　　国外 南米を除く全大陸。温帯域が分布の中心。

サトイモ科 Araceae（ウキクサ科 Lemnaceae）コウキクサ属（アオウキクサ属）*Lemna* L.

湧水中でホザキノフサモに絡まるヒンジモ（静岡県清水町, 2012.10.28）

葉状体（札幌市産）　　　　　　　　　　　　葉状体は「品」の字形

　湖沼や湿原の池塘, 河川, 水路などに生育する沈水性の浮遊植物。水面下で絡み合って群生する。本州と九州では, 湧水のある清水域に生育するが, 北日本では河跡湖のようにやや富栄養化の進んだ水域にも見られる。葉状体は半透明で, 広披針形〜狭卵形, 長さ 7〜10 mm, 幅 2〜3 mm, 先は鋭頭またはやや鈍頭, 細長い柄で互いに連なっている。検鏡すると細胞中にはシュウ酸カルシウムの結晶が目立つ。根は1本。開花時は水面に浮き上がるという（日本での観察報告はない）。湧水の枯渇や水質汚濁の進行で我が国ではきわめて稀な水草になっている。

# ボタンウキクサ　*Pistia stratiotes* L.

**国内** 特定外来生物。本州（関東以西），四国，九州，沖縄　**国外** 世界の熱帯，亜熱帯域に広く分布。

淀川のわんどに大繁茂したボタンウキクサ（大阪府守口市，2005.10.27）

兵庫県加古川市（2002.9.1）

花（熊本市，2009.9.21）

サトイモ科 Araceae　ボタンウキクサ属 *Pistia* L.

　湖沼やため池，河川や水路などに群生する浮遊植物。茎はごく短く，倒長三角形～倒卵形の柔らかい葉がロゼット状に密につく。葉の長さ10～30 cm，幅5～20 cm，表面には短毛が密生してビロード状となり水をよくはじく。ロゼットの直径は好条件下では30 cmを超えることもある。葉の間から走出枝を伸ばし，子株，孫株を次々と作り水面に広がる。花期は7～10月，葉の基部に花序をつける。淡緑色～白色，有毛の1枚の仏炎苞の中の軸に1個の雌花と数個の雄花がつく。果実は袋状の液果，多数の種子が入っている。通常は冬を越したロゼットからの栄養繁殖であるが，実生からの更新も確認されている。

　古くから沖縄では記録があったが，西南日本で異常繁茂が問題になりはじめたのは1990年代以降である。観賞植物として流通するようになって各地で野生化した。特定外来生物に指定されて流通は止まったが，駆除活動にもかかわらず今も多くの場所で繁茂し続けている。

# ウキクサ　*Spirodela polyrhiza* (L.) Schleid.

国内 北海道，本州，四国，九州，沖縄　国外 南米とニュージーランドを除くほぼ全世界に分布

水田のウキクサ。小さい浮草はアオウキクサ（2004.7.12, 長野県安曇野市）

神戸市西区（2009.9.27）

多数の根。葉状体裏面の着色にも注目。

サトイモ科 Araceae（ウキクサ科 Lemnaceae）ウキクサ属 *Spirodela* Schleid.

　水田，水路，湖沼などの水面に群生する多年生の浮遊植物。葉状体は広倒卵形，長さ3～10 mm，幅2～8 mm，2～4個の葉状体がつながり群体（コロニー）をなす。葉状体の裏面は多かれ少なかれ赤紫色であるが，ときに緑色。根は葉状体の裏から（3～）7～21本が束になって水中に垂れ下がり，長さは4 cmまたはそれ以上に達する。根端は鋭頭。花期は7～8月。花弁がなく1個の雌しべと2個の雄しべ（1個の雌花と2個の雄花との解釈もある）からなる目立たない花をつける。種子は長さ0.7～1 mmの長楕円形。繁殖はもっぱら栄養繁殖で，葉状体が娘葉状体を形成して，それが離脱して新しい群体をつくる。秋になると新しい葉状体が澱粉粒を貯蔵して肥厚し，殖芽となる。殖芽は濃緑色で直径2 mm前後，根を欠く。親葉状体の枯死とともに水底に沈んで越冬し，翌春，浮上して新しい葉状体を出芽して成長を開始する。

# ミジンコウキクサ *Wolffia globosa* (Roxb.) Hartog et Plas

国内 本州，四国，九州，沖縄  国外 東南アジア原産；アフリカ，北米に野生化

ため池一面に広がるミジンコウキクサ（兵庫県加西市，2001.5.13）

ウキクサと混生するミジンコウキクサ
（岡山市，2009.9.21）

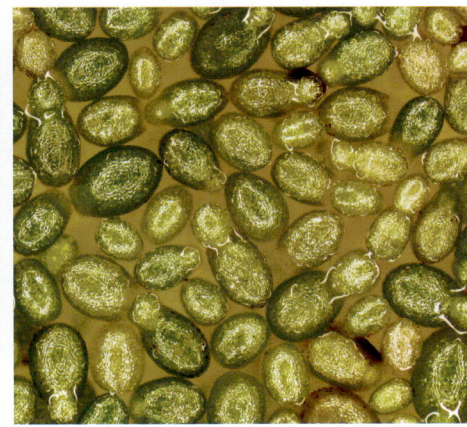

葉状体

サトイモ科 Araceae（ウキクサ科 Lemnaceae）ミジンコウキクサ属 *Wolffia* Horkel ex Schleid.

　湖沼やため池，水路，ハス田などの水面に群生する多年生の微小な浮遊植物。他の浮草と混生することも多く，注意しないと見落とす。根を欠き，緑色でつやのある葉状体のみからなる。葉状体は長さ0.3〜0.8 mm，幅0.2〜0.5 mm，厚さ0.2〜0.6 mm。単独または2個の葉状体が群体をなす。葉状体の上面は平坦，下部は肥大し体の中ほどが最も幅の広い楕円体となる。花期は8〜9月だが，開花はきわめてまれ。花は葉状体表面中央付近の花孔に1個つき，1本の雄しべと1個の雌しべからなる。種子は球状。冬が近づくと葉状体が澱粉を貯蔵し殖芽となってそのまま水底に沈む。翌春，この殖芽が浮上し新しい葉状体を出芽する。

# サジオモダカ　*Alisma plantago-aquatica* L. var. *orientale* Sam.

国内 北海道，本州　国外 東～中央アジア

オモダカ科 Alismataceae　サジオモダカ属 *Alisma* L.

北海道釧路市（2000.8.29）

釧路市（2005.8.30） 　　花

　湖沼やため池，河川，水路などの浅水域に生育する多年生の抽水～湿生植物。茎は根茎となり，葉は根生する。さじ形の葉が特徴的。葉柄の長さ6～40（～60）cm，葉身は楕円形で長さ5～20 cm，幅3～12 cm，先はやや突出，基部は切形またはやや心形，葉柄との境は明瞭である。花期は7～9月。花茎は高さ30～80（～120）cm，数個の枝を数段輪生し，その枝から長さ10～20 mmの花柄が伸びる総状花序となる。ときに花序はよく発達して植物体全体におおいかぶさる。花は両性，萼片3，花弁は3枚で白色～淡い桃色，雄しべ6，雌しべは多数，1列環状に並ぶ。果実は偏平で倒卵形，長さ1.5～2 mm，背部に浅い溝がある。特殊な越冬器官は作らず根茎で越冬。

　分布は北日本が中心。西日本にも稀に見られるが，薬用植物として栽培されているものの逸出の可能性が高い。

# ヘラオモダカ  *Alisma canaliculatum* A.Braun et C.D.Bouché *ex* Sam. var. *canaliculatum*

国内 北海道，本州，四国，九州，沖縄  国外 朝鮮，中国

兵庫県小野市（2006.9.9）

山形県村山市（2009.8.23）

花。葯の色が黄色

オモダカ科 Alismataceae サジオモダカ属 *Alisma* L.

　湖沼やため池，河川，水路の浅水域，水田などに生育する多年生の抽水〜湿生植物。葉は根生する。高さ10 cmに満たない小形個体から，花茎を伸ばすと1 mを超える大形の株まであり，サイズの変異は著しい。葉身はへら形，長さ4〜30 cm，幅0.5〜4.5 cm，葉柄との区別がしばしば明瞭でないことでもサジオモダカから区別できる。花期は7〜9月。花茎は高さ20〜80（〜130）cm，枝を3（〜6）本ずつ数段輪生する。枝はさらに3本の小枝を輪生するか花柄を出す。がく片3，花弁3で白色〜淡い桃色。雄しべ6，雌しべは多数が1列環状に並ぶ。果実は偏平で倒卵型，長さ2〜2.5 mm，背部に深い溝がある。

# ホソバヘラオモダカ（シジミヘラオモダカ）

*Alisma canaliculatum* A.Braun et C.D.Bouché ex Sam. var. *harimense* Makino

RL 絶滅危惧IA類　国内 日本固有種。本州（兵庫県）

オモダカ科 Alismataceae　サジオモダカ属 *Alisma* L.

神戸市北区（2012.7.16）

開花前の群落（兵庫県三田市，2012.6.10）

兵庫県加東市（2011.8.27）

花。葯の色が紫褐色。

ため池の浅水域や溝，湿地に生育する多年生の抽水〜湿生植物。全形はヘラオモダカに似るが，葉身がきわめて細長く，狭披針形で長さ8〜20（〜40）cm，幅3〜10（〜20）mm。開花時刻がヘラオモダカより1〜2時間遅く，午前11時ごろから花が開くことと，葯の色が紫褐色（ヘラオモダカは黄色）であることが特徴である。なお，最近，葯の色が紫褐色のヘラオモダカ集団も確認されており（鈴木孝典，未発表），種内変異の再検討が必要になっている。近年，産地と個体数の減少が著しいが，草刈りなどが行われなくなったために植生遷移が進み，他の植物に被陰されることが一因である。別名は基準産地の兵庫県三木市志染町にちなむ。

# アズミノヘラオモダカ *Alisma canaliculatum* A.Braun et C.D.Bouché ex Sam. var. *azuminoense* Kadono et Hamashima

RL 絶滅危惧IA類　国内 日本固有種。本州（長野県）

水田に生育するアズミノヘラオモダカ（長野県安曇野市，1984.8.6）

全形（長野県安曇野市，1984.8.6）

花と果実（栽培，2009.9.3）

オモダカ科 Alismataceae サジオモダカ属 *Alisma* L.

　水田に稀に生育する多年生の抽水植物。全高は15〜20 cm，ヘラオモダカの花茎が葉より高く抜き出るのに対し，花茎があまり伸びずに葉より低く，花は密集する。花茎の最下部の枝がヘラオモダカの3本と比べて3〜5本と多く，これから伸びる花柄も15 mm以下と短いために花（果実）が密集した花序となる。これらの性質が遺伝的に固定していることから変種とされた。和名は長野県安曇野地方で最初に発見されたことによる。

# トウゴクヘラオモダカ　*Alisma rariflorum* Sam.

RL 絶滅危惧IB類　国内　日本固有種。本州（東北〜北関東，中国地方，九州？）

生育環境　撮影：黒沢高秀（福島大学）

オモダカ科 Alismataceae　サジオモダカ属 *Alisma* L.

標本。花序の第1節目の枝は2本

花。葯は紫褐色。撮影：黒沢高秀（福島大学）

湖沼の水辺や溝，湿地，休耕田などに生育する多年生の抽水〜湿生植物。葉はヘラオモダカやサジオモダカより小さく，葉身の長さ5〜10 cm，幅1.5〜3.5 cm，形は両者の中間形で線状長楕円形〜長楕円形。花序の第1節目の枝が2本（稀に3本）であること，花弁が長さ6〜7 mmとヘラオモダカ（同約4 mm）より大きく，葯の色は黄色ではなく紫褐色であること，果実も長さ2.5〜3 mmと大きいことが特徴である。花序は第2節目からは3本になる場合が多い。ヘラオモダカあるいはサジオモダカと混同されて正しく認識されず，また葯の色がホソバヘラオモダカと同じであることも分類学的混乱の一因となってきたが，現在では独立した種として認められている。水田の耕作放棄や湿地の放置による植生遷移の進行で生育地の消滅が相次ぎ，稀な種となっている。

# マルバオモダカ　*Caldesia parnassiifolia* (Bassi ex L.) Parl.
*C. reniformis* (D.Don) Makino

RL 絶滅危惧IB類　国内 北海道(西南部),本州,四国,九州　国外 中国,インド,オーストラリア,マダガスカル

オモダカ科 Alismataceae　マルバオモダカ属 *Caldesia* Parl.

神戸市西区（1997.8.30）

抽水形
（兵庫県加東市，2009.9.3）

花 　　殖芽

浮葉形。殖芽を形成した花茎が横たわる（広島県東広島市，2011.9.29）

　湖沼やため池，水路，水田などに生育する多年生の浮葉〜抽水植物。茎は根茎となり葉は根生。幼葉は幅2〜3 mmの線形リボン状，次いで長楕円形の葉身をもつ初期浮葉を経て卵心形（浮葉）〜円心形（抽水葉）の成葉を展開する。葉柄の長さ10〜60 cm，葉身は長さ5〜14 cm，幅3〜10 cm。水深に応じて，すべての葉が浮葉である場合と一部または全部が抽水葉となる場合がある。花茎は高さ30〜100 cm，3枝を輪生し，各枝はさらに数個の花柄を輪生する総状花序となる。花は両性。がく片3，花弁3，白色で先は歯牙状，雄しべ6，雌しべは6〜15，果実は楕円形で長さ3 mm，背面に2本の縦溝がある。夏以降，花茎の花のつく部位に長さ1〜2 cmの胎生芽（殖芽）ができ，これが脱落して栄養繁殖と越冬の器官となる。
　水域の埋め立てや水質の悪化により，生育地が急減している。

75

# ミズヒナゲシ（ウォーターポピー，キバナトチカガミ，ミズウチワ）
## *Hydrocleys nymphoides* (Willd.) Buchenau

国内 本州，九州，沖縄　国外 南米原産；アフリカで野生化

和歌山県有田市（2012.8.20）

オモダカ科 Alismataceae（ハナイ科 Butomaceae）ミズヒナゲシ属 *Hydrocleys* Rich.

生育形

葉の裏面の浮囊　　花

池沼や河川，水路などに生育する多年生の浮遊植物。走出枝が伸び，長さは1.5 mを超える。浅い水域では根を張る。各節に10枚以上の葉が束生。葉柄は長さ10〜30 cm，葉身は広卵形〜円心形で長さ5〜8 cm，幅5〜7 cm，厚みがあり背面に浮嚢が発達する。花期は7〜10月。葉腋から伸びる花茎の先に径4〜5 cm，高さ3 cmほどの花をつける。花は3枚の外花被片（萼片）が緑色，3枚の内花被片（花弁）が淡黄色。雌しべは6本，雄しべは多数，その周囲に黒紫色の仮雄しべが残る。我が国では結実の報告はない。

　昭和初期に観賞植物として導入された。今もビオトープや家庭で人気が高く，広く流通している。寒さに弱いために逸出しても冬を越せずに消滅する例が多いが，繁殖力は旺盛であり注意が必要である。

# アギナシ　*Sagittaria aginashi* Makino

RL 準絶滅危惧　国内 北海道，本州，四国，九州　国外 朝鮮，中国

兵庫県加東市（2015.8.16）

兵庫県加東市（2001.8.19） 　　花 　　基部に形成された小球茎（むかご）

オモダカ科 Alismataceae オモダカ属 *Sagittaria* L.

　湖沼やため池，水田，湿地などに生育する多年生の抽水〜湿生植物。類似種のオモダカが雑草的性格を持つのに対し，本種は山間の池沼や水田（休耕田），湿地など，より自然度の高い環境に生育する。
　葉柄は長さ20〜50 cm，幼葉の葉身は狭長楕円形，成葉は矢尻形となり，やや細い頂裂片と左右に下向する側裂片からなる。葉身は全長8〜40 cm，側裂片の先端（葉の左右の下端）は尖らず円みを帯びる（p. 78参照）。花期は7〜10月。花茎は長さ45〜80（〜100）cmと葉の高さより上まで伸びるので，遠くから見てもアギナシとわかる。3輪生の総状花序の下方に雌花，上方に雄花をつける。花弁は3枚で白色。雌しべ，雄しべともに多数。果実は扁平で倒卵形，翼があり，長さ3〜5 mm。多数の果実が球状に集合。夏ごろより葉柄基部の内側に径3〜6 mmの多数の小球茎（むかご）を形成する。これが親植物の枯死後，脱落，浮遊して広がり，栄養繁殖と越冬の器官となる。

# オモダカ　*Sagittaria trifolia* L.

国内 北海道，本州，四国，九州，沖縄　国外 アジアの温帯〜熱帯域に広く分布

水田に広がる群落（兵庫県丹波市，2005.7.24）

兵庫県丹波市（2005.7.24） 　花 　葉の下端。オモダカ（左）とアギナシ（右）

オモダカ科 Alismataceae　オモダカ属 *Sagittaria* L.

　湖沼やため池，水路や水田などに生育する多年生の抽水〜湿生植物。我が国の代表的な水田雑草である。葉は根生，幼葉は線形。狭長楕円形の葉を経て矢尻形の葉身となる。葉柄は長さ 15〜60 cm，葉身の頂裂片は狭三角形〜卵形でアギナシより幅広い場合が多い。葉身の側裂片は頂裂片より長く，先は鋭く尖る。全長 7〜30（〜40）cm。葉身の変異は著しく，ホソバオモダカ forma *longiloba* Makino, サツマオモダカ（ヒトツバオモダカ）var. *alismaefolia* Makino が記載されているが，遺伝的に固定したものではないので，独立した分類群としては認めがたい。花期は 7〜10 月。花茎は長さ 20〜100 cm であるが，葉の上端より高くなることはない。花の形態はアギナシと同じであるが，雄花と雌花の中間位置に両性花がつくこともある。果実は長さ 3〜6 mm，周囲に広い翼がある。球状に集合して，成熟すると次々と脱落する。
　秋には葉の基部から数本〜多数の走出枝を伸ばし，先端に塊茎を形成して越冬する。

# クワイ  *Sagittaria trifolia* L. 'Caerulea'
*S. trifolia* L. var. *edulis* (Siebold ex Miq.) Ohwi

国内 本州，四国，九州　国外 中国原産。欧米には観賞植物として導入

兵庫県稲美町（2007.9.14）

開花中の株（静岡市，2010.6.27）

雌花（下）と雄花（上）

塊茎

オモダカ科 Alismataceae オモダカ属 *Sagittaria* L.

　塊茎を食用にするために水田や湿地を利用して栽培される多年生の抽水〜湿生植物。逸出してため池や河川，水路，水田などに生育する。オモダカに比べ大形で全高は1mに達する。葉身は全長30〜45cmになり，頂裂片は広卵形で幅7〜20cm。花期は7〜9月，ただし，系統によってほとんど開花しない。花はオモダカ同様に花茎下部に雌花，上部に雄花が咲く。塊茎は直径3〜5cm，品種によって球形〜やや細長い芋状をしており，1本の芽が伸びるように立つ。「目出たい」植物として正月のおせちや祝い事の料理に使われる。青クワイ，白クワイ，吹田クワイが代表的な品種。

# カラフトグワイ（ウキオモダカ）　*Sagittaria natans* Pallas

RL 絶滅危惧IA類　国内 北海道　国外 ユーラシア大陸の寒冷地

オモダカ科 Alismataceae　オモダカ属 *Sagittaria* L.

北海道標茶町（1988.8.20）

浮葉と花（北海道標茶町，1988.8.20）

雄花

葉形の変異（北海道標茶町，1979.8.4）

　湖沼や湿原中の河川などに稀に生育する多年生の浮葉植物。茎は短く葉は根生，線形の沈水葉のあと浮葉を形成する。葉柄は 10〜45（〜100）cm，初期の浮葉は狭長楕円形で長さ 4〜9 cm，幅 6〜30 mm，成植物の浮葉は矢尻形，長さ 7〜12 cm，幅 2〜5.5 cm，頂端は鈍頭またはやや突出，側裂片が頂裂片より短い（半分以下）であることが特徴。花期は 7〜8 月。花茎は 1〜2 本で抽水，長さ 25〜40 cm。花弁は 3，白色。雄花と雌花がある。果実は偏平，倒卵形で長さ 3〜4 mm，幅 2〜3 mm。夏以降，走出枝を伸ばして径 10〜15 mm ほどの塊茎を形成する（丸山・山崎，2011）。
　今まで日本では限られた湖沼からしか記録がないが，すべての場所で既に絶滅もしくは絶滅寸前の状態にある。

# ウリカワ *Sagittaria pygmaea* Miq.

**国内** 本州，四国，九州，沖縄　**国外** 東アジアの温帯〜亜熱帯域

兵庫県加東市（2007.10.5）

雄花。雌花は花弁が落ち，結実段階　　　全形と塊茎（右）

オモダカ科 Alismataceae オモダカ属 *Sagittaria* L.

　主に水田に生育する小形，多年生の抽水〜湿生植物。葉は根生し，線形，ときに先端部の幅が広くなり細い匙形。長さ4〜18 cm，幅3〜10 mmでやや厚みがある。先端は鈍頭。花期は7〜9月，花茎は高さ5〜20（〜30）cm。花弁は3枚で白色，雄花と雌花がある。果実は偏平，長さ約5 mm，突起のある翼が発達。集合して球状になる。秋に走出枝が伸び，地中に直径3〜6 mmの塊茎を形成して越冬する。

　間違われる植物としてはミズアオイ科の幼植物やホシクサ類がある。前者は成葉を形成する段階になれば誤認はない。後者は葉の先端が鋭頭なので区別できる。

# ナガバオモダカ　*Sagittaria weatherbiana* Fernald

国内 本州　国外 北米原産

オモダカ科 Alismataceae　オモダカ属 *Sagittaria* L.

ため池に野生化（兵庫県姫路市、2010.6.10）

沈水葉が残る（名古屋市東山動植物園、2010.4.23）

抽水葉のステージ（名古屋市東山動植物園、2010.5.8）

雌花

　湖沼やため池、水路などに生育する多年生の抽水植物。長い走出枝を伸ばして栄養繁殖する。高さ30〜50 cm、葉身はへら形でヘラオモダカと酷似し、長さ15〜20 cm、幅2〜3 cm。花期は4〜6月。花茎は長さ25〜60 cmで総状花序となり、小花柄の先に3枚の白い花弁からなる花をつける。花は両性花をつけるヘラオモダカと異なり、単性花なのでオモダカ属であることがわかる。日本で栽培もしくは野生化している系統は、多数の雌しべからなる雌花しかつけず、結実しない。本来つけるはずの雄花を欠く雌性化の理由はわかっていない。冬期は大形のセキショウモの仲間に類似した線形の沈水葉で越す。沈水葉は長さ〜20 cm、幅2〜3 cm、葉縁には鋸歯がなく、しばしば赤色がかる。

　「ジャイアントサジッタリア」の名前で栽培される観賞植物で、*Sagittaria graminea* Michx. とされていたが、表記の学名に訂正された（志賀・大阪市立自然史博物館淀川水系調査グループ植物班、2010）。東京都井の頭公園や京都市深泥池に群生して知られるようになった。他の地域でも野生化の事例が増えている。意図的な植栽が疑われる場合もある。

# ヒロハオモダカ *Sagittaria platyphylla* (Engelm.) J.G.Sm.

**国内** 本州（大阪府）　**国外** 北米原産

オモダカ科 Alismataceae オモダカ属 *Sagittaria* L.

大阪府枚方市（2010.8.22）

大阪府枚方市（2010.8.22）

花。下の雌花は結実段階，上方の雄花が開花中

　河川や水路などに生育する多年生の抽水植物。高さ20〜60 cm，走出枝を伸ばして株を増やす。沈水葉は線形，抽水葉の葉身は披針形〜長卵形，長さ10〜20 cm，幅3〜10 cm，ナガバオモダカよりも幅が広い。花期は5〜11月，20〜60 cmの花茎を伸ばして総状花序をつける。花弁は3枚で白色，多数の雌しべからなる雌花は下側に，多数の雄しべからなる雄花が上方につく。よく結実し，長さ1.5〜2.5 mmの種子をつける。冬期は沈水葉の状態で越すほか，秋から塊茎を作り越冬する（志賀・大阪市立自然史博物館淀川水系調査グループ植物班，2010）。

　観賞植物として植栽されていたものが逸出したと考えられ，2000年前後まで野外での標本をさかのぼることができる。ナガバオモダカが山間〜丘陵部のやや貧栄養な水域でも生育するのに対し，本種は富栄養な環境を好むとされ，平地の水域での分布拡大が危惧される。

# ヤナギスブタ
*Blyxa japonica* (Miq.) Maxim. ex Ascherson et Gürke

国内 本州，四国，九州，沖縄　国外 アジア東部，インド，ニューギニア。ヨーロッパで野生化

トチカガミ科 Hydrocharitaceae　スブタ属 *Blyxa* Noronha ex Thouars

香川県まんのう町（1996.8.29）

開花中のヤナギスブタ（香川県まんのう町，1996.8.29）　茎が長く伸びる

　水田やため池，水路などに生育する一年生の沈水植物。茎が伸張し，植物体の長さは5〜25 cm，よく分枝し，多数の葉をつける。葉は互生で無柄，葉身は線形で先ほど細くなる。長さ2.5〜5（〜8）cm，幅1.5〜2.3 mm，葉縁に細鋸歯がある。7〜10月に目立たない花を水面上に咲かせる。花柄の下部は円筒状の苞鞘に包まれ，花弁は3枚，線形で白色，長さ3〜8 mm，幅1 mm以下。雄しべ3，3心皮で柱頭は3裂。果実は細長く，花柱部を除いて長さ1.5〜3 cm。中に多数の種子が詰まる。種子は紡錘形で，長さ1.5〜2 mm，両端に突起はなく，表面は平滑。

# セトヤナギスブタ *Blyxa alternifolia* (Miq.) Hartog

| RL | 絶滅危惧 IB 類 | 国内 | 本州，四国，九州 | 国外 | 東南アジア |

愛知県尾張旭市（2003.9.13）撮影：村松正雄

水田中の個体（愛知県尾張旭市，2002.7.27）撮影：村松正雄

花。花弁が全開する

種子。表面に隆起がある

トチカガミ科 Hydrocharitaceae スブタ属 *Blyxa* Noronha ex Thouars

水田や水路に生育する一年生の沈水植物。形態はヤナギスブタに良く似ているが，やや大形でいかつい感じがする。茎はヤナギスブタほど伸長しない。葉の長さ 6～8 cm。線形の白色の花弁が3枚であることはヤナギスブタと同様であるが，ヤナギスブタの花弁がねじれたように中途半端な開き方をする傾向があるのに対し，水平に全開する。種子は紡錘形で長さ 1.5～2 mm，表面に低い隆起が 2～10 個あることでヤナギスブタと区別できる。和名は愛知県瀬戸市で最初に発見されたことによる。東南アジアに広く分布し，さまざまな変異が認められることからヤナギスブタの変種とする見解もある。

　我が国の産地はもともと少ないが，水田の圃場整備や耕作放棄による遷移の進行で消滅する場所が多く，たいへん稀な水草になっている。

# スブタ *Blyxa echinosperma* (C.B.Clarke) Hook.f.
*B. ceratosperma* Maxim. ex Ascherson et Gürke

RL 絶滅危惧Ⅱ類　国内 本州，四国，九州，沖縄　国外 アジア東部，インド，スリランカ，オーストラリア

トチカガミ科 Hydrocharitaceae　スブタ属 *Blyxa* Noronha ex Thouars

兵庫県加東市（2009.9.3）

兵庫県加東市（2009.9.3）

開花。花弁が完全に開かない。

種子

　ため池や水田，水路などの浅い水域に生育する一年生の沈水植物。茎は伸張せず根茎状。多数の葉が根生する。葉は線形で先は細くなり先端は鋭尖頭。長さ10〜30（〜90）cm，幅3〜9 mm，縁に細鋸歯がある。7〜10月ごろ目立たない花をつける。花柄は葉腋から伸び，苞鞘は円筒形，花弁は3枚，細長く白色。花弁が完全に開くことは稀で，自家受粉する。果実は線形の筒状で長さは花柱部を除いて2〜4 cm，中に多数の種子が詰まる。種子は紡錘形で長さ1.5〜2 mm，表面に突起があるほか，両端に長く伸びる尾状突起（〜4.5 mm）がある。ただし，この尾状突起の長さは同一集団内でも変異が著しく，ほとんど突起のない種子も混在する。
　コスブタ *B. bicaudata* Nakai，オオスブタ *B. muricata* Koidz. はスブタの一形であるが，このような分類群が提唱されたことは，サイズの変異の大きさを示している。

# マルミスブタ　*Blyxa aubertii* Rich.

RL 絶滅危惧Ⅱ類　国内 本州, 四国, 九州, 沖縄　国外 アジア東部, インド, スリランカ, オーストラリア

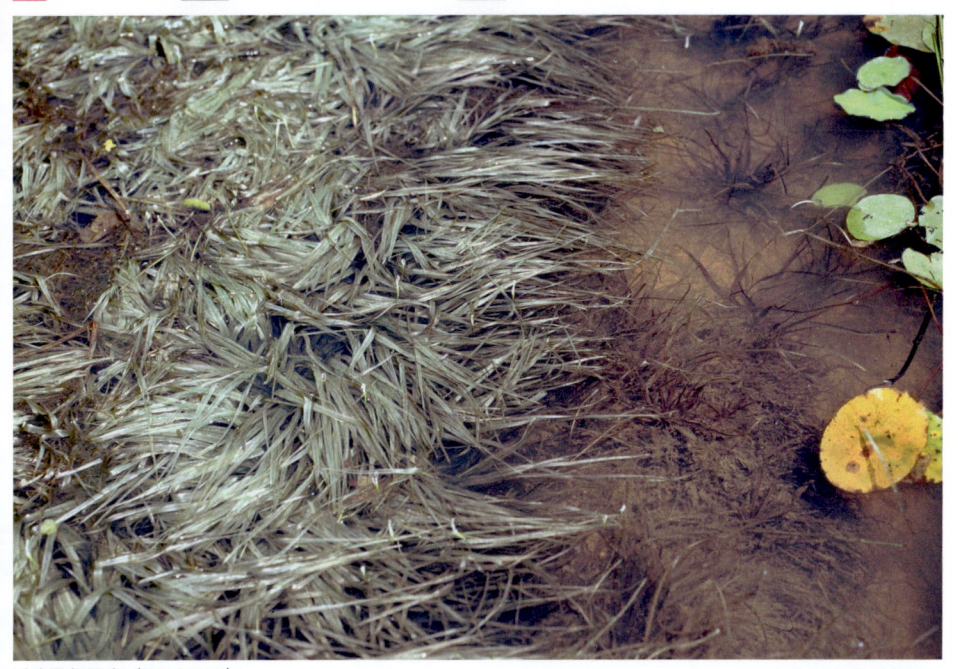

兵庫県加西市（2000.7.19）

トチカガミ科 Hydrocharitaceae スブタ属 *Blyxa* Noronha ex Thouars

種子

開花中。花弁は完全に開かない。

　ため池や水田，水路などに生育する一年生の沈水植物。葉の形態や変異はスブタと同じで，果実のない状態での識別は不能。種子に尾状突起が発達しないことが特徴である。スブタと変種のランクで区別する見解もあるが，ここでは別種としておく。スブタより出現頻度はやや低いが，各地に分布するので，必ず種子を確認して同定する必要がある。

　以前はスブタとともに普通の水田雑草であったが，除草剤の使用によってほとんどの場所で消滅し，たいへん稀な水草になりつつある。

# オオカナダモ　*Egeria densa* Planch.

国内 本州, 四国, 九州, 沖縄　国外 南米原産。北米, ヨーロッパ, アジア, オーストラリアで野生化

トチカガミ科 Hydrocharitaceae　オオカナダモ属 *Egeria* Planch.

兵庫県三田市 （2010.9.6）

茎葉の拡大 　　　　雄花 　　　　輪生する葉

　湖沼やため池, 河川, 水路などに生育する常緑の多年生沈水植物。ときに異常繁茂して被害をもたらす。茎は盛んに分枝し, 長さは1mを超えることもある。葉は茎に密につき3～5（～8）輪生（4輪生が多い）, 広線形で長さ1.5～4cm, 幅2～4.5mm, 葉縁には細鋸歯がある。日本で野生化しているのは雄株のみ。花期は5～10月。葉腋の苞鞘には2～4個の雄花のつぼみがあり, 1日1花ずつ水面上に出て開花する。花柄は長さ3～8cm, 花弁は白色で3枚, 長さ5～10mm, 幅3～8mmで表面（内側）にひだがある。雄しべは9本。外部形態は変異に富み, ときにクロモとまぎらわしいことがあるが, 輪生葉の数, 白い花弁のある花, 常緑の生態などで識別できる。

　日本へは植物生理学の実験植物として導入された。大正～昭和初期に「カナダモ *Elodea canadensis*」とされていたのは本種である。問題雑草として注目されるようになったのは1970年代に琵琶湖で大繁茂してからだが, それ以前に九州北部や中国地方西部にはかなり広がっていたと思われる。日本では切れ藻による栄養繁殖で分布を広げている。

# コカナダモ　*Elodea nuttallii* (Planch.) St.John

国内 北海道，本州，四国，九州　　国外 北米原産

栃木県高根沢町（2013.9.21）

茎葉の拡大 　　3輪生する葉 　　雄花

トチカガミ科 Hydrocharitaceae　コカナダモ属 *Elodea* Planch.

　湖沼やため池，河川，水路などに生育する常緑の多年生沈水植物。水質汚濁の進行した水域に生育する一方，湧水のある清水域への侵入も目立つ。全長はときに1mを超え，上部の茎は盛んに分枝する。葉は普通3輪生なのでクロモやオオカナダモから識別できる。葉身は線形で長さ5〜15mm，幅1〜2.5mm，細かい鋸歯があり，ねじれたり，反り返ったりすることが多い。日本で野生化しているのは雄株だけ。花期は5〜9月。雄花は葉腋の苞鞘のなかに形成され，開花するときは苞鞘が2裂してつぼみの状態で親植物から離れ，水面に浮遊して開花する。萼片3枚で乳白色，花弁は3枚，雄しべは9本，花粉は四分子（4個がくっついている）の状態で放出される。

　戦前，植物生理学の実験用に導入されたと言われるが，正確な導入年代は不明である。野生化は1961年に琵琶湖北湖で発見されたのが最初。以後，各地に急速に分布を広げ，尾瀬沼などで異常繁茂して話題となった。日本では切れ藻による栄養繁殖で分布を広げている。

# クロモ　*Hydrilla verticillata* (L.f.) Royle

**国内** 北海道,本州,四国,九州,沖縄　**国外** アジア,ヨーロッパ,アフリカ,オーストラリア。北米で野生化

トチカガミ科 Hydrocharitaceae　クロモ属 *Hydrilla* Richard

大阪府守口市（2010.8.3）

茎葉の拡大

雌花

雄花

腋性殖芽（左）と塊茎（右）

湖沼やため池，河川，水路などに生育する多年生の沈水植物。比較的普通の種だが，外部形態は変異に富み，ときにオオカナダモやコカナダモと紛らわしいこともある。茎はよく分枝し，各節に3〜8葉を輪生する。葉は無柄で線形，長さ8〜20（〜26）mm，幅1〜3 mm，葉縁には目立つ鋸歯があり，ときに著しく反り返る。花期は8〜10月。雄花は葉腋につき，開花するときは植物体を離れて水面に浮く。雌花は子房が花柄状に伸びて水面で開花する。萼片，花弁とも3枚。果実は長さ3〜4 cm，2,3本の突起がある。

雌雄異株と雌雄同株の系統がある。雌雄異株の個体は腋性殖芽，雌雄同株の個体は塊茎を形成する。染色体数には2倍体（2n=16）と3倍体（2n=24）がある。

# クロモモドキ（新称） *Lagarosiphon major* (Ridley) Moss

**国内** 本州（岡山県）　**国外** アフリカ南部原産。ヨーロッパ，オーストラリア，ニュージーランドで野生化

トチカガミ科 Hydrocharitaceae　クロモモドキ属 *Lagarosiphon* Harvey

岡山市（2008.8.17）

茎葉の拡大 　　　葉は輪生しない 　　　雌花

　河川や水路などに生育する多年生の沈水植物。匍匐茎で栄養繁殖するとともに，水中茎は盛んに分枝して伸びる。茎は長さ30 cm～1 mあまり。一見，クロモそっくりだが，葉が輪生せずに，1枚ずつずれてらせん状につくことが特徴。葉は線形で鮮やかな緑色，長さ11～20 mm，幅1.5～3 mm，著しく反り返る。葉縁には微小な多数の鋸歯があるが，肉眼レベルでは目立たない。雌雄異株，日本で野生化しているのは雌株。夏から秋にかけて開花が見られる。雌花は水面で展開し，目立たない3枚の萼片と3枚の花弁がある。雌しべは3個で，2つの枝に分かれる。柱頭は紫色。
　2007年に岡山県旭川水系で確認された（片山・狩山，2012）。繁殖力が強く，分布が広がれば侵略的外来植物となる可能性がある。

# トチカガミ　*Hydrocharis dubia* (Bl.) Backer

**RL** 準絶滅危惧　**国内** 本州，四国，九州　**国外** 中東を除くアジア，オーストラリア

岡山県備前市（2009.9.21）

葉の裏面の浮嚢 　　雌花 　　雄花

種子

トチカガミ科 Hydrocharitaceae トチカガミ属 *Hydrocharis* L.

平地の湖沼やため池，水路などに群生する多年生の浮遊植物。走出枝が横に伸び，各節から根毛の発達した根と数枚の葉が展開する。葉身は円形，直径2～7 cm，基部は心形または深く切れ込む。裏面の一部が膨れ浮嚢となる（気中に展開した葉ではこの特徴が顕著でない）。花期は8～10月。花柄は長さ2.5～8 cm，花弁は3枚で白色，長さ1～1.5 cm。雄花と雌花があり，雌花は6個の仮雄ずいと6個の雌しべがあり，雌しべの柱頭は2裂して長さ3～4 mmと細長い。雄花は内側に3個，外側に6個と計9個の雄しべがあり，さらに3本の偽雄ずいがある。雄花の花柄は径約1 mmと細いが，雌花の花茎は太い。果実は卵形～長楕円形で長径5～9 mm，短径5～7 mm。種子は楕円形，長さ約1 mmで多数の針状突起がある。秋から冬にかけ，水中茎の先端が長さ2～4 cmの殖芽となり，水底に沈んで越冬。
　やや富栄養化した水域を好む水草であるが，近年，急激に減少している。

# アマゾントチカガミ
*Limnobium laevigatum* (Humb. et Bonpl. ex Willd.) Heine

国内 本州，四国，九州　国外 南米原産

葉にはしばしば斑が入る（栽培）

密生すると葉は立つ

雌花（2010.6.5）

雄花（2010.6.6）

葉の裏面の膨らみ

トチカガミ科 Hydrocharitaceae アマゾントチカガミ属 *Limnobium* Rich.

　湖沼やため池，河川の淀みや水路などに生育する多年生の浮遊植物。走出枝が横に伸び，各節から根と3～8枚の葉がロゼット状に展開する。葉身は円形で，長さ，幅ともに15～40 mm，しばしば斑が入る。裏面は膨らみ，厚さ5 mm程度に達することもある。花期は不定であるが6～9月ごろに開花。雌雄同株で雌花と雄花がある。雌花は子房下位で長さ3～4 cmの子房の上に小さな3枚の萼片がつき，長さ5～10 mm，6～9本の白色の雌しべの柱頭が伸びるように立つ。雄花は長さ40～55 mmの花柄の先につき，各3枚の萼片と花弁からなる。花弁は幅1.5 mm，長さ6 mmほどで内側に湾曲する。風媒と推定され，結実も確認されている。

　観賞植物として流通しているが，各地で逸出が急増している。温暖地では旺盛に繁殖するので野生化させない注意が必要である。

# イバラモ　*Najas marina* L.

**国内** 北海道，本州，四国，九州，沖縄　　**国外** 世界に広く分布

トチカガミ科 Hydrocharitaceae（イバラモ科 Najadaceae）イバラモ属 *Najas* L.

琵琶湖底に生育するイバラモ（滋賀県近江八幡市，2010.8.24）

刺が目立つ茎葉 　　　　　葉腋に結実 　　　　　イバラモの葉の変異例

　湖沼やため池，稀に河川や水路などにも生育する一年生の沈水植物。茎は水底を匍匐して節から根を下ろし，水中茎を分枝しながら横に広がる。茎には多数の刺がある集団とほとんどない集団がある。葉は対生，基部は葉鞘となり，葉身は線形で長さ2〜6 cm，幅（0.5〜）1〜2 mm（鋸歯の高さを除く）。葉縁に刺状の大きな鋸歯があるのが普通だが，鋸歯の形状は産地により変異が大きい。花期は7〜9月。雌雄異株で，雄株には葉腋に膜質の花被の中に1個の雄しべの入った雄花がつく。雌花は雌株の葉腋につき，花被がなく1個の雌しべからなる。種子は左右不相称の楕円形で淡緑褐色〜黒褐色，長さ4〜6 mm，幅2〜3 mm。

# ヒメイバラモ *Najas tenuicaulis* Miki

RL 絶滅危惧 IA 類　国内 日本固有種。本州

トチカガミ科 Hydrocharitaceae（イバラモ科 Najadaceae）イバラモ属 *Najas* L.

ヒメイバラモ

原記載に合致する植物

原記載には合致しないが，三木茂博士が「ヒメイバラモ」とした植物

葉の変異

　湖沼やため池に生育する一年生の沈水植物。イバラモに似るが，葉が細く葉縁の鋸歯が少数（2～4個）で茎の皮下細胞が1層（イバラモは2層）という特徴で，三木茂が新種として報告した（Miki, 1935a）。現在，三木の記載に合致する集団は全国に2，3か所しか残存しない。三木は，鳥取県多鯰池に産するイバラモ類（写真右中段）も「ヒメイバラモ」としたが，鋸歯数が多い。その正体の解明が待たれたが，現在，園芸スイレンとハゴロモモの繁茂で消滅状態にある。

# オオトリゲモ *Najas oguraensis* Miki

国内 本州，四国，九州，沖縄　国外 中国

兵庫県加西市（1996.8.20）

トチカガミ科 Hydrocharitaceae（イバラモ科 Najadaceae）イバラモ属 *Najas* L.

茎葉の拡大　　　雄花　　　種子。表面には横長の網目模様。

　湖沼やため池，稀に水路などにも生育する一年生の沈水植物。茎は細く円柱形，ほぼすべての節で二叉状に分枝を繰り返しながら成長し，長さ50 cmを超えることもある。葉は対生するが分枝する節では3輪生状となる。基部は長さ2〜4 mmの葉鞘となり，先は切形で縁に小刺がある。葉身は線形，長さ（1〜）2〜4 cm，幅0.3〜0.7 mm，多数の鋸歯がある。花期は7〜10月。雌雄同株。雄花は苞に包まれ，葯は長さ1.5 mm，4室。雌花は苞に包まれず柱頭は2深裂する。種子は長楕円形，長さ3〜3.5 mm，横に長い梯状の網目模様がある。
　オオトリゲモの葉のサイズや鋸歯の顕著さには著しい変異があり，しばしば次のトリゲモと誤同定されている。オオトリゲモが中〜富栄養の湖沼やため池に比較的普通に見られるのに対し，トリゲモはきわめて稀で，主に湖に生育する。

# トリゲモ　　*Najas minor* All.

RL 絶滅危惧IB類　　国内 本州，四国，九州　　国外 世界の温帯〜熱帯に広く分布

群落

茎葉の拡大　　雄花。葉鞘の中の白く見える部分　　種子。表面は横長の網目模様

トチカガミ科 Hydrocharitaceae（イバラモ科 Najadaceae）イバラモ属 Najas L.

　湖沼やため池などに生育する一年生の沈水植物。全長20〜50cmでよく分枝する。葉は短く，長さ1〜2cm，鋸歯が顕著で著しく反り返ることが多い。種子表面には横長の網目模様があり，この特徴でオオトリゲモと識別できないことが誤同定の一因になっている。両種の識別点は雄花の葯がオオトリゲモ4室，トリゲモ1室であることだが，この特徴の確認は必ずしも容易ではない（特に標本になった状態）。トリゲモの雄花は葉の葉鞘の中にほぼ納まり（この特性を知らなければ雄花の存在に気がつかない），葯室の長さが0.7〜1mmであるのに対し，オオトリゲモの葯室は長さ1.5mmで，葉鞘から出て目立つので，この特徴を確認することが有力な識別法となる。
　世界広く分布する種であるが，日本の既知産地は限られる。最近はきわめて稀となっており，群落状態で確認されるのは数か所の湖だけである。

# ホッスモ　*Najas graminea* Delile

**国内** 北海道，本州，四国，九州，沖縄　**国外** アジア，ヨーロッパ，北アフリカ，オーストラリア。北米で野生化

トチカガミ科 Hydrocharitaceae（イバラモ科 Najadaceae）イバラモ属 *Najas* L.

茎はしばしば赤みがかる（兵庫県加東市，2009.9.3）。背景中央はイヌタヌキモ

茎葉

葉鞘の先端が耳状に突出することが特徴

種子

　貧栄養のため池や丘陵～山間部の水田などに生育する一年生の沈水植物。トリゲモ類の中では手触りが最も柔らかい。葉身は線形，長さ1～2.5（～3.5）cm，幅0.2～0.7 mm，鋸歯は他のトリゲモ類に比べ小さく，目立たない。葉の基部の葉鞘の先が耳状に突出。花期は7～9月。雄花，雌花とも苞鞘に包まれず裸出。種子は長楕円形で長さ2～3 mm，表面にはおよそ四角形の模様があるが，細かいのでヒロハトリゲモのようには目立たない。果実は普通1節に1個つくが，2個が並ぶ例もときどきある。葉鞘の先が耳状に突き出てとがる種はホッスモ以外にないので，花や果実がなくても葉鞘を確認すれば同定できる。日本からは4倍体（2n＝24）と6倍体（2n＝36）が報告されている（内山，1992）。

# イトトリゲモ　*Najas japonica* Nakai

RL 準絶滅危惧　国内 北海道（稀），本州，四国，九州　国外 東アジア。イタリアに野生化

兵庫県加東市産

葉腋の果実。2つ並ぶことが多い

トチカガミ科 Hydrocharitaceae（イバラモ科 Najadaceae）イバラモ属 *Najas* L.

貧栄養のため池や水田などに生育する一年生の沈水植物。トリゲモ類の中では最も細く繊細な葉をもつ。全長は10〜30 cm。盛んに分枝し，茎はよく折れる。葉は3〜5輪性状，葉鞘の先は切形，葉身は糸状で長さ1〜2 cm，幅約0.2 mm，葉縁に細鋸歯がある。花期は6〜9月。花は葉腋の1節に1個の雄花と2個の雌花が並んでつくのが普通。雄花は苞鞘に包まれ葯は1室。雌花は苞鞘に包まれず柱頭は2裂。種子は各節に（1〜）2個並んで付き，長楕円形で長さ2〜2.5 mm，表面には縦長の網目模様がある。種子が多くの節で2個並んで付くことが本種の特徴であるが，これはホッスモやオオトリゲモでもときどき見られるので，他の形質も合わせて検討する必要がある。かつては普通の水田雑草だったが，除草剤の使用などで激減し，今では湧き水のあるような水田でしか見られない稀な水草となっている。

# ヒロハトリゲモ（サガミトリゲモ）
***Najas chinensis*** **N.Z.Wang**
*N. foveolata* A. Braun

RL 絶滅危惧Ⅱ類　国内 本州，四国，九州，沖縄　国外 アジア東部

トチカガミ科 Hydrocharitaceae（イバラモ科 Najadaceae）イバラモ属 *Najas* L.

兵庫県三田市（2010.9.6）

茎葉の拡大

種子。表面は四〜六角形の網目模様

ため池や水田などに生育する一年生の沈水植物。茎はよく分枝し，折れやすい。葉は線形，長さ1.5〜3 cm，幅0.3〜0.6 mm，縁に細かい鋸歯がある。和名の通り，トリゲモ類では最も葉の幅が広く，葉鞘は切形または円形。花期は7〜9月。雄花と雌花があり，普通別の葉腋につく。種子は長楕円形で長さ2.5〜3 mm，表面にルーペでも十分に確認できる四〜六角形の大きな網目模様がある。

かつては普通の水田雑草だったが，除草剤の使用などで激減し，今では丘陵〜山間部の湧き水がある水田でしか見られない稀な水草となっている。

Triest and Uotila（1986）は，"Nagasaki"で採集された標本を基準標本として新種 ***Najas orientalis*** **Triest et Uotila** を報告した。これは本種に酷似するが，雄花と雌花が常に同じ葉腋につくこと，葉鞘が耳状に盛り上がらないことなどで別種とした。類品の再検討が必要である。

# ムサシモ（マガリミサヤモ）
*Najas ancistrocarpa* A.Braun ex Magnus

RL 絶滅危惧 IB 類　国内 本州，四国　国外 台湾，北米（外来？）

湖沼やため池，水田などにきわめて稀に生育する一年生の沈水植物。茎は盛んに分枝し，折れやすい。葉は糸状で長さ1～2 cm，幅0.15～0.2 mm，縁に細かい鋸歯があり，葉は多かれ少なかれ反り返る。葉鞘は切形。花期は7～9月。種子は湾曲して弧を描いた形となる。長さは曲がった状態で1.5～2 mm。表面にはやや縦長の模様があるが，他種の模様ほど明瞭ではない。一見トリゲモやイトトリゲモに似るが，やや小形であり，果実があれば著しく湾曲しているので同定は容易である。

本種は"Yokohama"を基準産地として記載された種だが，今までに記録された産地情報から判断して平地性の水草と推測される。そのため水域の埋立や水質汚濁の進行で生育地が消失し，今ではきわめて稀な水草になっている。

トチカガミ科 Hydrocharitaceae（イバラモ科 Najadaceae）イバラモ属 *Najas* L.

香川県産。植物サンプルは久米修氏提供

# イトイバラモ　*Najas yezoensis* Miyabe

RL 絶滅危惧Ⅱ類　国内 日本固有種。北海道，本州（関東以北）

トチカガミ科 Hydrocharitaceae（イバラモ科 Najadaceae）イバラモ属 Najas L.

夏のイトイバラモ

果実期（11月）のイトイバラモ

葉鞘突起の形状

種子

　湖沼やため池などに稀に生育する一年生の沈水植物。茎はよく分枝し長さ 10〜30 cm。葉は線形で長さ 1.5〜3.5 cm，幅 0.2〜0.4 mm，細かい鋸歯がある。葉鞘は切形または円形でやや突出することもある。種子は長楕円形で長さ 2.5〜3 mm，表面には縦長の模様がある。見かけはホッスモとやや似ているが，葉鞘の先端の形状と種子表面の模様で識別できる。北海道釧路地方の塘路湖で発見され，1931 年に新種として報告された。近年，本州（関東以北）で新産地が相次いで確認されたためにレッドリストのランクは低くなっているが，産地は限られる。

# ミズオオバコ　*Ottelia alismoides* (L.) Pers.
*O. japonica* Miq.

RL 絶滅危惧Ⅱ類　国内 北海道（稀），本州，四国，九州，沖縄　国外 アジアの熱帯〜温帯域，オーストラリア

トチカガミ科 Hydrocharitaceae　ミズオオバコ属 *Ottelia* Pers.

山形県村山市（2009.8.23）

果実期（沖縄県西表島，2011.7.6）

花　　　果実

湖沼やため池，水路，水田などに生育する一年生の沈水植物。水深によってサイズと葉形は大きく変化し，水田で見かける小形の植物体と，ため池などで成長した大形の植物体は，同種とは思えないほどである。茎は短く葉は根生。葉は有柄，葉身は披針形〜広卵形〜円心形，質薄く長さ3〜35 cm，幅1〜18 cm，葉縁に鋸歯があり，ときに葉柄にも突起がある。花期は8〜10月。花茎は長さ5〜50 cm，花弁は白〜薄い桃色で3枚。3〜12本の雄しべ，3〜9本の雌しべがそろった両性花である場合がほとんどだが，九州の一部の地域から単性花（雄花）をつける株が確認されている（大滝・釘島，1983；角野，1987）。両性花は自家受粉で結実する（Cook *et al.*, 1984）。果実は長さ2〜5 cm，顕著なひだがある。長楕円形で長さ約2 mmの多数の種子が詰まる。

103

# コウガイモ *Vallisneria denseserrulata* (Makino) Makino

国内 本州，九州　国外 中国

トチカガミ科 Hydrocharitaceae　セキショウモ属 *Vallisneria* L.

岐阜県南濃市

葉は根生

葉の先端の変異

走出枝には刺がある

殖芽と芽生え

　平地の湖沼や河川，水路などに生育する多年生の沈水植物。葉は根生，線形（リボン状）で長さ10〜60cm，幅5〜11mm，葉端は鋭頭または鈍頭，葉縁の鋸歯は他種に比べて目立つのが普通である。葉腋部から走出枝を伸ばし，先端に新苗をつける。走出枝には微細な突起があり，手で触るとざらつく。花期は8〜10月。雌雄異株。雌株は直径約1mmの細く長い花茎を水面近くまで伸ばし雌花を水面に浮かべる。雄花は雄株の基部につく苞鞘のなかに多数詰まっていて，水面に放出される。雄しべは3個。秋になると走出枝の先端に長さ1〜3cmの笄状の殖芽を形成して越冬する。殖芽を形成する種は本属では他に報告されておらず，生態学的にも興味のある種である。

# セキショウモ *Vallisneria asiatica* Miki
*V. natans* (Lour.) H. Hara

国内 北海道, 本州, 九州　国外 アジア, オーストラリア（？）

山梨県富士河口湖町（2012.9.11）

トチカガミ科 Hydrocharitaceae　セキショウモ属 *Vallisneria* L.

葉の先端と中央部(右)の鋸歯の有無

雄花の詰まった苞鞘

水面を浮遊して漂う雄花

受粉が終わると花茎は螺旋状に縮み, 水中で結実する

　湖沼やため池, 河川, 水路などに生育する多年生の沈水植物。葉は根生, 線形（リボン状）で長さ10〜80 cm, 幅3〜9 mm, 先端は鋭頭または鈍頭。葉の先端付近の葉縁には鋸歯が目立つが下方では鋸歯が疎になるか全くなくなる。走出枝を伸ばして次々と増えていく。走出枝は突起がなく平滑。花期は8〜10月。雄花は水面に浮遊。受粉後, 花茎は螺旋状にねじれて縮み, 雌花は水中に引き込まれて結実する。特殊な殖芽は形成せず, 走出枝の先端の芽が越冬する。なお, 沈水性のミクリ属植物が, しばしばセキショウモと間違われるが, 鋸歯の有無ならびに葉脈を観察すれば識別は容易である。分子系統学的研究では *Vallisneria asiatica* と *V. natans* は同一種の可能性が示唆されている（Les *et al.*, 2008）。今後の研究が待たれる。

# ネジレモ *Vallisneria asiatica* Miki var. *biwaensis* Miki
*V. biwaensis* (Miki) Ohwi

**国内** 日本固有種。本州（近畿地方）

トチカガミ科 Hydrocharitaceae　セキショウモ属 *Vallisneria* L.

滋賀県琵琶湖（2005.9.4）

葉が螺旋状にねじれることが特徴

葉の先端部だけでなく全体に鋸歯がある

水中での結実

琵琶湖ならびに同水系の河川に生育する多年生の沈水植物。長さ10〜60cm。セキショウモによく似たリボン状の葉をなびかせるが、葉は螺旋状にねじれ、葉縁の鋸歯は下部まで全体にわたる。繁殖と越冬の様式はセキショウモと同じ。琵琶湖では比較的浅く湖底が砂質の沿岸帯に群落をなす。葉が多かれ少なかれねじれるセキショウモは他の地域でも見られる。琵琶湖水系のネジレモにおいても葉のねじれの程度はさまざまである。同定には鋸歯の分布を観察することが有効。

# ヒラモ *Vallisneria asiatica* Miki var. *higoensis* Miki
*V. higoensis* (Miki) Ohwi

RL 絶滅危惧Ⅱ類　国内 日本固有種。九州（熊本県）

熊本市（2009.9.21）

葉の近影。セキショウモより幅が広い　　雌花の柱頭

トチカガミ科 Hydrocharitaceae セキショウモ属 *Vallisneria* L.

　湧水のある河川や水路，泉などに生育する多年生の沈水植物。セキショウモに似るが葉の幅が広い。葉は長さ30〜100 cm，幅6〜12 mm，鋸歯は目立たない。開花は夏が中心だが，水温の季節変動の小さい水域に生育するので場所によってさまざま。水面上に伸びて開花する雌花の子房に短毛がある。湧水域では常緑であるが栽培すると冬には枯れるので生活史は水温に依存するのであろう。阿蘇山麓の湧水で涵養される熊本市とその周辺の水域に限って分布するが，湧水の減少や水質の悪化で消滅した場所が少なくない。

# オオセキショウモ　*Vallisneria gigantea* Graebn.

**国内** 本州, 九州　**国外** フィリピン, マレーシア, パプアニューギニア原産。ニュージーランドほかで野生化

トチカガミ科 Hydrocharitaceae　セキショウモ属 *Vallisneria* L.

河川や水路などに生育する多年生の沈水植物。他のセキショウモ属植物に比べて巨大で、葉の長さ〜1.6 m、幅1.5〜3 cm、厚みがあり、鋸歯はほとんど目立たない。ジャイアントバリスネリアの名で流通しているが、野生化する例が増加しており、一部の河川では生態系被害が危惧されるような群生状態になっている。なお、他にもセキショウモ属の複数の外来種がアクアリウムプラントとして流通している。本属は世界的に分類が混乱している上に、交雑によって新たな系統が作出されているために、今後ますます正体不明の植物が出現する可能性がある。藤井ほか（2016）は、日本に野生化している大形の種を ***Vallisneria australis* S.W.L.Jacobs et D.H.Les** と同定して、**オーストラリアセキショウモ**と新称した。オオセキショウモとオーストラリアセキショウモの2種が国内に導入されている可能性は残る。

河川に群生するオオセキショウモ（大分県由布市, 2009.9.20）

栃木県佐野市（2005.9.23）

雄花の詰まった苞鞘

# コアマモ *Zostera japonica* Asch. et Graebn.
*Z. nana* Roth

国内 北海道，本州，四国，九州，沖縄　国外 北太平洋沿岸（極東，北米西岸）

北海道釧路市（2003.8.10）

生育形

花序（松江市，2003.6.10）

葉の先端

アマモ科 Zosteraceae アマモ属 *Zostera* L.

河川河口部や汽水湖，内湾などの感潮域に生育する多年生の沈水植物。地下茎が匍匐し，各節から伸びる短い茎に数枚の葉をつける。葉は細いリボン状で幅1.5～2 mm，長さ15～40 cm，円頭で中央がやや凹入，全縁。葉の基部は葉鞘となる。花期は5～9月だが集団によって異なる。花序は生殖枝につき，長さ2～3.5 cmの肉穂花序，葉鞘に包まれる。雌雄同株で雄花と雌花が同一花序に並ぶ。水媒。種子は長楕円形で長さ約2 mm，表面は平滑で光沢がある。沖縄産の植物を葉の先端中央が明らかに凹入することなどを識別形質として別亜種**ナンカイコアマモ** subsp. *austroasiatica* Ohba et Miyata とする見解があるが（大場・宮田，2007），これは地理的変異の範囲内であろう。

　アマモやスガモは完全な海草であるが，コアマモは淡水と海水の混じり合う汽水域に生育する。近年は沿岸の開発や水質汚濁の進行で減少している。

109

# オヒルムシロ　*Potamogeton natans* L.

**国内** 北海道，本州，四国，九州　**国外** 北半球の温帯域に広く分布

ヒルムシロ科 Potamogetonaceae　ヒルムシロ属 *Potamogeton* L.

北海道釧路市（2010.7.9）

北海道釧路市（2005.8.28）

沈水葉は針状

花序
（宮崎県北川町，2000.7.31）

　北日本の湖沼や河川に広く分布するほか，西南日本でも湧水のある河川や池沼などに稀に生育する多年生の浮葉植物．水中茎の長さは 2〜3 m に達することもある．沈水葉は互生，針状（葉柄状）で長さ 12〜30 cm，幅 0.5〜2 mm，稀に細い葉身が認められることがある．浮葉は長楕円形〜広楕円形で鈍頭またはやや鋭頭，基部はくびれて浅い心形，長さ 5〜12 cm，幅 2〜5 cm，葉縁はしばしば波打つ．托葉は長さ 5〜10 cm，やや堅く宿存し，乾燥標本では白色となり目立つ．花期は 5〜8 月．花茎 5〜12 cm，花穂 3〜5（〜7.5）cm，密に花がつく．4 心皮．果実は長さ 3〜5 mm，幅 2〜3 mm．冬になると葉腋から伸びる側枝が伸張を止め，殖芽になる．
　次のフトヒルムシロとよく似ているが，沈水葉の形状や果実の形態で識別できる．

# フトヒルムシロ　*Potamogeton fryeri* A.Benn.

国内 北海道，本州，四国，九州　国外 朝鮮，サハリン，千島

静岡県富士宮市（2008.5.27）

ヒルムシロ科 Potamogetonaceae　ヒルムシロ属 *Potamogeton* L.

春に開花する
（兵庫県三木市，2008.5.12）

沈水形（兵庫県加東市，2012.8.7）

花序
（兵庫県三木市，2008.5.12）

　貧栄養〜腐植栄養型の池沼，湿原内の池塘や水路など，酸性の水域に生育する多年生の浮葉植物。泥中を太い地下茎が伸びて殖える。水中茎は〜2 m。沈水葉は明瞭な葉柄を欠き，下部から線形〜狭長楕円形〜倒披針形と形態が変化，先端は鋭頭または鈍頭，長さ6〜25 cm，幅5〜30 mm。浮葉は長楕円形〜広楕円形，長さ5〜13 cm，幅2.5〜5 cm，鈍頭またはやや鋭頭，葉縁はやや波打ち，基部はくびれて円形または心形，しばしば赤味がかる。花期は4〜8月であるが春が開花のピークであることが他種と異なる。花穂3〜5 cmで密花。花は4心皮。果実は長さ4〜5 mm，幅2.5〜4 mm，全体に細長く柱頭が突出しない。赤銅色となることが多い。

　越冬のための特殊な殖芽は形成せず，水中茎のまま冬を越す。浮葉を欠いて沈水葉だけで生育している場合はホソバヒルムシロと紛らわしいが，フトヒルムシロの沈水葉は茎の上部ほど幅広くなる特徴がある。

# ヒメオヒルムシロ
## *Potamogeton* × *yamagataensis* Kadono et Wiegleb

国内 本州（秋田県，山形県，福島県，新潟県）　国外 日本固有

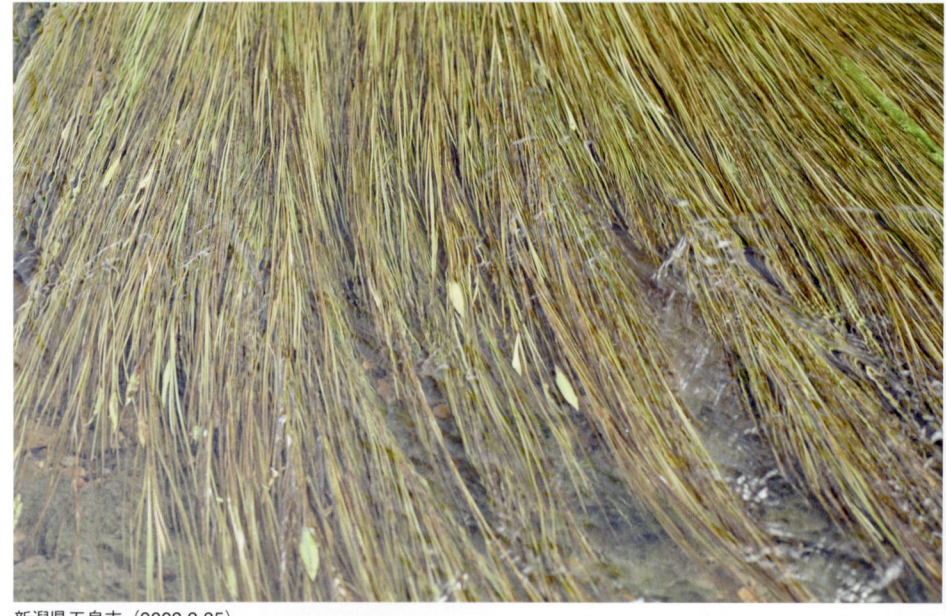

ヒルムシロ科 Potamogetonaceae　ヒルムシロ属 *Potamogeton* L.

新潟県五泉市（2009.9.25）

浮葉は少ない（新潟県五泉市，2009.9.25）

浮葉の変異（秋田県横手市産）

沈水葉の先端（秋田県横手市産）

主に日本海側の河川や水路などに生育する多年生の浮葉植物。水中茎は長さ1m以上に達して流れになびく。沈水葉の多さに比して浮葉はまばら。沈水葉は線形で長さ8〜25（〜29）cm，幅0.5〜1mm，先端は鋭頭で3脈。薄いことがオヒルムシロの沈水葉と異なる。浮葉の葉身は披針形〜長楕円形，長さ2〜7cm，幅4〜20mmで，形とサイズが同じ個体でも不揃いであることが本種の特徴。浮葉と沈水葉の中間形も認められる。花穂の長さ8mm，雌しべ4，花粉は不稔で結実しない。オヒルムシロとホソバミズヒキモの雑種と推定されている。

# ヒルムシロ　*Potamogeton distinctus* A.Benn.

国内 北海道，本州，四国，九州，沖縄　国外 朝鮮，中国，東南アジア

ヒルムシロ科 Potamogetonaceae　ヒルムシロ属 *Potamogeton* L.

兵庫県加東市（2012.8.31）

沈水葉

花序。雌しべは1～2個（兵庫県加東市，2010.6.28）

陸生形（青森県五所川原市，2006.9.16）

殖芽

　湖沼やため池，河川，水路，水田などに生育する多年生の浮葉植物。かつては代表的な水田雑草であった。水中茎は水深によって長さ10 cm～3 m。沈水葉は明瞭な葉柄があり，葉身は披針形，長さ5～16 cm，幅1～2.5 cm，葉縁には1細胞からなる目立たない鋸歯がある。なお，水田のような浅い水中に生育する植物体ではしばしば沈水葉を欠く。浮葉は狭長楕円形～楕円形，長さ4～11 cm，幅1.5～4 cm。托葉は長さ3～8.5 cm，薄い膜質で腐朽しやすい。花期は5～10月。花茎は茎より太く，長さ5～9 cm，花穂2～6 cm，やや密花。心皮は1～3に減数しているので，花があればフトヒルムシロやオヒルムシロ（ともに4心皮）からは容易に識別できる。水の引いた池や落水後の水田では陸生形となる。地下茎の先端または節の部分にバナナの房状の殖芽を形成して越冬する。

113

# アイノコヒルムシロ　*Potamogeton* × *malainoides* Miki

国内 本州，四国，九州　国外 中国，東南アジア

ヒルムシロ科 Potamogetonaceae　ヒルムシロ属 *Potamogeton* L.

浮葉が平面にならない（愛媛県西条市，2012.8.26）

沈水葉はササバモに似る（愛媛県西条市，2012.8.26）

沈水葉

花序。雌しべは2〜4個

　ため池や水路などに生育する多年生の浮葉植物。ヒルムシロとササバモの雑種と考えられる。沈水葉は長さ4〜10 cmの葉柄がありササバモに似る。葉身の長さ7〜11 cm，幅1.5〜3 cm。浮葉は狭長楕円形〜楕円形で長さ7〜10 cm，幅2〜3.5 cm，完全な平面にならず縁辺が波打つことと，クチクラ層の発達が悪いために表面が平滑でないことが特徴的。托葉は長さ5〜8 cmでやや堅い。花穂は長さ2〜5 cm，心皮は（1）2〜4個で，これがササバモの浮葉形（心皮4）との識別点になる。一部結実が見られる。

# エゾヒルムシロ（エゾノヒルムシロ）
*Potamogeton gramineus* L.

国内 北海道，本州（中部地方以北）　国外 北半球の寒冷地に広く分布

ヒルムシロ科 Potamogetonaceae ヒルムシロ属 *Potamogeton* L.

北海道根室市（1988.8.21）

浮葉と花序（北海道七飯町，1986.8.8） 　　流水中の沈水形（北海道根室市，1979.8.3）

　湖沼やため池，水路などの比較的浅い水域に生育する多年生の沈水〜浮葉植物。水中茎が長さ50 cm を超えることは稀。盛んに分枝し，側枝には小形の沈水葉が密に多数つく。沈水葉は線形〜倒披針形，無柄，長さ（1.5〜）3〜8 cm，幅3〜8 mm，葉縁には細鋸歯がある。浮葉は1本の茎に多くても数枚で，浮葉形成後も沈水葉が枯れることはない。浮葉は長楕円形〜楕円形で長さ2〜6 cm，幅1〜1.5 cm，基部は切形。しばしば沈水葉と浮葉の中間形が見られる。托葉は薄い膜質。花期は7〜9月，沈水葉だけの状態でも花穂を形成する。花茎は茎より太い。花穂1.5〜3 cm，花は4心皮。地下茎の先端の数節が肥大した殖芽を形成して越冬する。分枝の頻度や沈水葉の形態などがきわめて変異に富む。

# ササエビモ *Potamogeton* × *nitens* Weber
*P. nipponicus* Makino

RL 絶滅危惧Ⅱ類　国内 北海道，本州（関東地方以北）　国外 北半球の寒冷地に広く分布

ヒルムシロ科 Potamogetonaceae　ヒルムシロ属 *Potamogeton* L.

北海道根室市（1992.7.21）

北海道根室市（2010.7.10）

牧野富太郎がササエビモを新種として発表した際の図版。右にはヒロハノエビモを描き，比較している（牧野，1887より）

　冷涼地の湖沼や河川など生育する多年生の沈水植物。エゾヒルムシロの沈水形とよく似ているが，完全な浮葉を作ることはない。下部の葉はやや茎を抱き，上部の葉（特に花茎を出す節）はときに短い葉柄をもつ。葉身は倒披針形～狭長楕円形で長さ2.5～8 cm，幅5～15 mm。托葉は長さ10～25 mm。花期は7～9月。花茎の長さは4～28 cmで水中茎より太い。花穂は長さ1～2.5 cm。結実しない。

　エゾヒルムシロとヒロハノエビモの雑種と考えられている。我が国では牧野富太郎が日光と芦ノ湖の標本に基づき *P. nipponicus* Makino として新種記載したが，この両種の交雑起源と推定される雑種は世界各地から報告されており，中国東北地区から報告されていたテリハノエビモも一例である。同じ両親種に由来する雑種の学名は同じとするという命名規約上のルールに則り，表記の学名を採用した。

# ホソバヒルムシロ　*Potamogeton alpinus* Balb.

**RL** 絶滅危惧Ⅱ類　**国内** 北海道，本州（長野県以北）　**国外** 北半球の亜寒帯～温帯地域に広く分布

ヒルムシロ科 Potamogetonaceae　ヒルムシロ属 *Potamogeton* L.

北海道猿払村（1987.7.2）

花序をつけた沈水形の茎葉

沈水形の集団（北海道白糠町，1987.7.17）

北日本の湖沼や湿原から流出する河川，水路などに生育する多年生の沈水または浮葉植物。浮葉形成の有無は産地（集団）によって決まっている。水中茎の分枝は少なく，長さ1.5mに達する。沈水葉は無柄，狭披針形で長さ6～30cm，幅5～16mm，先端は鈍頭または鋭頭。葉縁に鋸歯はなく，葉身は褐色を帯びることが多い。浮葉を形成する場合は上部の数枚の葉が浮葉化する。倒披針形で鈍頭，基部はしだいに細くなり，葉身と葉柄の区別は明瞭でない。長さ5～10cm，幅10～15mm。花期は6～8月。花穂は長さ15～30mmでやや密花，4心皮。果実は長さ3～4mm。地下茎の先端に殖芽を形成して越冬。

# ホソバミズヒキモ　*Potamogeton octandrus* Poir.

**国内** 北海道，本州，四国，九州，沖縄　**国外** アジア，アフリカ

ヒルムシロ科 Potamogetonaceae　ヒルムシロ属 *Potamogeton* L.

兵庫県三木市（1990.9.7）

浮葉と果実（兵庫県加西市，2013.9.29） 　果実 　殖芽

　ため池や河川，水路などに生育する小形の沈水または浮葉植物。繊細な地下茎が泥中を横走する。水中茎はよく分枝する。沈水葉は線形で長さ3〜5（〜8）cm，幅0.3〜1 mm，1脈，鋭尖頭。浮葉は長楕円形で明るい黄緑色，長さ1.5〜3 cm，幅4〜10 mm。花期は6〜9月。花茎は12〜20 mm，花穂は長さ9〜13 mm，花は間隔をあけて3〜4段につき，4心皮。果実は長さ約2.5 mm，背稜に数個の低い突起があるものからほとんどないものまである。6月ごろから秋にかけて各葉腋に長さ1 cm前後の殖芽を形成し，これが栄養繁殖ならびに越冬の手段となる。

　流水中では沈水葉だけで生育していることがあり，イトモと間違って同定されているが，殖芽の形態に着目すれば識別は難しくない。これとは別に，全国各地の河川や水路には，沈水性のホソバミズヒキモ類似植物が見られ，分類学的再検討が必要となっている。最近，托葉が筒状になる**ツツミズヒキモ *P. tosaensis* Kadono et Horii** が高知県から確認された（Horii and Kadono，準備中）。

# コバノヒルムシロ *Potamogeton cristatus* Regel et Maack

RL 絶滅危惧Ⅱ類　国内 北海道，本州，四国，九州　国外 ウスリー，朝鮮，中国，台湾

ヒルムシロ科 Potamogetonaceae ヒルムシロ属 *Potamogeton* L.

神戸市北区（2012.6.10）

浮葉と果実（兵庫県淡路市，2005.6.26）

長い嘴と顕著な突起が特徴の果実

殖芽

　湖沼やため池などに生育する小形の浮葉植物。ホソバミズヒキモに酷似するため，しばしば誤って同定されている。区別点は果実の嘴（花柱）が長く，また背稜にニワトリのとさか状の著しい突起がみられることである。花も間隔をあけずに密につく傾向がある。他の特徴では前種と区別できない。ホソバミズヒキモが比較的普通種であるのに対し，本種は稀な植物である。6月頃に成長のピークを迎え，盛夏には目立たなくなることが稀産と見なされる一因との指摘もある。適期に調査すれば，さらに自生地が見つかる可能性が高いが，富栄養化などの進行により，産地が急減している。

119

# ササバモ　*Potamogeton wrightii* Morong
*P. malaianus* Miq.

国内 北海道（稀），本州，四国，九州，沖縄　国外 アジア東部，インド，ニューギニア

湖沼の沈水形（山梨県富士河口湖町，2012.9.10）

流水になびく沈水形（兵庫県小野市，1988.9.18）

浮葉形（滋賀県長浜市，1994.8.31）

陸生形（滋賀県長浜市，1994.8.31）

沈水葉

ヒルムシロ科 Potamogetonaceae　ヒルムシロ属 *Potamogeton* L.

湖沼や河川，水路などに生育する多年生の沈水〜浮葉植物。全長は流れになびいて3mを超えることもある。葉は互生し，長さ1〜15cmの葉柄がある。沈水葉の葉身は長楕円状線形〜狭披針形，長さ5〜30cm，幅1〜2.5cm，先は鋭頭で芒状に突出する。葉縁には1細胞からなる鋸歯がある。ときに茎上部の葉が浮葉となる。浮葉は長さ6〜15cm，幅1.5〜3cm。この状態や陸生形でヒルムシロと間違われることがあるが，葉の先端の突出や表皮のクチクラ層が不完全なので識別できる。花期は6〜9月。花穂の長さ2〜5cm，花は4心皮（これもヒルムシロとの識別点）。

浅く流れのない場所では浮葉形，干上がった場所では陸生形を形成してよく生育する。冬には地下茎の先端に殖芽を形成して越冬する。

# ガシャモク *Potamogeton lucens* L. subsp. *sinicus* (Migo) H. Hara var. *teganumensis* Makino

*P. dentatus* Hagstr.; *P. lucens* L. var. *dentatus* (Hagstr.) H. Hara

**RL** 絶滅危惧IA類　**国内** 日本固有種。本州（千葉県，滋賀県），九州（福岡県）

大阪市立大学植物園（2010.7.31）

短い葉柄が特徴

左からガシャモク，インバモ，ササバモの葉

殖芽

ヒルムシロ科 Potamogetonaceae ヒルムシロ属 *Potamogeton* L.

湖沼やため池に稀に生育する多年生の沈水植物。葉の形はササバモに似るが，葉柄がほとんどないか，あっても短い（1 cm以下）。葉身は狭長楕円形で長さ5〜12 cm，幅1.2〜2.5 cm，ときに先端の芒状突起が顕著で2 cmを超えることがある。托葉は長さ2〜4 cm，やや硬く，腐朽しない。花期は6〜10月。花穂は長さ2〜5 cm，花は4心皮。ササバモと異なり陸生形は作らない。冬は地下茎の先端に殖芽を形成。節間部が肥大した特徴的な形をしている。

千葉県の湖沼などでは緑肥に利用されるほど多産したが，水質汚濁の進行でほとんどの既知産地から姿を消し，現在は1か所にしか自生しない。かつての自生地では埋土種子の発芽が確認され，再生の取り組みが進んでいる。

**インバモ** *P.* × *inbaensis* Kadono はササバモとガシャモクの雑種。葉柄の長さが両種の中間で長さ1〜3.5 cm。葉身は長さ5〜15 cm，幅1.5〜3 cm。結実しない。基準産地の千葉県印旛沼からは絶滅し，現在は福岡県に1集団しか残っていない。

# ヒロハノエビモ　*Potamogeton perfoliatus* L.

**国内** 北海道, 本州, 四国, 九州　**国外** 南米を除き世界に広く分布

滋賀県琵琶湖（2005.9.4）

水中で結実（滋賀県琵琶湖, 2005.9.4）

本属の葉は互生だが, 花序が出る節は対生となる

葉の基部が茎を抱く

ヒルムシロ科 Potamogetonaceae　ヒルムシロ属 *Potamogeton* L.

　主に湖沼, 稀に河川などにも生育する多年生の沈水植物。北日本の湖沼では比較的普通で汽水域にも生育するが, 西日本では琵琶湖をのぞき稀である。水位変動のあるため池にはほとんど生育しない。長さ〜2m。葉は無柄で広卵形から披針形まで変異が著しく, 先端も円頭からやや鋭頭と一定しない。葉身基部が茎を半周以上抱くことが特徴である。葉身は長さ1.5〜9cm, 幅（5〜）10〜25mm, 縁は波打ち, 1細胞からなる目立たない鋸歯がある。托葉は膜質で長さ7〜30mm, すぐに腐朽して残らない。花期は6〜9月。花茎2〜5（〜12）cm, 花穂8〜25mm, 4心皮。果実は長さ2.5〜3mm, 背面の稜は全縁, 側面中心部がやや窪むことが多い。秋になると地下茎の先端が肥大して殖芽となり, 越冬する。

# ナガバエビモ  *Potamogeton praelongus* Wulfen

RL 絶滅危惧 IA 類　国内 北海道　国外 北半球の温帯域に広く分布

ヒルムシロ科 Potamogetonaceae ヒルムシロ属 *Potamogeton* L.

北海道浜中町（2011.6.18）

花茎が長く伸びる

葉の先端。僧帽形になる

　湖沼に生育する多年生の沈水植物。全長は水深に応じて3m近くなる。水中茎はしばしば各節で屈曲する。葉は無柄，長楕円状線形〜披針形，先端は円頭形で表側に反り返りボートの舳先状（僧帽形）になる。基部は少し茎を抱く。葉縁は大きく波打ち，長さ6〜25 cm，幅10〜30 mm，表面はワックス状で空気中に出すとよく水をはじく。托葉は長さ1.5〜5.5 cmで宿存する。花期は7〜8月。花茎は長く9〜25 cm, 花穂2.5〜3.5 cm, やや疎花。4心皮。果実は長さ3.5〜4.5 mm, 背稜は全縁または微細な歯牙がある。
　既知産地からは次々と消滅し，稀な水草になりつつある。

# オオササエビモ　*Potamogeton* × *anguillanus* Koidz.

国内 本州（関東以西），四国，九州　国外 中国（*P. introfolius* は同種）

ヒルムシロ科 Potamogetonaceae　ヒルムシロ属 *Potamogeton* L.

クロモ群落（背景）の上のオオササエビモ（山梨県富士河口湖町，2012.9.11）

開花中の群落
（松江市宍道湖，1998.7.2）

浮葉形（滋賀県長浜市，1994.8.31）

波打つ葉

　湖沼や河川などに生育する多年生の沈水植物。水中茎は長さ 1 m を超えることもある。葉は無柄，基部は茎を半周ほど抱くのが普通。葉身は狭披針形〜狭長楕円形で長さ 6〜16 cm，幅 6〜12 mm，多かれ少なかれねじれる。先端はやや鋭頭または鈍頭で，ササバモのように突出することはない。葉縁は細かく波打つ。花期は 7〜9 月。花茎は長さ 4〜11 cm，花穂は長さ 2〜3 cm で密花，4 心皮。結実は稀。
　ササバモとヒロハノエビモの交雑起源の種であり，ササバモが母親になると浮葉や陸生形を形成するが，ヒロハノエビモが母親になるとそのような可塑性を欠く。生態的分化を遺伝子レベルで解析するモデル植物として研究が進んでいる（Iida et al., 2009 ほか）。

124

## ヒルムシロ属の雑種

　ヒルムシロ属には多くの雑種が存在することも同定を難しくしている。今までに報告された雑種は世界で99種にのぼり (Kaplan *et al.*, 2013)，現在も新雑種の報告や起源に関する研究が次々と発表されている。ヒルムシロ属植物の花は風媒であることと複数の種が同所的に生育することが多く，雑種形成が起こりやすいのである。

　我が国でも雑種起源と推定される種は，本書で取り上げたものだけで11種ある。ササバモとヒロハノエビモの雑種であるオオササエビモは琵琶湖には普通に見られる水草であるが，27の遺伝子型が確認された (Iida and Kadono, 2000)。一方，宍道湖のオオササエビモは，別の遺伝子型で1つのクローンであった (Iida and Kadono, 2001)。何回も繰り返し，独立に交雑が起こって雑種が起源してきたことの証拠である。どちらの種が母親になるかで生態的特性が分化する例としても興味深い研究が進んでいる (Iida *et al.*, 2013)。

　一年草の場合，交雑によって雑種が形成されても子孫を作ることができず，1代限りで消滅することも多い。しかし，ヒルムシロ属は栄養繁殖で殖えるために，1回の交雑で生じた雑種が生き延びて分布を拡大するケースが少なくないのである。世界に多くの雑種が存在する所以である。しかし，最近の人為的な環境変化で減少を余儀なくされている種もある。ノモトヒルムシロ *Potamogeton nomotoensis* Kadono et T.Noguchi は栃木県野元川を基準産地に報告された推定雑種である (角野・野口，1991)。長さ5〜17 cm，幅1.5〜3 mmの線形の沈水葉をもち，上部の葉はスプーン状に広がり浮葉となる。発見当時と比べ，最近は河川改修と水質悪化で激減している。

　また現状不明の雑種が2種ある。三木茂博士が報告したアイノコヤナギモ *P. fauriei* Miki とツツヤナギモ *P. apertus* Miki である (Miki, 1935b)。論文に記録された産地を追跡したが，ついに発見することはできなかった。その正体の解明が待たれるが，既に絶滅している可能性がある。

　一方で日本には未報告の雑種がまだ何種もあることにも触れておこう。私が確認し，早く報告したいと考えている雑種が少なくとも5種ある。エビモとセンニンモの雑種と考えられる「フジエビモ」(仮称) はその1例で，今まで「エビモ×センニンモ」で通用しているが，一部地域では普通種なので，正式にフローラに加えたく考えている。一方で迷宮入りになりそうなのが狭葉性のヒルムシロ属の雑種である。ヤナギモやホソバミズヒキモに似て非なる植物が全国各地に産するが，変異が連続して分類の決め手がないのである。遺伝子解析を行っても，容易には解決しそうにないほど複雑な交雑が起こってきたと想像している。いつまでも名無しの権兵衛にしておくわけにはいかないので，その分類の整理も残された課題である。

「フジエビモ」(仮称)

# エビモ　*Potamogeton crispus* L.

**国内** 北海道, 本州, 四国, 九州, 沖縄　**国外** 南米を除く世界中。北米へは帰化したとの説もある。

ヒルムシロ科 Potamogetonaceae　ヒルムシロ属 *Potamogeton* L.

兵庫県佐用町（2011.5.8）

水中で花序を出している（長野県安曇野市，2009.8.1） 　果実と殖芽（右上）

　湖沼やため池，河川，水路などさまざまな水域に生育する多年生の沈水植物。流水域では最も普通の種で水質汚濁にも強い。水中茎の断面は中央のくびれた楕円形。葉は広線形，無柄で先端は円いかやや尖る。長さ（2〜）3〜10 cm，幅3〜9（〜12）mm。多数の鋸歯が目立ち，葉脈は普通赤味がかる。葉縁は多かれ少なかれ縮れたように波打つ場合が多い。花期は5〜9月。花穂の長さ5〜12 mm，花は疎に6〜8個つく。（3〜）4心皮。流水での結実はまれ。果実は長さ4〜5 mm，花柱の部分が長い。

　晩春から，葉腋あるいは頂端に茎と葉が肥大して堅くなった特異な形の殖芽を形成する。止水域では初夏までに多数の殖芽を形成して植物体は枯死し，秋になって殖芽が発芽して翌年初夏まで成長を続ける。ここでは殖芽が越夏芽となる。一方，河川などの流水域では殖芽の形成を続けながら通年生育する。

# センニンモ　*Potamogeton maackianus* A. Benn.

国内 北海道，本州，四国，九州　　国外 アジア東部

ヒルムシロ科 Potamogetonaceae ヒルムシロ属 *Potamogeton* L.

湖底のセンニンモ群落（滋賀県琵琶湖，2010.8.24）。クロモとヒロハノエビモが混生。

開花中（秋田市，2011.6.25）

通常の葉（左）と開花シュート（右）の比較

　湖沼やため池，河川，水路などに生育する常緑多年生の沈水植物。地下茎の1節おきに水中茎が伸びるのがヒルムシロ属植物の特徴だが，本種では第1節間がほとんど伸張しないため，各節から水中茎が出るように見える。水中茎は中央のくびれた楕円形，長さはときに1m近くなる。沈水植物の中では最も深い場所まで生育し，湖底等では草高30cm内外の株が密生する様がよく見られる。葉は無柄で基部は托葉と合着，長さ2〜6mmの葉鞘となる。葉身は線形，長さ2〜6（〜9）cm，幅1.5〜4mm，葉縁に鋸歯があり，先端は凸状となる。花期は6〜8月。ただし開花の見られる場所は少ない。花茎の長さ1〜5cm，花穂の長さ4〜10mm，花はまばらにつき，2心皮。果実は長さ3〜4mmで柱頭部分が嘴状に突き出る。

# アイノコセンニンモ
## *Potamogeton* × *kyushuensis* Kadono et Wiegleb

国内 本州，四国，九州　　国外 日本固有

ヒルムシロ科 Potamogetonaceae ヒルムシロ属 *Potamogeton* L.

鹿児島県湧水町（2010.11.24）

花序（中央）を形成（鹿児島県湧水町，2010.11.24） 　　葉の基部が葉鞘となる 　　葉の先端。鋸歯が認められる

　河川や水路，湧水池などに生育する多年生の沈水植物。横走する地下茎から水中茎が伸びる。葉は線形，長さ4〜8 cm，幅2〜3.5 mm，5（〜7）脈，先端は鋭頭，葉縁に細鋸歯が認められる。基部は托葉と合着して多かれ少なかれ葉鞘となる（センニンモと共通）。稀に花穂が形成されるが，開花せず不稔。
　センニンモとヤナギモとの雑種と推定されているが，ヤナギモによく似た植物体からセンニンモと間違いそうなものまでいろいろな変異形がある。葉に細鋸歯があることと葉の基部が葉鞘となることでヤナギモから識別され，葉の先端が凸状とならず鋭頭であることでセンニンモから識別される。宮崎県と鹿児島県で最初に発見され記載されたが，その後，四国（高知県）や本州（新潟県，富山県）でも確認されている。

# サンネンモ *Potamogeton × biwaensis* Miki

**国内** 日本固有種。本州（琵琶湖）

琵琶湖産（栽培）

花序をつけない茎葉　　葉の基部が葉鞘となる　　葉の形態

ヒルムシロ科 Potamogetonaceae ヒルムシロ属 *Potamogeton* L.

　湖に生育する多年生の沈水植物。葉は無柄で線形，長さ3.5〜5.5 cm，幅3〜6 mm，鋭頭，縁には鋸歯がある。葉の基部が托葉と合着し長さ1〜3 mmの葉鞘となって茎を抱く。葉鞘は特に茎の下部と花茎をつけた茎で顕著。花期は5〜9月。ただし，琵琶湖で開花が見られるのは，ごく浅い部分に生育する個体においてのみ。花茎の長さ3〜5.5 cm，花穂の長さ5〜11 mm，5〜6個の花がつく。花は1〜3心皮。しばしば2個の花が癒合した奇形が見られる。花粉は不稔で結実しない。冬も枯れない。
　琵琶湖の主に北湖のやや深い水域に群落を形成する琵琶湖固有種である。片親がセンニンモであることは間違いないが，もう一方の親は確定されていない。

**ヒロハノセンニンモ（ツクシササエビモ）** *P. × leptocephalus* Koidz. も常緑の沈水植物で，鹿児島県の鰻池を基準産地に報告された。現在，鰻池からは絶滅したと思われ，琵琶湖(北湖)でのみ生育が確認されている。葉は線形，長さ1.5〜3.5 cm，幅5〜8 mm，鈍頭，葉身は両側が内側に湾曲して向き合う。茎の下部では葉基部が葉鞘となるが上部ではそうならない。開花は稀。日本固有種。

# ヤナギモ　*Potamogeton oxyphyllus* Miq.

国内 北海道，本州，四国，九州　国外 アジア東部

ヒルムシロ科 Potamogetonaceae　ヒルムシロ属 *Potamogeton* L.

兵庫県伊丹市（2009.5.1）

花序（新潟県五泉市，2009.9.25） 　　兵庫県伊丹市産 　　果実をつけた花序

　河川や水路などの流水域，稀にため池などにも生育する常緑多年生の沈水植物。水中茎の断面は楕円形。葉は無柄，線形で鋭尖頭，しばしば茎側に湾曲する。長さ5〜12（〜16）cm，幅（1.5〜）2〜5 mm，全縁で5脈以上ある。花期は5〜9月。花茎の長さ2〜5 cm，花穂の長さ6〜12 mm，密花，4心皮。開花はふつうだが，流水では結実する場所が限られる。一方，ため池など止水域のヤナギモはたいへん良く結実する。果実は長さ3〜3.5 mm。

　流水中に生育するヒルムシロ属植物ではエビモと並ぶ普通種であり，水質汚濁にも強い。また茎の断片から不定根を出して容易に定着・再生する。しかし，近年，水環境の悪化により消滅した場所が少なくない。

# エゾヤナギモ　*Potamogeton compressus* L.

**国内** 北海道，本州（中部以北）　**国外** ユーラシア大陸の温帯域に広く分布

北海道札幌市（2006.8.6）

ヒルムシロ科 Potamogetonaceae ヒルムシロ属 *Potamogeton* L.

青森県十和田市産　　　　　　　　扁平な茎の断面　　　　　殖芽

　湖沼に生育する多年生の沈水植物。地下茎を欠き，殖芽から水中茎が直接伸びる。茎は著しく偏平で盛んに分枝する。葉は無柄，線形で先端が円頭凸端型，全縁，長さ6〜12 cm，幅1.5〜3 mm。花期は7〜8月。花茎の長さ4〜8 cm，花穂の長さ1.2〜2 cm，心皮は1個に減数。よく結実し，果実は長さ3.5〜4 mm。秋遅く，枝の先端部が殖芽となり脱落して越冬する。

　他種との識別は偏平な茎と葉の先端の形態，さらには地下茎を欠くことで容易である。花があれば1心皮であることも他種にはない特徴。

*131*

# イヌトモ　*Potamogeton obtusifolius* Mert. et Koch

RL 絶滅危惧IA類　国内 北海道，本州 (東北) ?　国外 北半球の温帯域

ヒルムシロ科 Potamogetonaceae ヒルムシロ属 *Potamogeton* L.

北海道標茶町 (1992.9.28)

果実と殖芽 (先端)

葉の先端の形態。(左) エゾヤナギモ，(右) イヌイトモ

　湖沼や水路などに稀に生育する多年生の沈水植物。北海道東部の河跡湖からの記録が多い。エゾヤナギモに似るがやや小形。地下茎は発達せず殖芽から水中茎が伸びる。水中茎の断面は偏平にならず楕円形，盛んに分枝する。葉は線形，無柄で鈍頭，長さ4～7 cm，幅1.5～3 mm，3脈。花期は8～9月。花茎は長さ8～15 (～35) mm，花穂の長さ4～12 mm，やや密花。花は水中にあっても自家受粉により結実する。果実は長さ2.5～3 mm。秋には枝の先端が伸張を止めて殖芽となる。これが水底に沈んで越冬。

　1979年に釧路市で発見されたのが日本最初の記録。その後，生育地の確認は増えたが，水域の埋め立てと水質汚濁の進行で消滅が相次ぎ，現存する産地は限られる。

# イトモ　*Potamogeton berchotoldii* Fieber
*P. pusillus* L.

| RL | 準絶滅危惧 | | 国内 | 北海道，本州，四国，九州，沖縄 | | 国外 | 世界に広く分布 |

兵庫県たつの市（1997.8.27）

ヒルムシロ科 Potamogetonaceae　ヒルムシロ属 *Potamogeton* L.

果実

植物体と殖芽（左下）

　湖沼やため池，水路などに生育する小形の多年生沈水植物。貧弱な地下茎が横走し1節おきに水中茎が伸びる。水中茎の断面は楕円形。葉は無柄，線形で鋭頭，全縁，長さ2～6 cm，幅0.7～1.5 mm，1～3脈。托葉は両縁が重なり合って，筒状にはならない。花期は6～8月。花茎の長さ1～2.5 cm，花穂の長さは3～5 mm，花は2段に分かれずかたまって付く。4心皮，しばしば水中で自家受粉して結実する。果実は長さ2～2.5 mm，濃い緑色または褐色。
　秋になると枝の先端が長さ1.5～2.5 cmの殖芽となり，水底に沈んで越冬する。ホソバミズヒキモやツツイトモの殖芽と比べて大きく，また軸の部分がやや肥大するので，殖芽の形態が類似種との有力な識別の特徴になる。

# ツツイトモ　*Potamogeton pusillus* L.
*P. panormitanus* Biv.

**RL** 絶滅危惧IB類　**国内** 北海道，本州，四国，九州　**国外** 世界に広く分布

ヒルムシロ科 Potamogetonaceae　ヒルムシロ属 *Potamogeton* L.

開花中の群落（愛媛県西条市，2012.8.26）

一部の葉が展開しきらないこともしばしば観察される

花序。雌しべが成熟している段階。結実が進むにつれ花が上下に離れる

殖芽

　主に沿海部の湖沼や河川，水路などに生育する繊細な多年生の沈水植物。葉は無柄，線形で長さ2～5 cm，幅0.5～1 mm，鋭頭。イトモに似るが，托葉の両側が合着して筒状になることが特徴である。しかし，托葉は柔らかく腐朽しやすいので，この特徴は展開前の若い葉で確認する必要がある（できれば生植物で）。花茎の長さは1.5～2 cm，花穂の長さ5～7 mm，開花が進むと花は上下2段に離れる。果実はイトモよりひとまわり小さく長さ1.2～2 mm。秋に形成される殖芽はごく細く，長さ1.5～2 cm。本種の同定は托葉が筒状であることを確認するより，花の付き方または殖芽の形態に着目したほうが容易である。

　もともと稀な植物であったが，近年，海岸部の干拓地内の池などで相次いで見つかっている。水鳥が運ぶのであろう。皇居の壕で本種が異常繁茂したことも，海跡環境との関連から理解できる。

# アイノコイトモ　*Potamogeton* × *orientalis* Hagstr.

国内 北海道，本州，四国，九州　国外 アジア東部

ヒルムシロ科 Potamogetonaceae ヒルムシロ属 *Potamogeton* L.

流水中の群落（広島県東広島市，2011.9.28）

開花はするが，花粉は不稔で結実しない　　殖芽

　河川や水路，稀に湖沼やため池にも生育する多年生の沈水植物。ヤナギモより葉が細く，イトモよりやや大きめの水草である。葉は無柄，線形，長さ4.5〜7（〜9）cm，幅1.2〜2（〜2.5）mm，3（〜5）脈。全縁で鋭頭。稀に浮葉を形成する。花期は7〜9月。花茎の長さ1〜2 cm，花穂の長さ2〜5 mmで数花，ただし花は開かない場合が多く，開いても花粉が不稔で結実しない。

　ヤナギモとイトモの雑種とされるが，新種記載に引用された多摩川水系（東京都）のアイノコイトモではときに葉の先のほうがヘラ状に広がり浮葉となる。他の地方では浮葉の形成は観察されていない。各地で独立に起源したさまざまな系統を含む分類群というのが現在の理解である。止水域の植物体は流水域のものに比べ沈水葉が長い傾向が認められる。

135

# オオミズヒキモ（カモガワモ）
*Potamogeton* × *kamogawaensis* Miki

国内 日本固有種。本州，九州

ヒルムシロ科 Potamogetonaceae ヒルムシロ属 *Potamogeton* L.

浮葉をともなう集団（新潟県阿賀野市，2009.8.25）

沈水葉だけでも花序を形成（新潟県阿賀野市，2009.8.25） 　花序（新潟県阿賀野市，2009.8.25）

　河川や水路に生育する多年生の沈水または浮葉植物。沈水葉はヤナギモより細長い線形で，長さ5〜8（〜11）cm，幅1〜2 mm，3脈。沈水葉だけでも盛んに花穂を上げるが，少数の浮葉を伴う集団もある。浮葉は長楕円形で長さ1.5〜4 cm，幅0.5〜1 cm。花茎は長さ1.5〜3 cm，花穂の長さ5〜12 mm。結実しない。
　ヤナギモとホソバミズヒキモの雑種と推定されている。アイノコイトモとは，沈水葉が長いことや完全な浮葉を作ること，花序が長いことなどで識別できる。地域によっては普通に産し，ヤナギモと同定されている場合が多いが，葉が細ければ本種の可能性を疑ってみる必要がある。

# リュウノヒゲモ　*Stuckenia pectinata* (L.) Borner
*Potamogeton pectinatus* L.

|RL| 準絶滅危惧　|国内| 北海道，本州，四国，九州，沖縄　|国外| 世界に広く分布

鳥取県米子市（2005.8.1）

開花中（愛媛県西条市，2013.7.14）

開花前の花序。この後，さらに伸長する（愛媛県西条市，2013.7.14）

塊茎

ヒルムシロ科 Potamogetonaceae　リュウノヒゲモ属 *Stuckenia* Borner

　湖沼や河川などに生育する多年生の沈水植物。海岸近くの汽水域に生育するのがふつうだが，温泉地近くなどでは内陸部に生育する例がある。水中茎は盛んに分枝して伸びる。沈水葉の基部は托葉と合着して茎を抱き，長さ1～3 cmの葉鞘となることが本種の最大の特徴。沈水葉は針状，長さ5～15（～20）cm，幅0.3～1.3 mm，1脈で全縁，先端は鋭尖頭，鋭頭または鈍頭と変異に富む。花期は7～9月。花茎は長さ5～20 cm，細いので直立せず横たわる。花穂は長さ1.5～4 cm，やや間隔を空けて花が輪生する。果実は長さ3～4 mm，背面に稜はない。夏頃より地下茎の先端に長さ4～8 mmの塊茎が形成され，越冬と栄養繁殖の器官になる。

　本属の分類学的取り扱いについてはさまざまな見解があったが，最近の分子系統学の研究を踏まえ，ヒルムシロ属とは別属とする扱いが定着しつつある（Kaplan, 2008）。

# イトクズモ（ミカヅキイトモ） *Zannichellia palustris* L.

RL 絶滅危惧IB類　国内 北海道，本州，沖縄　国外 世界に広く分布

岡山市（1995.5.19）

ヒルムシロ科 Potamogetonaceae イトクズモ属 *Zannichellia* L.

岡山市産

花が終わり結実へ

果実の変異例

　沿海地の湖沼や塩湿地，干拓地の水域などに生育する繊細な一年生または越年生の沈水植物。地中を這う地下茎から水中茎が伸びる。葉は対生もしくは輪生状，無柄，線形で長さ 2.5〜7 cm，幅 0.3〜0.8 mm，1脈，先端は鋭頭。鋸歯はない。花は単性花。雄花と雌花が同じ葉腋に並んでつく。雄花は1個の雄しべからなり，雌花は筒状の花被の中に2〜5個の雌しべがあり，柱頭はラッパ状。受粉は水中で起こる。果実は小柄と背面に歯牙のある三日月状の果体，花柱部分からなり，全長 4〜7.5 mm，茎の節のところに輪生するようにつく。しばしば泥中にある茎にも果実形成が認められる。小柄の長さ（0〜3.5 mm），果体の形，歯牙の発達程度などは変異が著しい。生活史についても多型がある（高田ほか，2013）。

　近年，沿海地の水域の埋立や水質汚濁の進行にともない，きわめて稀な水草となっている。

# カワツルモ　*Ruppia maritima* L.

RL 準絶滅危惧　国内 北海道，本州，四国，九州，沖縄　国外 世界中に広く分布

カワツルモ科 Ruppiaceae カワツルモ属 *Ruppia* L.

花序

　海岸沿いの湖沼や塩田跡の水たまりなど汽水域に生育する多年生の沈水植物。地下茎が横走し，各節から水中茎が伸びる。葉は針状で互生（花序の出る節は対生），基部は0.8〜2 cmの葉鞘となり茎を抱く。葉身は長さ（4〜）6〜10（〜15）cm，幅0.3〜0.6 mm，葉縁に鋸歯がある。先端は鋭頭。花期は春から秋までと長く次々と花をつける。花穂は葉腋から伸びた細い花茎の先につき，4〜8個の心皮が上下の雄しべに挟まれた花を2つつける。受粉後，花茎は伸びて長さ2〜11 cmとなるがコイル状に巻くことはない(巻いても2〜3回)。心皮の柄が伸びて，その先に1個ずつ果実がつき落下傘状を呈する。果実は左右非対称の卵球形で長さ2〜2.5 mm，先は嘴状に突出。

　**ネジリカワツルモ** *R. cirrhosa* (Petagna) Grande（準絶滅危惧）はカワツルモに似るが，受粉後，花茎が急速に伸張して長さ10 cm以上となりコイル状に巻くことが特徴である。果実の先端が嘴のように突出せず，葉端も鈍頭〜切形である。本州に分布。

　両種とも沿海地の開発で産地が急減している。

カワツルモ（左）とネジリカワツルモ（右）の葉の先端の比較

139

# ヤハズカワツルモ　*Ruppia occidentalis* S.Watson
*R. truncatifolia* Miki

| RL | 絶滅危惧IA類 | 国内 | 北海道（オホーツク海沿岸） | 国外 | 北太平洋沿岸 |

漂流するヤハズカワツルモ。手前に生えているのはリュウノヒゲモ（北海道網走市，2011.7.31）

花序をつけたシュート

花序

葉端

カワツルモ科 Ruppiaceae　カワツルモ属 *Ruppia* L.

海岸の湖沼に生育する多年生の沈水植物。カワツルモと比べ，葉が極端に長いので，別種とわかる。葉鞘の長さ2〜5 cm，葉身の長さ10〜30 cm，葉端は切形〜凹形となる。Miki（1935b）が新種として報告したが，筆者（角野，1994）はアラスカなどに生育する *Ruppia occidentalis* である可能性を示唆していた。開花，結実が稀であることから検討が進まなかったが，Ito et al.（2011）の分子系統学的研究によって，このことは裏付けられた。雑種が存在することも指摘されている。生育する湖沼が限られるために，現況が変わらないように監視する必要がある。

140

# キショウブ　*Iris pseudacorus* L.

国内 北海道，本州，四国，九州　国外 ユーラシア大陸西部原産。世界各地で野生化

神戸市西区（2013.5.18）

花（兵庫県加西市，2013.5.18）

果実（兵庫県加西市，2012.6.17）

果実の中の種子

アヤメ科 Iridaceae　アヤメ属 *Iris* L.

　湖沼やため池，河川，水路などの浅水域に生育する多年生の抽水植物。太い地下茎がある。葉は2列に根生，剣状で先は細くなり鋭頭，長さ50〜120 cm，幅1.5〜3 cm，中央の脈は隆起して明瞭。花期は4〜6月。長さ50〜120 cmの花茎が立ち上がり，数個の葉状の苞のもとで分枝する。花はあざやかな黄色。外花被片は3枚，広卵形で長さ5〜7 cm，幅3〜4 cm，先が垂れる。内花被片は細長く，長さ2〜3 cmで立つ。果実は断面がほぼ三角形をした長楕円形で長さ4〜7.5 cm，幅1.5〜2.5 cm。成熟すると3裂し，銅褐色で偏平な種子が落ちる。
　明治時代に観賞植物としてヨーロッパから導入された。汚濁した水域にも生育する。畑でも育つが，水域での繁殖力が旺盛で各地で野生化が見られる。

# イボクサ *Murdannia keisak* (Hassk.) Hand.-Mazz.
*Aneilema keisak* Hassk.

国内 北海道，本州，四国，九州，沖縄　国外 中国，朝鮮

ツユクサ科 Commelinaceae　イボクサ属 *Murdannia* Royle

滋賀県八日市市（2012.9.29）

抽水形（兵庫県丹波市，2009.7.12）

花（滋賀県八日市市，2012.9.29）

シマイボクサ（沖縄県西表島，2013.11.4）

　湖沼やため池，河川，水路，水田などに生育する一年生の湿生〜抽水植物。沈水状態で生育することもある。茎の下部は這って分枝しながら伸張し，枝が斜上して高さ20〜30 cmになる。茎は赤味がかる。葉は互生で基部は長さ0.5〜1.2 cmの葉鞘となり茎を抱く。葉身は狭披針形で長さ2〜7 cm，幅4〜10 mmで質は柔らかい。沈水状態では葉は明るい緑白色で質薄く，長さは約9 cmになる。花期は8〜10月。葉腋に1（〜2）個ずつ花弁の先端部がピンク色に色づく花が咲く。花弁は3枚，雄しべ3個，他に3個の仮雄しべ。雌しべは1個，子房は3室からなる。果実は柄の先に垂れ下がるようにつき，楕円形で長さ6〜10 mm，成熟すると先が3裂して種子が落ちる。
　九州南部と沖縄には**シマイボクサ *M. loriformis* (Hassk.) R.Rao et Kammathy**が，イボクサと同様の環境に生育する。花弁が淡青紫色，雄しべが2本であることなどで識別できる。

# シマツユクサ　*Commelina diffusa* Burm.f.

国内 九州（鹿児島県），沖縄　国外 亜熱帯〜熱帯域に広く分布

ツユクサ科 Commelinaceae　ツユクサ属 *Commelina* L.

沖縄県西表島（2013.11.4）

抽水形（沖縄県恩納村，2013.11.5） 　　　花（沖縄県西表島，2013.11.4）

　河川や水路，水田，湿地などに生育する1年生また多年生の抽水〜湿生植物。茎は匍匐して節から発根，上部は斜上し高さ30〜70 cmになる。葉は互生，葉鞘がある。葉形は変異に富み，披針形〜卵状披針形，長さ4〜9 cm，幅1.2〜2 cm。花期は5〜11月，花はツユクサよりやや小形で幅約1.5 cm，淡青色で3枚の花弁からなる。果実は長さ4〜6 mm，3室からなり数個の種子が入る。種子の表面には明らかなしわがある。近年，本州，四国，九州各地からシマツユクサそっくりの**カロライナツユクサ** *C. caroliniana* Walter が報告されている（中村，2012；小川，2013）。種子表面が平滑であることが識別点である。カロライナツユクサは湿地に限らず，乾燥した立地にも生育する。
　沖縄では，九州以北でイボクサが占めている生態的地位をシマツユクサが占めている。

# ホテイアオイ　*Eichhornia crassipes* (Mart.) Solms

国内 本州，四国，九州，沖縄　国外 南米原産。現在は世界各地で野生化

ミズアオイ科 Pontederiaceae　ホテイアオイ属 *Eichhornia* Kunth

岐阜県養老町（2005.8.2）

静岡市（2008.8.4）

花（中花柱花）（高知市，2004.6.2）　白花（佐賀市，1995.8.19）

　湖沼やため池，河川，水路などに生育する浮遊植物。走出枝を伸ばして娘株を殖やす。葉は根生，高さ10〜80cm，ときに1mを超える。葉身は卵心形〜円心形で長さ5〜20cm，幅5〜18cm，葉柄は中ほどがふくれて浮嚢となるが，根を土中に下ろしたときや過密状態で生育するときは浮嚢が発達しない。花期は6〜11月。総状花序に淡紫色（まれに白）の花を多数つける。花被片は6，雄しべは6本，そのうち3本は長く他の3本は短い。雌しべは3心皮が合着して1本。花には雌しべと雄しべの長さの異なる3型（長花柱花，中花柱花，短花柱花）があり，日本で広がっている系統は中花柱花または長花柱花を持つものである。花後，花茎は湾曲して花序は水没し水中で結実する。果実は蒴果で，長さ約1mmの細かい種子を多数含む。
　温暖な気候と栄養豊富な水域で旺盛に繁殖するため，世界各地で問題雑草となっている。

# アメリカコナギ　*Heteranthera limosa* (Sw.) Willd.

国内 本州，九州　　国外 北米〜中南米原産

ミズアオイ科 Pontederiaceae　アメリカコナギ属 *Heteranthera* Ruiz et Pav.

白花の株（神戸市西区，2010.8.16）

花（青紫色）（岡山県灘崎町，1989.9.30） 　　花（白）（神戸市西区，2010.8.16）

　水田などに生育する一年生の抽水〜湿生植物。葉は根生で質は柔らかい。初めの数枚の葉は広線形。その後の葉は葉柄と葉身の分化が明瞭で、葉柄は長さ9〜30 cm。葉身は卵状披針形〜卵形、長さ2〜4 cm、幅0.7〜3 cm。花期は8〜10月。葉柄の基部から長さ2〜6 cmの花柄が伸び、花は先に1個つく。花被片は6枚、先端がやや尖ったへら形で長さ8〜10 mm、幅4〜5 mm、青紫色と白色の2系統がある。雄しべ3本，雌しべ1本。果実は長さ約2 cmの細長い蒴果で、長さ3〜4 cmの苞に包まれる。種子は小粒で長さ0.7 mm、幅0.4 mmほど。1果実中に数百個含まれる。

　葉は細長く基部は心形にならないので葉だけでもコナギとの識別は可能だが、花を見ればその違いは一目瞭然である。福岡県と岡山県に生育が確認されていたが、最近は各地に広がっている。

# ヒメホテイアオイ（ヒメホテイソウ）
*Heteranthera reniformis* Ruiz et Pavon

国内 本州，九州　国外 北米〜中南米原産。オーストラリアに野生化

ミズアオイ科 Pontederiaceae アメリカコナギ属 *Heteranthera* Ruiz et Pav.

静岡市産（栽培，2007.8.9）

花（薄紫色，静岡市産）

花（白色，熊本県南阿蘇村，2013.8.17）

ハイホテイアオイ（大阪市立大学植物園，2010.7.31）

　河川や水路，水田に生育する抽水植物。高さ20〜40 cm，茎は倒伏して分枝しながら伸びる。水面では浮遊形となるが，根元は固着しているところがホテイアオイとの違いである。葉は円心形，長さ3〜5 cm，幅4〜6 cmと長さより幅が広い。花期は7〜9月，花茎の先の総状花序に2〜8個の花をつける。花弁は5枚で左右対称，薄紫色と白色の系統があり，いずれも中央上側の花弁には黄色の斑紋がある。雄しべは大形1本，小形2本の計3本で，小形の雄しべの花糸に長毛があるのが近縁種との識別点。雌しべは1本。

　静岡市の河川で最初に報告されてから分布の拡大が見られなかったが，最近，埼玉県と熊本県の水田に生育している例が相次いで報告された。

　**ハイホテイアオイ** *Eichhornia azurea* **Kunth** と混同されるが，本種は別属。国内で栽培されているが，野生化の記録はない。

# ミズアオイ *Monochoria korsakowii* Regel et Maack

RL 準絶滅危惧　国内 北海道，本州，四国，九州　国外 アジア東部

ミズアオイ科 Pontederiaceae ミズアオイ属 *Monochoria* Presl

兵庫県豊岡市（2009.9.5）

花（兵庫県豊岡市，2009.9.5）

初期の浮葉段階（兵庫県豊岡市，1998.6.27）

果実（兵庫県豊岡市，2009.10.9）

　湖沼や河川，水路の浅水域や水田（とくに休耕田）などに生育する一年生の抽水〜湿生植物。茎はやや倒伏して根を下ろしながら分枝し斜上する。葉は根生，高さ30〜70（〜100）cm，線形の沈水葉，長楕円形〜倒披針形の浮葉を経て円心形の抽水葉となる。抽水葉の葉身は長さ，幅ともに4〜15 cm，先は急に尖る。花期は7〜10月。葉柄基部から花茎が立ち，葉より上に総状花序がつく。花は径2.5〜3 cm，1花序に多数の1日花がつき，順次咲いていく。花被片は6枚で青紫色，雄しべは6本，うち5本の葯は黄色，1本はやや長く青紫色。雌しべは1本。果実は長楕円形で長さ約1 cm，中に長さ1 mmあまりの種子が多数入っている。

　河川や水路の改修，除草剤の使用などで激減しているが，北海道と東北地方を中心に除草剤抵抗性を獲得した系統が広がりつつある。東日本大震災の津波の際に各地で群落が再生したように，典型的な攪乱依存植物である。

# コナギ　*Monochoria vaginalis* (Burm. f.) C. Presl ex Kunth

国内 北海道，本州，四国，九州，沖縄　国外 アジア，オーストラリア北部。北米とヨーロッパ南部で野生化

ミズアオイ科 Pontederiaceae ミズアオイ属 *Monochoria* Presl

水田に広がる（京都府福知山市，2007.8.15）

花（京都府福知山市，2007.9.21） 　　　閉鎖花（京都府福知山市，2009.9.5）

　代表的な水田雑草で，ときにため池や河川の浅水域にも生育する一年生の抽水〜湿生植物。葉は根生し高さ10〜40cm。葉の形はきわめて変化に富み倒披針形，卵形，卵心形などさまざまである。葉身は長さ2.5〜6cm，幅0.7〜4cm。花期は8〜10月。総状花序が葉鞘から伸びるが花茎は短く，花が葉の高さを超えることはない（葉柄の中ほどから花序が出ているように見える）。1花序に2〜8個の花がつく。花は青紫色で径1.5〜2cm，雄しべ6本，そのうちの5本が短く1本がやや長い。葯の色に2色あることはミズアオイと同様である。ときに花弁が開かずに結実する（閉鎖花）。花茎は花後垂れ下がり，楕円形で長さ7〜10mmの果実がつく。種子は長さ0.7〜0.8mmと微小で多数。

# ミクリ *Sparganium erectum* L.

RL 準絶滅危惧　国内 北海道，本州，四国，九州　国外 北半球に広く分布。オーストラリア

ガマ科 Typhaceae（ミクリ科 Sparganiaceae）ミクリ属 *Sparganium* L.

兵庫県豊岡市（2006.6.9）

花序。雄花が終わり，雌花が成熟（兵庫県豊岡市，2006.6.9）

果実（北海道月形町，2009.7.18）

　湖沼や河川，水路などに群生する多年生の抽水植物。流水域では沈水形となることもある。北日本では比較的普通に生育するが，西南日本では湧水のある水域に分布する。全高は0.6〜2 m，走出枝を伸ばして新しい株を作る。茎は直立し，基部から葉が袴状に立つ。葉は線形，質は柔らかく，背稜が発達して断面は三角形。長さ50〜150 cm，幅7〜20 mm。花期は6〜9月，茎の上部が花序となる。花序は3本以上（普通5本以上）の枝を出し，それぞれの枝の下側に1〜3（〜4）個の雌性頭花，上側に（3〜）7〜15（〜20）個の雄性頭花がつく。上部の枝は普通雄性頭花のみとなる。雌花の柱頭は3〜6 mmと他種に比べ長く，頭花から突き出る。果時には頭花の直径2〜3 cmとなる。果実は紡錘形で長さ6〜8 mm（嘴部除く），幅3〜6 mm。

# オオミクリ（アズマミクリ）　*Sparganium eurycarpum*
**Engelm. subsp. *coreanum* (Leveille) Cook et Nicholls**
*S. macrocarpum* Makino
*S. erectum* L. var. *macrocarpum* (Makino) H.Hara

RL 絶滅危惧Ⅱ類　国内 本州，四国　国外 朝鮮，中国

ガマ科 Typhaceae（ミクリ科 Sparganiaceae）ミクリ属 *Sparganium* L.

大きな果実が特徴（和歌山県紀の川市，2012.8.20）

塊茎状の地下部

雌性期の花序（高知市，2004.6.27）

果実

湖沼やため池，河川や水路に生育する多年生の抽水植物。ミクリが北日本に多いのに対し，本種はむしろ東北以南に多く，湧水環境でなくても生育する。形態的特徴は基本的にミクリとよく似ており，果実または地下部の塊茎を確認しない限り識別できない。果実が幅広く，長さ5〜9 mm，幅5〜8 mm，紡錘形にならず上部は低いドーム状であることが特徴である。また，地下部に木質の「塊茎」を作ることは他種にはない特異な形質である。越冬器官として形成される塊茎とは異なり，6月頃から株元に肥大した塊が形成されているので，掘り取ってみればミクリと間違うことはない。

　牧野富太郎が千葉県市川市で採集した標本に基づき独立した分類群として認めたが，最近までミクリと混同されており，正確な分布実態は不明である。河川改修や水域の埋め立てで，産地は急減している。

# ヤマトミクリ　*Sparganium fallax* Graebn.

| RL | 準絶滅危惧 | 国内 | 本州，四国，九州 | 国外 | アジア東部 |

兵庫県加東市（1991.6.29）

ガマ科 Typhaceae（ミクリ科 Sparganiaceae）ミクリ属 *Sparganium* L.

湖沼やため池，水路などに生育する多年生の抽水植物。全高50〜120 cm。葉は幅（3〜）10〜20 mm，背面に稜があり断面は三角状。花期は5〜9月。花序は分枝しない。下側には3〜6個の雌性頭花がお互いにやや離れてつき，柄の全部または一部が主軸と合着する（腋上性）。合着する柄が長いと上の節に達し苞の反対側に頭花がついているように見える。雌性頭花のつく部分は主軸がジグザグ状に屈曲していることが多い。果期の雌性頭花は径15〜20 mm（柱頭部を除く）になる。上側には4〜8個の雄性頭花がつく。雌性頭花と雄性頭花は1 cm以上離れる。果実は紡錘形で長さ5〜6 mm，中央部がくびれる。

雌性期の花序（山形県鶴岡市，2009.8.24）　　屈曲する腋上性の花序

# ナガエミクリ *Sparganium japonicum* Rothert

RL 準絶滅危惧　国内 北海道（南西部），本州，四国，九州　国外 アジア極東地域

ガマ科 Typhaceae（ミクリ科 Sparganiaceae）ミクリ属 *Sparganium* L.

山形県東根市（2009.8.23）

湧水河川の沈水群落（静岡県富士市，2013.7.3）

花序（山形県東根市，2009.8.23）

果実（滋賀県高島市，2013.7.10）

　湖沼やため池，河川，水路などに生育する多年生の抽水植物。湧水河川に特に多く，しばしば流れになびく沈水形〜浮葉形となる。全高 70〜130 cm，横たわると全長 150 cm を超えることもある。葉は幅（5〜）8〜14 mm，抽水葉では背稜が顕著で断面は三角状だが，浮葉や沈水葉では背稜が目立たなくなる。この状態がしばしばセキショウモと誤認されるが，葉脈のパターンと葉縁に鋸歯がないことで区別できる。花期は 6〜9月。花序は分枝しない。雌性頭花は 3〜7個で，少なくとも下側の 1〜3個は長さ 7〜50 mm の柄があり，主軸とは合着しない（腋性）。上側の頭花は着性になるが，中間の頭花はときに腋上性を示す。果時には径 1.5〜2 cm になり，上部の頭花は接近する。雄性頭花は 4〜9個で，雌性頭花からは離れてつく。果実は紡錘形で長さ 4〜6 mm，幅約 2 mm，全体に流線形で他種の果実に比べ細長く，先端は嘴状に尖る。
　ミクリと混生する河川で雑種が報告されている（中村，2010）。

# エゾミクリ　*Sparganium emersum* Rehm.
*S. simplex* Huds.

**国内** 北海道，本州（長野県以北）　**国外** 北半球の周北極地域に広く分布

北海道標茶町（2005.8.29）

浮葉と花序（北海道安平町，2011.8.6）

沈水形の群落（長野県白馬村，1990.8.28）

ガマ科 Typhaceae（ミクリ科 Sparganiaceae）ミクリ属 *Sparganium* L.

花序（北海道安平町，2011.8.6）

　北日本の湖沼や河川，水路などに生育する多年生の抽水，浮葉または沈水植物。抽水時は全高40～60 cmくらいだが，流水中で浮葉～沈水形をとるときは全長160 cmに達する。抽水葉は背稜があり断面は三角形，幅5～16 mm，沈水葉は幅6～9 mmで稜は顕著ではない。花期は7～9月。（1～）3～4個の雌性頭花が，下のものから順に①有柄で腋性→②有柄で腋上性→③無柄で着性と配列するパターンが最も典型的であるが，②→③，①→②のような場合もある。腋上性を示す柄では花茎と合着しない部分が弧をなすように内側に湾曲する状態がよく見られる。雄性頭花は4～7個で雌性頭花とは離れてつく。果実は紡錘形で長さ3.5～5.5 mm，先端は柱頭が残存し長さ2～4 mmの嘴状になる。

153

# タマミクリ
### *Sparganium glomeratum* (Beurl. ex Laest.) L. M. Newman

RL 準絶滅危惧　国内 北海道，本州（中部以北）　国外 北半球の寒冷地

ガマ科 Typhaceae （ミクリ科 Sparganiaceae） ミクリ属 *Sparganium* L.

北海道猿払村（2011.7.31）

開花中の花序（北海道猿払村, 2011.7.31）

結実した花序（北海道猿払村, 2011.7.31）

湖沼や河川，水路，湿原の池塘などに生育する多年生の抽水植物。全高20〜120 cm。葉は幅5〜16 mm，背稜は他種ほど顕著でない。花期は7〜8月。花茎は葉よりも短く，低い位置に頭花が密集するようにつく。雌性頭花は3〜7個，下部の1〜3個は25〜50 mm の柄をもち，腋性または腋上性で，お互いに離れているが，上部のものは着性で相接している。雄性頭花は1〜2個と少なく，雌性頭花とほぼ接してつく。果実は紡錘形で長さ3〜5 mm，中央部付近でくびれる。

高山の池沼などに生育し，葉の幅が2〜4 mm と細く，しばしば一部の葉が浮葉になるものは**ホソバタマミクリ** var. *angustifolium* Graebn. とされるが，中間形もあり種内変異の実態についてはよくわかっていない。

上部の雌性頭花が相接する特徴はナガエミクリと共通するが，雄性頭花が1〜2個と少ないことがタマミクリの決め手である。

# ヒメミクリ　*Sparganium subglobosum* Morong
*S. stenophyllum* Maxim. ex Meinsh.

RL 絶滅危惧Ⅱ類　国内 北海道, 本州, 四国, 九州, 沖縄　国外 東アジア, インド, オセアニア

ガマ科 Typhaceae（ミクリ科 Sparganiaceae）ミクリ属 *Sparganium* L.

雌性期の花序（兵庫県加東市, 1992.7.28）

雄花が開花中（大阪市立大学植物園 2010.7.31）

果実（兵庫県たつの市）

　湖沼やため池, 湿原などに生育する多年生の抽水～湿生植物。水域よりも湿地環境に生育する場合が多い。全高40～90 cm。葉の幅2～6（～10）mm。花期は6～9月。花序は, 分枝せず2～4個の雌性頭花がすべて着性する場合と, 下部の苞の腋から1～2本の短い枝が出る場合がある。分枝した枝には0～2個の雌性頭花と数個の雄性頭花がつく。主軸につく雄性頭花は5～11個。果実は長さ4～5 mm, 幅2～3 mm, 倒卵形, 先端は長さ1～2 mmの嘴を除けばドーム状に低く盛り上がった形である。ミクリ属の果実は紡錘形が多く, 果実で種を識別することは容易ではないが, 本種は花序の分枝パターンとともに果実の形が有力な同定の決め手になる。

# ウキミクリ *Sparganium gramineum* Georgi

RL 絶滅危惧Ⅱ類　国内 北海道，本州（中部以北）　国外 ユーラシア大陸の寒冷地

ガマ科 Typhaceae（ミクリ科 Sparganiaceae）ミクリ属 *Sparganium* L.

北海道大雪山系（2011.7.18）撮影：山崎真実

生育状況（北海道雨竜町，2010.9.20）撮影：山崎真実

花序（北海道雨竜町，1998.8.10）撮影：佐々木純一

果実期の花序（北海道雨竜町，2000.8.21）撮影：佐々木純一

山地の池沼や湿原の池塘に稀に生育する多年生の浮葉植物。葉は幅1.5〜4 mm，伸びた葉が水面に浮き，長さは水深によっては2 mを超える。背面の稜はほとんど発達せず偏平。花茎は水中に横たわり花序だけが水面上に立つ。花期は7〜8月。花序が分枝することが他の浮葉性ミクリ属植物から本種を識別する基本的な特徴である。花序の下部から1〜2本の枝が伸び1〜3個の雌性頭花がつく。上部では分枝は見られず雌性頭花は着性となる。雌性頭花はお互いに離れる。雄性頭花は2〜6個でやや近接する。果実は卵形で長さ2〜3 mm，幅1.5〜2 mm。新潟県糸魚川市蓮華山白池のみから知られていたが，近年，北海道の山地湿原の調査が進み，新産地が報告されるようになった（佐々木，2012；山崎・丸山，2013ほか）。

# ホソバウキミクリ *Sparganium angustifolium* Michx.
*S. kawakamii* H. Hara

| RL | 絶滅危惧II類 | 国内 | 北海道，本州（中部以北） | 国外 | 北半球の寒冷地に広く分布 |

長野県茅野市（2004.7.19）

花序（長野県茅野市，2004.7.19）

浅い場所では抽水形もとる（長野県茅野市，1993.7.1）

ガマ科 Typhaceae（ミクリ科 Sparganiaceae）ミクリ属 *Sparganium* L.

　山地の池沼や湿原の池塘に稀に生育する多年生の沈水〜浮葉植物。葉は幅2〜4mm，水面に達すると浮いて横たわり，長さ1mを超える。花期は7〜8月。花序は分枝しない。雌性頭花は2〜5個で腋性または腋上性（上部の雌性頭花は柄が短くほぼ着性となる），お互いに離れてつく。雄性頭花は2〜3個で雌性頭花から1cm以上離れて密集してつく。果実は紡錘形で長さ3〜5mm。浅い場所では一部の葉が抽水し，また湿地では陸生形となり開花結実する。
　千島列島から報告されたエトロフソウ *S. kawakamii* H.Hara は，本種の一型である。

# チシマミクリ（タカネミクリ）
***Sparganium hyperboreum*** Beurl. ex Laest.

RL 絶滅危惧IB類　国内 北海道　国外 ユーラシアと北米の周北極圏

ガマ科 Typhaceae（ミクリ科 Sparganiaceae）ミクリ属 *Sparganium* L.

チシマミクリが生育する湿原の地塘（北海道大雪山系，2011.7.20）撮影：山崎真実

花序（北海道大雪山系，2011.7.20）撮影：山崎真実

果実。先端が乳首状になる　撮影：山崎真実

ヒナミクリ（2010.8.16）撮影：山崎真実

　山地の池沼や湿原の池塘の浅い水域に稀に生育する多年生の沈水〜浮葉植物。幅1〜3 mm，長さ20〜80 cmのリボン状の葉が水底から伸び，水面に達すると浮いて横たわる。葉に稜はなく扁平。花期は7〜8月。花序は分枝せず，腋上性〜着性の雌性頭花が2〜3個，やや密集してつく。雄性頭花は1（〜2）個しかなく雌性頭花に接近してつく。果実の先端が長く尖らず乳首状になることが他種にはない特徴。北海道の山岳地帯に生育するが，花序を欠いた状態では同定できないために正確な分布実態は不明である。

　**ヒナミクリ** *S. natans* L. は北海道の池沼や湿地に生育する多年生の抽水〜湿生植物。Cook and Nicholls（1987）が"Azuma"産の標本を引用して日本に分布するとしていた。これが北海道厚真町であることを山崎真実氏は突き止めた。現在までに北海道東部からも産地が確認されている（滝田，2001）。花序は分枝せず，腋性の1〜4個の雌性頭花がやや離れてつく。雄性頭花は通常1個で，雌花からやや離れるので，チシマミクリとの識別は容易である。湿地で陸生形となることもある。

# ガマ *Typha latifolia* L.

**国内** 北海道, 本州, 四国, 九州　**国外** 北半球に広く分布。南半球ではオーストラリア, ポリネシア

神戸市北区（2009.7.29）

接する雌花群（下）と雄花群（上）
（兵庫県篠山市, 2010.6.17）

結実期（兵庫県丹波市, 2009.7.12）

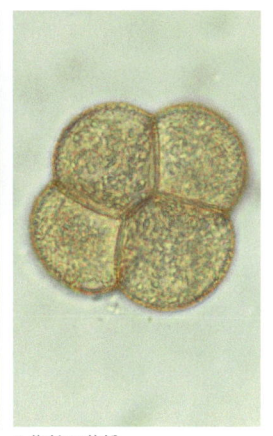

4集粒の花粉

ガマ科 Typhaceae ガマ属 *Typha* L.

　湖沼やため池, 河川, 水路, 休耕田, 湿地などに生育する多年生の抽水植物。太い地下茎が泥中を横走して広がる。全高1.5～2.5 m。葉は緑白色, 幅1～2 cm。花期は西南日本では6月, 北日本では7～8月。花は円柱状の肉穂花序となり下側に雌花の集合した雌花群, 上側に雄花の集合した雄花群がつく。雌花群は長さ7.5～20 cm, 果時には直径2～3 cmになる。雄花群は雌花群に接し, 長さ5.5～13 cm, 2～4段からなり間に苞（長さは下側のものほど長く, 1～27 cm）があるが, やがて脱落する。花粉は4個が合着（4集粒）。秋から冬にかけて種子が熟すると, いわゆる「蒲の穂」となる。種子は風に乗って飛散する。

# コガマ　*Typha orientalis* C.Presl
国内 本州，四国，九州　国外 東アジア

ガマ科 Typhaceae ガマ属 *Typha* L.

休耕田に成立した群落（奈良県大和郡山市，2004.7.12）

花序（静岡市，2007.7.13）

結実した花序（静岡市，2008.8.4）

　湖沼やため池，水路，休耕田などに生育する多年生の抽水植物。水中よりも湿地環境を好む。全高 1～1.5 m，葉はガマより細く，幅 5～8 mm。花期はガマやヒメガマより遅く 7～8 月。雌花群は長さ 4～12 cm，果時には直径 1～2 cm となる。雄花群は長さ 3～9 cm，雌花群に接している。花粉は合着せず単粒。成長の悪い小形のガマがしばしばコガマと同定されているが，葉が細いことと花粉が単粒であることが識別の決め手である。

　先駆種として湿地に侵入するが，遷移の進行とともに消滅し，長期間にわたって群落が存続しない。湿地の放置が進むことで生育適地も減少している。

　ガマとコガマの雑種として**アイノコガマ** *Typha* × *suwensis* T. Shimizu が報告されている。葉の幅は 6～16 mm，果実は不稔で形も正常ではない。ヒメガマとコガマの雑種も確認されている。

# ヒメガマ　*Typha angustifolia* L.
## *T. domingensis* Pers.

国内 北海道, 本州, 四国, 九州, 沖縄　国外 北半球に広く分布

ガマ科 Typhaceae ガマ属 *Typha* L.

湖沼の群落（青森県三沢市，2011.9.1）

花序。雌花群と雄花群の間の茎が裸出する。雌花群は淡い褐色（兵庫県加西市，2013.6.23）

果実期の穂（兵庫県小野市，2012.8.7）

雌花。小苞片（矢印）があるために開花期の花穂は淡い褐色。撮影：倉園知広

湖沼やため池，河川，水路，休耕田などに生育する多年生の抽水植物。ガマ属の中では，最も深い水域まで生育する。全高1.3〜2（〜2.5）m。葉は幅5〜15 mm。花期は6〜7月。雌花群は長さ（5〜）8〜22 cm，ときに2（〜3）段に分かれる。雌花には小苞片があり，花穂は淡い褐色を呈する。果時の直径は1〜2 cmでガマより細長い。雄花群は普通雌花群より長く，11〜25（〜34）cm。雌花群と雄花群の間に1.5〜7 cmの間があり軸が裸出するのでガマ，コガマから識別される。

たいへん変異に富み，**ホソバヒメガマ** *T. angustifolia* と**ヒメガマ** *T. domingensis* と2種に分ける見解もあるが（大場，2001），従来の識別形質では区別できないために，ここでは両者を分けていない。日本のヒメガマの分類を確立するためには，変異に関するさらなる研究が必要である。

# モウコガマ　*Typha laxmannii* Lepech.

国内 北海道，本州　国外 ヨーロッパ，極東地域

ガマ科 Typhaceae ガマ属 Typha L.

秋田県能代市（2010.9.24）撮影：高田 順

開花中（秋田県能代市，2011.6.23）

雌花。小苞片がないために開花期の花穂は緑白色。撮影：倉園知広

花序。雌花群が緑白色であることが特徴（秋田県能代市，2011.6.23）

　池沼の浅水域や湿地に稀に生育する多年生の抽水〜湿生植物。全高 0.8〜1.2 m。葉の幅は 2〜5 mm と細い。花期は 6〜7 月。雌花群の長さは 2〜7 cm，雄花群は長さ 7〜12 cm，両者は離れ，茎が裸出する。小形のヒメガマとの区別は雌花が小苞片を欠くこと，花期には雌花群が緑白色である（ヒメガマは淡い褐色）ことを確認すればよい。
　本種を外来種とする見解があるが（清水，2003 ほか），周辺地域との分布の連続性と自生地の状況から在来種であろう（倉園・角野，2012）。北日本の数か所の海岸近くの湿地から記録があるが，正確な分布実態は不明。開発や遷移の進行で危機的状況にあり絶滅危惧種としての検討をすべきである。

# ハリコウガイゼキショウ（コモチコウガイゼキショウ，コモチゼキショウ） *Juncus wallichianus* Laharpe

国内 北海道，本州，四国，九州，沖縄　国外 アジア東部，ヒマラヤ

イグサ科 Juncaceae イグサ属 *Juncus* L.

兵庫県加西市（2014.5.31）

水中に生育する（兵庫県加西市，2013.6.23）

茎の比較。（左）扁平なコウガイゼキショウ，（右）ハリコウガイゼキショウは円筒形

コウガイゼキショウの頭花から立つ無性芽（神戸市西区，2013.7.7）

　湖沼やため池，水田，湿地などに生育する多年生の抽水〜湿生植物。コウガイゼキショウ類はしばしば水中に生育するが，代表として本種を取り上げた。根茎はごく短く基部から茎が株状に立つ。茎は円筒形で高さ20〜60（〜90）cm。葉は3本前後，円筒状で基部は葉鞘となり長さ10〜30 cm，茎より短い。筒状で数 mm おきに明瞭な隔壁がある。花期は5〜9月。主軸から分枝を繰り返して多数の頭花をつける（凹集散花序）。1つの頭花は3〜8（〜11）個の花からなり，緑黄色〜赤銅色。花被片は長さ3〜4 mm で先は尖る。雄しべは3個。果実は3稜のある長楕円形で成熟すると花被片より長い。倒伏した茎の頭花から無性芽が伸びることが別名の由来になっているが，この習性は本属の他の種でも見られる。
　**コウガイゼキショウ** *J. prismatocarous* R.Br. subsp. *leschenaultii* (J.Gay ex Laharpe) Kirschner もヒロハコモチコウガイゼキショウ，ヒロハコモチゼキショウの別名を持つように無性芽をしばしば形成する。茎と葉が扁平で幅広いことが特徴。

# イグサ（イ，トウシンソウ）
***Juncus decipiens*** (Buchenau) Nakai
*J. effusus* L. var. *decipiens* Buchenau

国内 北海道，本州，四国，九州，沖縄　国外 アジア東部

イグサ科 Juncaceae イグサ属 *Juncus* L.

兵庫県三田市（2012.6.10）

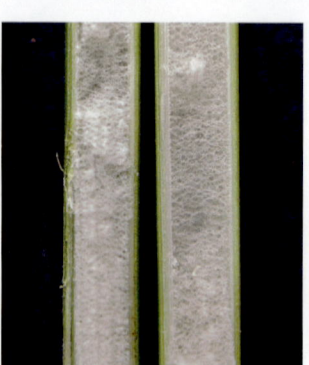

花序（静岡市，2007.5.24）　茎の髄は詰まっている　果実（兵庫県加古川市産）

　湖沼やため池，河川，水路，水田，湿地などに生育する多年生の抽水～湿生植物。短い根茎が伸び，茎は株立ちする。高さ0.4～1.1m。茎は円柱形で径1～2.5mm，髄は詰まる。花期は5～9月。花序の先に茎状の長い苞が伸びるので，花序は側生するように見える。花序は数本の短い（0～3cm）花茎の先からさらに小花茎を伸ばし花が集合する。花全体は緑黄色～淡い褐色，花被片は披針形で6個，雄しべは3個。果実は楕円形で花被片より長いものからほぼ同長のものまで変異に富む。サイズや他の特徴も変異に富む。世界的に見れば *Juncus effusus* complex の1種であり，今後の研究で分類が変更される可能性もある。

　畳表やゴザに使われるイグサは本種の栽培品種（コヒゲ '*Utilis*'）であり，水田で栽培される。熊本県八代地方が代表的産地。茎の髄を油にひたし灯りをともしたことから燈心草の別名がある。

# コゴメイ *Juncus* sp.

国内 本州　国外 ？

兵庫県加古川市（2011.6.4）

イグサ科 Juncaceae イグサ属 *Juncus* L.

花序（静岡市，2012.6.7）

花。雄しべが4～5本の例（兵庫県加古川市，2007.5.19）

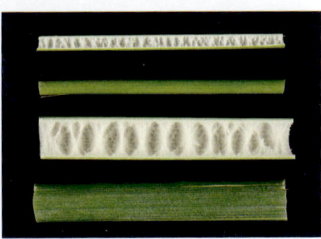

茎の断面ははしご状。（上）兵庫県加古川市産，（下）静岡市産

　湖沼や河川，水路，湿地などに生育する多年生の抽水～湿生植物。茎は叢生し，大きな株になる。高さ80～190 cm。茎は円柱形で径1～6 mm，集団によって差が大きい。茎の内部の髄ははしご状になる。葉は茎の基部の葉鞘のみで葉身はない。花期は5～9月。苞は花序の上方に長く茎状に伸びる。花序は長さ4～15 cm，数回分枝して多数の花をつける。雄しべは3または6本と報告されているが，4～5本の観察例もある。
　関東地方から近畿地方の河川を中心に分布を拡大しているが，未だ種名が定まらない。複数の種をまとめて「コゴメイ」と称しているのが実態で，例えば写真に示した兵庫県産の茎は径1～2.5 mmであるのに対し，静岡市のものは径4～6 mmであった。前者の茎が倒れて横に広がるのに対し，後者は人の背丈よりも高く直立する。分類の再検討を進め，野生化している外来種の実態を明らかにする必要がある。

# タカノホシクサ　*Eriocaulon cauliferum* Makino

RL 絶滅　国内 日本固有種。本州（群馬県）

ホシクサ科 Eriocaulaceae ホシクサ属 *Eriocaulon* L.

タカノホシクサの標本（1934年，多々良沼産；群馬県立自然史博物館所蔵）。写真提供：群馬県立自然史博物館

環境省第4次レッドリスト（2012）で「絶滅（EX）」とされた維管束植物が32種ある。本種はそのうちの1種である。

湖沼や水田に生育する一年生の沈水植物。茎は長さ4〜20cm，径3.5〜5mm，長く伸びて直立することが，他種にはない特徴。葉はらせん状に茎に密生し，長さ3〜10cm，幅0.3mm前後で1脈の線形，先ほど細くなり先端は尖る。花期は8〜9月。水面近くに達した茎の先端から水面上に長さ8〜20cmの花茎を数個〜多数伸ばし，径3〜4mm，扁球形の頭花をつける。雄花の葯が黒色であるために頭花全体は藍黒色を呈する。

1909（明治42）年，地元の中学教諭であった高野貞助氏が群馬県邑楽郡（当時）多々良沼で発見し，翌年，牧野富太郎が新種として報告した（Makino, 1910）。日本産ホシクサ属では唯一の沈水性の種であり，類似種は亜熱帯〜熱帯域にしか分布しないために植物地理学的にも貴重な水草であったが，1962（昭和37）年の確認が最後の記録である（邑楽町誌編纂室，1976）。多々良沼はムジナモやガシャモクなどが多産する水草の宝庫であったが，第二次大戦後の開発により水質等の環境が悪化し，大半の水草が消滅した。なお，タカノホシクサ減少の一因として採集圧も指摘されている。「……他に類のない珍しいものだといって，東京方面をはじめ地方の採集家が毎年夏季には多数群集して採集した結果今は殆ど絶滅しようとしている。」との一文が発見者の高野貞助氏によって東毛新聞に投稿されている（1936（昭和11）年；邑楽町誌編纂室（1976）より引用）。

# ホシクサ  *Eriocaulon cinereum* R.Br.

国内 本州，四国，九州，沖縄　国外 東アジア〜インド，アフリカ，オーストラリア

水位の低下で姿を現したホシクサ（三重県南伊勢町，1995.10.12）

頭花。周囲の花が星状（三重県南伊勢町，1995.10.12）

束生する葉と花茎（三重県南伊勢町，1995.10.12）

ホシクサ科 Eriocaulaceae ホシクサ属 *Eriocaulon* L.

　湖沼やため池，水田などに生育する一年生の抽水〜湿生植物。葉は束生し，線形で長さ3〜8 cm，幅は下部で2〜4 mm，だんだんと細くなり，先端は鋭頭。葉脈は格子状なので，沈水状態の葉だけでもスブタやセキショウモ属からは識別できる。花期は8〜10月。花茎は高さ4〜15 cm，数本から10本あまりの花茎を伸ばし，先端に径4 mmほど，灰白色，卵状球形の頭花をつける。総苞片は花序より短く，突き出ない。花床はほとんど無毛。少数の雄花と多数の雌花が密につく。雄花の花弁は3枚，葯は白色。雌花には花弁がなく，萼片背部には翼がない。かつては普通の水田雑草であったが，除草剤の使用等により最近は減少した。

　ホシクサ属植物の同定には花の解剖が不可欠であるが，雑種も多くあり，いっそうの研究が期待される分類群である。

## 両生植物としてのホシクサ属

　ホシクサ属植物の中で一生を水中で過ごす種はタカノホシクサだけで、残りの種は水中で種子が発芽して沈水形で成長し、水位の低下にともない花茎を水面上に伸ばすか干上がってから開花結実する両生植物と、一生を湿地で過ごす種とに分けられる。ここでは両生植物としての生態を示す前者の種を話題にしよう。

　日本には稲作のための灌漑用水を貯水する「ため池」が現在も約21万個所ある。ため池では水の利用にともない水位が低下し、夏から秋にかけてはほとんど干上がる池も多い。そのサイクルに合わせて生活史を完結する両生植物が少なくない。ホシクサ属もその例である。田植えが始まる5〜6月ごろ、満水状態のため池の水底で種子が発芽し、沈水状態で水位の低下を待つ。水位が下がると姿を現し、花茎を伸ばして開花結実する。

　**オオホシクサ** *E.buergerianum* **Koern.** は満水の時期に発芽して沈水植物として成長し、干上がって湿地状態になってから花が満開になる両生植物の典型的な例である（写真①②）。本州、四国、九州、沖縄に分布し、真っ白い頭花が美しい。

　このように、ため池の伝統的な水位管理に生活史を適応させてきたホシクサ属植物にとって、近年困った事態が生じている。水位が通年にわたって下がらないため池が増加しているのである。水田面積の減少で利用されないため池の増加や、渇水に備えて常に水を貯えようとする池があるなど、理由はさまざまであるが、干上がらないと開花結実できないホシクサ属植物にとっては死活問題である。ホシクサ属は1年草なので、毎年種子を生産し続けないと集団を維持できない。

　**コシガヤホシクサ** *E. heleocharioides* **Satake**（野生絶滅）は、埼玉県と茨城県だけから記録がある地域特産種であったが、ため池の水位管理の変化で姿を消すことになった。自生地のため池で高水位が維持されるようになったために開花結実できず、絶滅してしまったのである。幸い、種子が保存されていたので、現在野生復帰の取り組みが成果を挙げつつある（田中, 2012）。コシガヤホシクサは、水位変動のある環境で生き延びてきたのである。

　水位変動に結びついた両生植物の生態的特性は、多くの種に見られる。そのような特性の理解に基づいた水域の賢明な維持管理が絶滅危惧種を救うことになる。

①満水のため池。この水底でオオホシクサの種子が発芽する（兵庫県加西市, 2014.6.8）

②オオホシクサ。地面に写っているタチモも代表的な両生植物である（兵庫県加西市, 2012.10.14）

ホシクサ科 Eriocaulaceae　ホシクサ属 *Eriocaulon* L.

# ウキヤガラ　*Bolboschoenus fluviatilis* (Torr.) T.Soják subsp. *yagara* (Ohwi) T.Koyama
*Scirpus fluviatilis* (Torr.) A.Gray ; *S. yagara* Ohwi

国内 北海道，本州，四国，九州　国外 東アジア，シベリア，ヨーロッパ中部

カヤツリグサ科 Cyperaceae　ウキヤガラ属 *Bolboschoenus* Palla

兵庫県加古川市（1995.5.16）

開花中の群落（兵庫県加古川市，2011.6.4）

花序（兵庫県加古川市，2007.5.19）

地下茎の節は塊状に肥大

湖沼やため池，河川，水田などの浅水域〜水辺の湿地に生育する多年生の抽水植物。太くて丈夫な地下茎が横走し，地上茎の立つ節は径2〜4 cmの木質の塊状となる。桿の断面は三角形で高さ80〜150 cm，幅6〜11 mm。葉身が退化している近縁属（広義のホタルイ属 *Scirpus*）の他の多くの種と異なり，桿の数節に葉がある。葉は桿を筒状に包み，長さ8〜15 cmの葉鞘と長さ15〜60 cm，幅5〜13 mmの葉身からなる。花期は5〜8月。花序は頂生。長さ数cmの柄が散房状に3〜10本伸び，それぞれ1〜6個の小穂を付ける。小穂は長楕円形で茶褐色，長さ0.8〜2 cm，鱗片表面には細毛がある。花序の基部から周囲に伸びる2〜4個の葉状の部分が苞に相当し，長さは不揃いであるが花序より長い。柱頭は3岐し，果実の断面は三稜形。

169

# コウキヤガラ（エゾウキヤガラ）
***Bolboschoenus koshevnikovii*** A.E.Kozhevn
*B. maritimus* (L.) Palla ; *Scripus maritimus* L.

国内 北海道，本州，四国，九州，沖縄　国外 ユーラシア大陸に広く分布

カヤツリグサ科 Cyperaceae ウキヤガラ属 *Bolboschoenus* Palla

秋田県能代市（2011.6.23）

開花中の株（茨城県霞ヶ浦，2004.7.22）

散柄があまり伸びない状態の花序
（兵庫県豊岡市，2006.6.10）

　海岸に近い湖沼，河川の河口部干潟，水田などに生育する多年生の抽水〜湿生植物。干拓地では水田雑草になっている所がある。地下茎の節に桿が単生。桿の断面は三角形で高さは20〜100 cm。葉は桿の下部に2〜5枚あり，葉身の長さ15〜50 cm，幅2〜5 mm。花期は5〜9月。花序は頂生するが，苞が立ち上がり側生状に見える。花序は柄が伸びず密集して，着生する数個の小穂と1〜3本の散柄の先につく1〜2個の小穂からなる（散柄が伸びない場合も多い）。小穂は卵楕円形，長さ8〜15（〜25）mm，幅4〜5 mm。苞は1〜3個で少なくとも1つは花序よりはるかに長く剣状である。柱頭は2岐，果実の断面はレンズ状。

# イセウキヤガラ

***Bolboschoenus planiculmis*** (F.Schmidt) T.V.Egorova
*Scirpus iseensis* T.Koyama et T.Shimizu

国内 北海道，本州，四国，九州　国外 東アジア，ヨーロッパ

カヤツリグサ科 Cyperaceae ウキヤガラ属 *Bolboschoenus* Palla

吉野川の感潮域に成立する群落（徳島県つるぎ町，1997.8.3）

沿海の湖沼や河川の河口域に稀に生育する多年生の抽水〜湿生植物。全高25〜80 cm。コウキヤガラに似るが，桿が鋭三稜形であること，葉身の横断面が三角形であること，花序は苞が立つため側生状となること，小穂は1〜2（〜6）個であることなどが特徴である。木曽三川の河口付近で発見され日本固有種 *Scirpus iseensis* T. Koyama et T. Shimizu として発表されたが，その後，各地で生育が確認された。

　環境省のレッドリストには掲載されていないが，沿海部の開発により各地で減少が著しい。

地下茎が伸びて新しい桿が立つ（徳島県つるぎ町，1997.8.3）

雄期の花序（徳島県つるぎ町，1997.8.3）

*171*

# カサスゲ　*Carex dispalata* Boott

国内 北海道，本州，四国，九州　国外 極東アジア

兵庫県多可町（2013.5.5）

カヤツリグサ科 Cyperaceae スゲ属 Carex L.

花序（兵庫県三田市，2009.4.29） 　　果胞が成熟した雌性花序 　　カサスゲ（左）とキンキカサスゲ（右）

　湖沼やため池，河川，水路，湿原などに比較的普通に生育する多年生の抽水～湿生植物。径5mm前後の横走する地下茎で広がり，ときに大きな群落をなす。葉と花序が株となって伸び，全高40～110cm。基部の鞘は赤紫色を帯びる。葉は幅4～11mm，長さ30～85cm，鋭頭でやや堅い。花期は3～6月。上部に1（～2）本，長さ3～10cmの雄性花序，3～5個の側小穂が雌性で長さ3～10cm。ときに先端が雄花，下部が雌花の移行形が存在する。雄性先熟で雄花が終わってしばらくしてから雌しべが伸びる。果胞は長さ3～4mm。
　菅笠の材料として栽培されることもある。近畿地方以西の山間の細流や湿地に生育する**キンキカサスゲ *C. persisitens* Ohwi** はよく似ているが，果実期にも柱頭が宿存するので識別できる。

# オオカサスゲ　*Carex rhynchophysa* C.A.Mey.

**国内** 北海道，本州（中部以北）　**国外** 極東アジア，シベリア

北海道猿払村（2011.7.31）

カヤツリグサ科 Cyperaceae スゲ属 *Carex* L.

花序（北海道鹿追町，2010.7.14）

果胞が成熟した雌性小穂（北海道鹿追町，2010.7.14）

寒冷地の湖沼や河川，水路，湿原などに生育する多年生の抽水〜湿生植物。地下茎が横走して増え，全高は60〜120 cmとスゲ属では最も大形の種の1つ。基部の鞘は赤褐色。葉はやや堅く，幅10〜15 mm，ざらつく。花期は6〜8月。花序の上方に長さ5〜7 cmの雄性小穂が1〜4個やや接近してつく。下方の雌性小穂は2〜5個，長さ5〜10 cm，花期には斜めに立ち上がるが，果実期には湾曲して垂れる。果胞は卵形，長さ5〜6 mm。

# ツルスゲ　*Carex pseudocuraica* F.Schmidt

国内 北海道，本州（東北地方，新潟県，滋賀県）　国外 東北アジア

カヤツリグサ科 Cyperaceae　スゲ属 *Carex* L.

北海道標茶町（2011.6.19）

茎が倒伏して水面へ（北海道厚岸町，2001.8.3）

湖沼や水路に生育する多年生の抽水植物。茎が倒伏して水面を匍匐し，浮島状の大きな群落をなすこともある。高さは 20〜100 cm。葉は柔らかく，幅 3〜7 mm。花期は 6〜7 月。花茎が葉群の中に立ち上がるが，あまり目立たない。花序は長さ 1.5 cm で，無柄の小花をやや密につける。小穂の上方は雄花，下方は雌花となる。果胞は長さ 4〜4.5 mm，形には写真のような変異があり，上部の縁に細鋸歯がある。

開花中の群落（北海道標茶町，2011.6.19）　花序（北海道標茶町，2003.6.21）　果胞。上部の縁に細鋸歯

# アゼスゲ　*Carex thunbergii* Steud. var. *thunbergii*

国内 北海道，本州，四国，九州　国外 千島列島，サハリン

兵庫県加東市（2005.5.5）

水辺の群落（兵庫県加東市，2002.3.19）

花序の拡大。雌花の鱗片が赤褐色（兵庫県加東市，2005.5.5）

カヤツリグサ科 Cyperaceae スゲ属 *Carex* L.

　湖沼やため池，河川，水路の水際や水田の畔など，水辺や湿地に広く生育する多年生の抽水〜湿生植物。横走する地下茎を伸ばし群落を広げる。草高20〜60 cm，葉は幅1.5〜4 mm，緑白色で柔らかく，やや内側に巻く。花期は3〜6月。上部の1〜2個の小穂が雄性で長さ3〜5 cm，下部の2〜4個が雌性で長さ1.5〜5 cm。雌花の鱗片が濃赤褐色であることが特徴。山地の湿地に生育する**オオアゼスゲ var. *appendiculata* (Trautv.) Ohwi** は，密に叢生して谷地坊主を作る特徴がある。関東地方以北の湿地に生育する**ヌマアゼスゲ** *C. cinerascens* Kük.（絶滅危惧II類）は基部の鞘の葉身の縁が外曲する。

175

# ヤラメスゲ　　*Carex lyngbyei* Hornem.

国内 北海道，本州（東北地方，北陸地方）　国外 東北アジア〜北アメリカ北部

北海道浜中町（2011.6.18）

カヤツリグサ科 Cyperaceae スゲ属 Carex L.

花序（北海道浜中町，2011.6.18）

成熟して垂れ下がる雌性小穂（北海道大樹町，2011.7.13）

湖沼や河川の水際，湿原などに生育する多年生の抽水〜湿生植物。太い地下茎を伸ばして大きな株となる。高さ30〜110 cm。葉の幅は3〜15 mmと変異が大きく，裏面は粉白色。花期5〜7月。小穂全体が紫褐色を帯びることが特徴的で，上部の1〜3個は雄性で長さ0.5〜2 cmの柄があり，穂は長さ2〜6 cm。雌の穂は3〜6個，3〜8 cmの細い柄があり下に垂れる。

北日本の水辺に群生する背の高いスゲ属植物で葉が緑白色なのは，本種かツルスゲのいずれかである。

176

# ツクシオオガヤツリ　*Cyperus ohwii* Kük.

RL 絶滅危惧IB類　国内 本州（関東地方），九州　国外 東南アジア，インド

福岡市（2006.8.27）

開花中の群落（福岡市，2010.7.24）

花序（福岡市，2010.7.24）

カヤツリグサ科 Cyperaceae カヤツリグサ属 Cyperus L.

　池沼や湿地に稀に生育する多年生の大形抽水植物。高さは1〜1.5m。根茎は太短く，匍匐茎とはならないために茎は叢生する。葉の基部は鞘となり茎を包むが，上部は幅10〜15mmの葉身が伸びる。やや堅く，縁はざらつく。花期は7〜9月。花序は長さ10〜25cmで3〜5枚の葉状の総苞片の付け根から展開する。花穂は円柱形で，密に多数の小穂をつける。小穂は長さ4〜6mm，はじめ淡黄色で結実が進むにつれ褐色となる。果実は狭卵形。

　福岡城の壕（現在の大濠公園）で1906年に発見され，新種記載の基準産地となったが，その後，点々と産地が見つかっている。

# シュロガヤツリ
*Cyperus alternifolius* L. subsp. *flabelliformis* Kük.
*C. alternifolius* L. var. *obtusangulus* T.Koyama

国内 本州，四国，九州，沖縄　国外 アフリカ（マダガスカル）原産

徳島県吉野川市（2013.7.25）

カヤツリグサ科 Cyperaceae カヤツリグサ属 Cyperus L.

花序（兵庫県南あわじ市，2013.7.25） 　　花序から伸びる無性芽（徳島県吉野川市，2013.7.25） 　　カミガヤツリ（パピルス）（神戸市花鳥園栽培）

　池沼や河川，湿地などに生育する多年生の抽水植物。観賞用の栽培植物として導入されたが，野生化してときに大きな群落を形成する。高さ1〜2 m，葉は鞘状に退化し，茎の基部に残る。茎は丸みのある三角状。花期は5〜9月。苞は葉状で長さ12〜18 cm，幅3〜12 mmで，茎の頂端に傘状に互生，径25〜35 cmになる。花序は苞の基部から伸びる5〜13 cmの柄の先につく。小穂は数個で長さ5〜10 mm，扁平。苞の基部から，しばしば無性芽が伸長して，花茎が倒伏すると新しい個体になる。
　同じ園芸植物としアフリカから導入されている**カミガヤツリ（パピルス *C. papyrus* L.）**は苞が葉状にならない。

# クログワイ　*Eleocharis kuroguwai* Ohwi

国内 本州，四国，九州，沖縄　国外 朝鮮半島

カヤツリグサ科 Cyperaceae　ハリイ属 *Eleocharis* R. Br.

兵庫県たつの市（2012.9.27）

開花（兵庫県たつの市，2012.9.27）

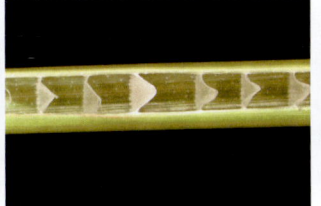

桿の隔膜

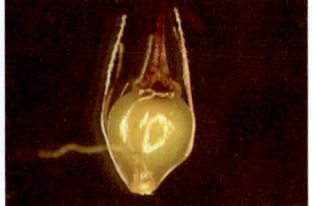

果実

鱗片は鈍頭

湖沼やため池，水路，水田などに生育する多年生の抽水植物。特に水田では強害草とされる。地下茎が横走し節から数本〜約30本の桿が叢生。葉は退化して基部に赤紫色を帯びた鞘として残る。成長初期には桿とは別に径約0.5 mm，長さ5〜25 cmの針状で柔らかい葉が根生する。桿は径1.5〜4 mm，高さ25〜90（〜150）cm，円筒形で暗緑色，中空で，中は多数の隔膜で仕切られ，指で押すと容易に潰れる。花期は7〜10月。桿の先端に円柱形の穂がつく。小穂は長さ1.5〜4 cm，幅3〜5 mmで桿の直径とほぼ同じ。花は雌性先熟。鱗片は狭長楕円形で長さ6〜8 mm，鈍頭でやや疎につく。果実は倒卵形で本体の長さ2 mm前後，花柱が残り，その基部が盤状構造をなす。晩夏〜秋になると地下茎の先端に直径約1 cm，赤黒〜黒色の塊茎を形成して越冬する。ため池と水田で生態型の分化が起こっている（小林，1981）。

# イヌクログワイ（シログワイ）
*Eleocharis dulcis* (Burm.f.) Trin. ex Hensch. var. *dulcis*

国内 本州，四国，九州，沖縄　国外 中国，東南アジア，インド

カヤツリグサ科 Cyperaceae　ハリイ属 *Eleocharis* R. Br.

地下茎の先端に塊茎がつく

シナクログワイの塊茎

　ため池や水路，水田などに生育する多年生の抽水植物。クログワイに似るが，やや大形となる傾向があり，桿は径 4～6 mm，高さ 40～100 cm。小穂は長さ 2～4 cm，鱗片は帯白色で密につき，楕円形で先が尖らず円みがあることでクログワイから識別できる。果実の花柱基部は盤状とならない。冬には地下茎の先端に赤みがかった細長い塊茎を少数形成するが，成長を休止するだけの芽もあり，植物体は完全には枯れない（坂尻・角野，2003）。
　中国料理の食材となる**シナクログワイ（オオクログワイ）** var. *tuberosa* (Roem. et Schult.) T. Koyama が栽培される。塊茎の直径は 2～3.5 cm になる。

花序（標本）。鱗片は尖らずに円みがある

# ヌマハリイ（オオヌマハリイ）
***Eleocharis mamillata* Lindb.f.**

国内 北海道，本州，四国，九州　国外 ユーラシア大陸の温帯域

北海道根室市（2010.7.10）

穂（北海道根室市，2010.7.10） 　　　　伸びる地下茎（北海道根室市，2010.7.10）

カヤツリグサ科 Cyperaceae ハリイ属 *Eleocharis* R. Br.

　湖沼や河川などの浅水域に生育する多年生の抽水植物。北日本では比較的普通だが西日本ではやや稀である。地下茎が横走し節から稈が叢生する。稈は高さ30〜80 cm，径2〜5 mm，円柱形で柔らかく，明るい緑色で中実（スポンジ状）。花期は5〜10月。穂は稈の先端につき，長さ1〜2 cm，幅3〜6 mm，卵形〜披針形で先端は鈍頭または細くなってやや尖る。穂が稈より幅広いのでクログワイから識別できる。鱗片は濃褐色，広披針形〜狭卵形で長さ4〜5 mm，先端は鈍頭またはやや尖る。果実の刺針は5〜6本。

　**クロヌマハリイ *E. intersita* Zinserl.**（= *E. palustris* (Roem. et Schult.) subsp. *intersita* (Zinserl.) T. Koyama）は北海道と本州（東北）に分布。稈は細く，径1.5〜3 mm，手触りは堅い。花期は7〜10月。穂は卵形〜広披針形で長さ7〜15 mm，黒味を帯びる。果実の刺針は4本とヌマハリイより少ない。

# コツブヌマハリイ　*Eleocharis parvinux* Ohwi

| RL | 絶滅危惧Ⅱ類 | 国内 | 本州（宮城県～岐阜県） | 国外 | 日本固有 |

カヤツリグサ科 Cyperaceae ハリイ属 *Eleocharis* R. Br.

静岡市（2007.4.28）

開花中の穂
（静岡市，2007.4.28）

開花中のスジヌマハリイ
（2012.9.11）

スジヌマハリイの桿。筋状に隆起

　湖沼や河川の浅水域や湿地に生育する多年生の抽水～湿生植物。地下茎が匍匐し，2～8 cm間隔で数本の桿からなる株が立ち上がる。高さ30～60 cm，桿は柔らかく，径1.2～2 mm，基部は赤褐色。花期は4～10月，桿の先端に披針形で，長さ1～1.5 cm，先がやや尖った小穂をつける。果実は広卵形，長さ1～1.2 mm。湿地の遷移の進行等で減少が著しい。
　本州，四国，九州に分布する**スジヌマハリイ** *E. equisetiformis* B.Fedtsch.（= *E. valleculosa* Ohwi）（絶滅危惧Ⅱ類）は桿に隆起があるので，平滑なコツブヌマハリイからは容易に識別できる。

# マツバイ
*Eleocharis acicularis* (L.) Roem. et Schult. var. *longiseta* Svenson

国内 北海道, 本州, 四国, 九州, 沖縄　国外 東アジア

開花中の群落（兵庫県姫路市, 2012.9.27）

沈水形の群落（岡山市, 2010.9.18）

生育形

カヤツリグサ科 Cyperaceae　ハリイ属 *Eleocharis* R. Br.

　湖沼やため池, 水路, 水田などの水中や水辺の湿地に生育する小形で一年生の抽水〜湿生植物。湧水では完全な沈水状態で生育する。細い地下茎を伸ばし, 節に数本の桿が叢生する。基部の鞘は帯赤色。桿は細く毛管状で径約 0.3 mm, 高さ 2〜8（〜15）cm。花期は 6〜9 月。抽水〜湿生状態で開花が見られ, 穂は桿に頂生, 長楕円状披針形で長さ 2〜4 mm。果実は倒卵形, 長さ約 1 mm, 刺針は 3〜4 本で果実より長い。

　水中にある状態ではハリイ類とまぎらわしいが, ハリイ類は地下茎を欠き各個体が株をなしているのに対し, マツバイは地下茎でつながっているので引き抜けばすぐにわかる。

　**チシママツバイ var. *acicularis*** は北半球に広く分布し, 果実の刺針が 1〜3 本, 果実より短いか退化している。北海道と四国から採集記録がある。

# チャボイ
*Eleocharis parvula* (Roem. et Schult.) Link ex Bluff, Nees et Schauer

RL 絶滅危惧Ⅱ類　国内 本州，四国，九州　国外 ユーラシア，アフリカ北部，北米

カヤツリグサ科 Cyperaceae　ハリイ属 *Eleocharis* R. Br.

鳥取県米子市（2005.8.21）

　海岸に近い湖沼や河川，湿地などに生育する小形で多年生の抽水〜湿生植物。細い地下茎が匍匐し，各節に稈が叢生する。高さ3〜5cm。基部の鞘は赤みを帯びない。花期は6〜9月。稈の先端に長さ2〜3mm，緑白色，狭卵形の小穂をつける。果実は倒卵形，長さ約1mm，刺針は果実とほぼ同長。秋になると地下茎の先に小さな塊茎を形成する。

　もともと分布する地域が限られるうえに，目立たない植物なので海岸沿いの湿地開発で気づかないうちに消滅する例が多い。

開花中の穂（鳥取県米子市，2005.8.21）

塊茎

# ハリイ
*Eleocharis congesta* D.Don var. *japonica* (Miq.) T.Koyama
*E. pellucida* J. et C.Presl

国内 北海道, 本州, 四国, 九州, 沖縄　国外 朝鮮, 中国, 東南アジア, インド

カヤツリグサ科 Cyperaceae ハリイ属 *Eleocharis* R. Br.

開花中の株（静岡県菊川市, 2012.10.6）

ハリイの群生する休耕田（静岡県菊川市, 2012.10.6）

穂（静岡県菊川市, 2012.10.6）

果実

　湖沼やため池, 水田などに生育する一年生または多年生の抽水〜湿生植物。地下茎は発達せず, 稈が叢生して株をなす。稈は糸状で細長く, 径0.1〜1 mm, 長さ6〜20 cm。花期は6〜10月。穂は卵形で長さ3〜6 mm, 先は鈍頭またはやや尖る。鱗片は1〜2 mm, 一部赤紫色になる。果実は0.7〜0.8 mm, 緑色〜緑褐色, 棘針は6本, 果体の1.3〜1.5倍。稀に穂から無性芽が出芽する（偽胎生）。小穂が長披針形になる**ヤリハリイ var. *subvivipara* (Böck.) T.Koyama**は, 穂の基部から無性芽が伸びる。結実率が低いことから, ハリイとシカクイとの雑種との見解もある。

# オオハリイ
*Eleocharis congesta* D.Don var. *congesta* f. *dolichochaeta* T.Koyama

国内 北海道，本州，四国，九州，沖縄　国外 中国，東南アジア，インド

カヤツリグサ科 Cyperaceae　ハリイ属 *Eleocharis* R. Br.

神戸市北区（2011.8.27）

横たわる桿と無性芽（兵庫県小野市，2007.9.8）

沈水状態で無性芽を伸ばす（兵庫県加東市，2011.8.27）

　湖沼やため池，水田などに生育する一年生または多年生の抽水〜湿生植物。ハリイよりも深い水域に生育することが多く，ときに完全な沈水形になる。高さ 12〜35 cm，沈水形では〜60 cm。花期は 6〜10 月，小穂は狭卵形で長さ 5〜10 mm，鱗片は長さ 1.5〜2.5 mm で周縁部が褐色。果実は 1〜1.2 mm で淡黄緑色，棘針は 6 本，果体の約 2 倍。しばしば穂の基部から無性芽が出る。水面や地面に倒伏した桿から多数の無性芽が伸びる状態が観察される。

　穂や果実の長さに関してはハリイとオオハリイの中間形があり，変異の実態を再検討したうえでの分類学的・生態学的研究が求められる。

果実

# エゾハリイ
***Eleocharis congesta* D.Don var. *thermalis* (Hultén) T.Koyama**
*E. maximowiczii* Zinserl.

国内 北海道，本州，四国，九州　国外 極東アジア，中国東北部

兵庫県加西市（2012.10.14）

カヤツリグサ科 Cyperaceae ハリイ属 *Eleocharis* R. Br.

花がややまばらな穂が特徴　株の基部は赤く色づかない　オリーブ色の果実

　湖沼やため池縁辺の湿地などに生育する一年生または多年生の湿生植物。初夏頃までは水中に生育していることがあるが，ハリイ類では最も小形で，水域よりも湿地を好む。高さ5～15 cm，基部がやや赤みがかることもあるが緑色のことが多い。花期は7～10月。小穂は披針形～狭卵形，濃い赤褐色の鱗片と花がまばらにつくことが特徴。果実はオリーブ色で，刺針は果体と同長またはやや長い。穂からの出芽は稀。「エゾ」と名付けられているが，全国に分布する。

187

# ミスミイ　*Eleocharis acutangula* (Roxb.) Schult.
*E. fistulosa* (Poir.) Link ex Sprengel

RL 絶滅危惧IB類　国内 本州（関東以西），四国，九州，沖縄　国外 アジア，オーストラリア，熱帯アメリカ

カヤツリグサ科 Cyperaceae　ハリイ属 *Eleocharis* R. Br.

兵庫県加東市（2002.8.8）

池沼や休耕田に稀に生育する多年生の抽水植物。地下茎が横走し節から稈が叢生する。稈は高さ40〜80 cm，幅2.5〜4 mm，鋭い三稜形で中実。花期は7〜10月。穂は稈の先端につき，円柱形で長さ1.5〜3 cm，幅3〜4 mm，先は尖る。鱗片は広卵形で長さ4〜5 mm。果実は多数の縦条が顕著で，細胞が規則正しく並び格子状を呈する。また残存する花柱が三角形をしている。根には根粒状の塊（dauciform roots）ができることも特徴。

稈の断面が三角形をしたカヤツリグサ科植物は，他にカンガレイやサンカクイなどがあるが，穂が先端につくのは本種だけなので間違うことはない。もともと稀な種だが，ため池の埋め立てや改修，休耕田の植生遷移の進行により減少が著しい。

三稜が鋭い稈と穂（兵庫県加西市，1995.10.8）

根粒状の塊（兵庫県加西市，1995.12.17）

# ビャッコイ（ウキイ）　*Isolepis crassiuscula* Hook.f.
*Scirpus pseudo-fluitans* Makino

**RL** 絶滅危惧 IA 類　**国内** 本州（福島県，栃木県？）　**国外** オセアニア

湧水中の群落（福島県金山町，2006.9.4）

シュートの形状（福島県金山町，2006.9.4）

穂（標本）

カヤツリグサ科 Cyperaceae ビャッコイ属 *Isolepis* R. Br.

　湧水池に生育する多年生の沈水〜抽水植物。茎は匍匐し節から稈が束生または単生する。稈は長さ 10〜30 cm，多数の葉が互生する。葉の基部は長さ 1〜2.5 cm の葉鞘となり，葉身は細い線形で長さ 4〜12 cm，幅 1〜2 mm，やや鋭頭。花期は 7〜10 月。稈の先に 1 個の小穂がつく。小穂は長楕円形で長さ 5〜8 mm，幅 2〜4 mm，苞はない。果実は狭倒卵形で長さ約 1.5 mm，刺針はない。
　かつては数か所に見られたというが，現在は産地が減少し，残存する自生地でも生育環境の悪化が懸念されている。

# ネビキグサ（アンペライ）
*Machaerina rubiginosa* (Sol. ex G.Forst.) T.Koyama

国内 本州（関東以西），四国，九州，沖縄　国外 インド，セイロン，インドネシア，オーストラリア

カヤツリグサ科 Cyperaceae　ネビキグサ属 *Machaerina* Vahl

兵庫県明石市（2011.8.28）

　湖沼やため池，湿地などに生育する多年生の抽水〜湿生植物。長い地下茎が匍匐する。地下茎は多数の鱗片に被われる。桿は直立し，高さ60〜120 cm，断面は偏平な円柱形で径3〜8 mm，堅い。桿とは別に数枚の葉が根生するが，先端が鋭頭であること以外は桿と酷似し，一見，複数の桿が株をなしているように見える。花期は6〜9月。桿の上部に3〜6個の分花序がつく。それぞれの花序は密集した数個の小穂からなり，長さ1〜1.5 cm。小穂は楕円形で長さ5〜6 mm，赤褐色を呈する。果実は倒楕円形で長さ3 mm，柱基に毛がある。

開花中の花序（兵庫県明石市，1995.6.11）　桿の断面

# ヒメホタルイ

*Schoenoplectus lineolatus* (Franch. et Sav.) T. Koyama
*Scirpus lineolatus* Franch. et Sav.

国内 北海道，本州，四国，九州，沖縄　国外 台湾

カヤツリグサ科 Cyperaceae　ホタルイ属（狭義）Schoenoplectus Palla

兵庫県小野市（2005.9.4）

流水中の沈水形（青森県十和田市，2011.9.11）

花序（兵庫県小野市）

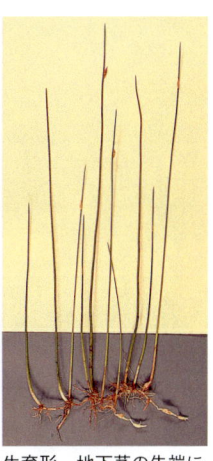

生育形。地下茎の先端に越冬芽を形成

　湖沼やため池，河川，水田などに生育する多年生の抽水〜沈水植物。渇水期に干上がる丘陵地〜山間のため池には普通に見られる。地下茎が横走し，節から稈が1本ずつ立つ。稈は円柱形で高さ7〜25（〜45）cm，径0.8〜1.5 mm。沈水形の稈は特に太短く（径2 mm前後で長さは10 cmまで）柔らかい。花期は6〜10月。水位が低下して水面上に伸びるか干出すると開花する。小穂は1個で，稈の上部に側生状に上を向いてつく。小穂は無柄，長楕円形で長さ4〜11 mm，幅2〜3 mm，先は尖る。秋には地下茎の先端に紡錘形の殖芽を形成して越冬する。

*191*

# ホタルイ *Schoenoplectus hotarui* (Ohwi) Holub
*Scirpus juncoides* Roxb. var. *hotarui* (Ohwi) Ohwi

国内 北海道，本州，四国，九州，沖縄　国外 朝鮮，中国

カヤツリグサ科 Cyperaceae　ホタルイ属（狭義）Schoenoplectus Palla

兵庫県豊岡市（1998.6.28）

果実。柱頭は3岐

花序（神戸市西区，2011.8.28）

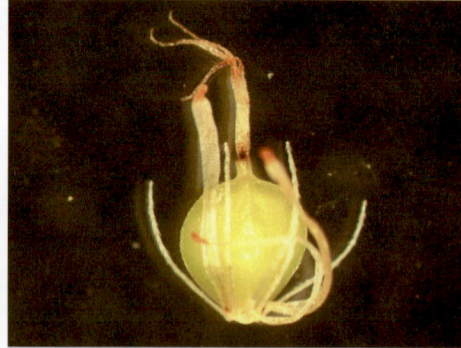

　山間〜丘陵地のため池，水田，湿地などに生育する多年生の抽水植物。桿は径1〜2mmの細い円柱形で叢生して株になる。桿の表面は平滑（乾燥するとややしわになる），高さ15〜60cm。花期は7〜10月。花序は側生状で1〜4個の小穂が頭状につく。小穂は長楕円形で長さ5〜10mm，幅4〜6mm，先はあまり尖らない。雌しべの柱頭は3岐。果実の断面は三角状。刺針は6本，果実と同長か少し長い。

# イヌホタルイ　*Schoenoplectus juncoides* (Roxb.) Palla

**国内** 北海道，本州，四国，九州，沖縄　**国外** 東アジア，インド

カヤツリグサ科 Cyperaceae ホタルイ属（狭義）*Schoenoplectus* Palla

兵庫県加東市（2011.9.25）

ため池（主に平地）や河川の水辺，水田，湿地などに生育する多年生の抽水植物。ホタルイによく似るが，より大形で株も大きくなる。稈は高さ30〜70 cm，径1.5〜3 mm。花序は2〜9個の小穂が頭状につく。小穂の長さ9〜15 mm，幅4〜6 mm，ホタルイの小穂に比べ細長く，尖る傾向がある。雌しべの柱頭は2岐が多いが3岐のものが混じる。果実は両側にやや凸状となる。刺針は6本，果実よりやや短い。

　耕作中の水田に生育するのはホタルイではなく，ほとんどイヌホタルイである。イヌホタルイには除草剤抵抗性があることによる。

花序（兵庫県加東市，2011.9.25）

果実。柱頭は2岐

# ミヤマホタルイ　*Schoenoplectus hondoensis* (Ohwi) Soják

**国内** 日本固有種。北海道，本州（東北・北陸地方）

カヤツリグサ科 Cyperaceae　ホタルイ属（狭義）*Schoenoplectus* Palla

湿原池塘のミヤマホタルイ（富山県立山町，1992.8.8）

ミチノクホタルイ（山形県鶴岡市，2009.8.23）

ミチノクホタルイの花序（山形県鶴岡市，2009.8.23）

　山地の湖沼や湿原の池塘に生育する多年生の抽水植物。地下茎が匍匐し，稈がややまばらに叢生して株をなす。稈は濃い緑色で高さ 15～40 cm。花期は 7～9 月。花序は 2～4 個の小穂が頭状に仮側生。小穂は卵形で長さ 4～8 mm。苞（花序より先の稈状の部分）はほぼ直立する。果実は広倒卵形で長さ 1.5～1.8 mm。刺針は 6 本で果実より長い。

　ミヤマホタルによく似るが，苞が反り返る**ミチノクホタルイ** *S. orthorhizomatus* (Kats. Arai et Miyam.) Hayas. et H. Ohashi は，地下茎が直立するという特徴から新種として記載された（Arai and Miyamoto, 1997）。北海道と東北～中部地方の湖沼や湿地に生育する。稈は明るい緑色。

# カンガレイ *Schoenoplectus triangulatus* (Roxb.) Soják
*S. mucronatus* (L.) Palla subsp. *robustus* (Miq.) T. Koyama

国内 北海道（南部），本州，四国，九州，沖縄　国外 中国，インド，マレーシア

神戸市北区（2009.7.25）

稈は叢生して株となる（山形県鶴岡市，2009.8.22）

花序（静岡市，2008.9.27）　　稈の断面は鋭三角形

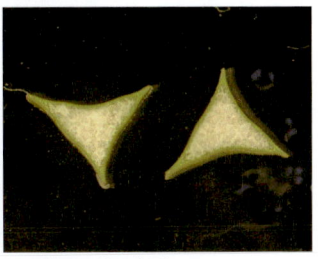

カヤツリグサ科 Cyperaceae　ホタルイ属（狭義）*Schoenoplectus* Palla

湖沼やため池，河川，水路，水田などに生育する多年生の抽水〜湿生植物。稈は叢生して大きな株になる。稈は長さ50〜130 cm，幅4〜8 mm，断面は鋭三角形。基部は鞘に包まれるが葉身は退化。花期は6〜10月。柄を欠く2〜10数個の小穂が側生状につく。小穂は長楕円形で長さ8〜25 mm，幅4〜6 mm，先はやや尖る。雌しべの柱頭は3岐。苞は長さ4〜10 cm，稈に続いて直立またはやや後ろに反る。果実は長さ2〜2.5 mm，刺針は果実より明らかに長い。

**ツクシカンガレイ** *S. multisetus* Hayas. et C. Sato は，カンガレイに酷似するが，地下茎が伸長し，稈が単生する。本種に最初に注目したのは筒井（1983）であるが，Hayasaka and Sato（2004）によって新種記載された。本州，四国，九州，沖縄の各地に生育する。

# ハタベカンガレイ
## *Schoenoplectus gemmifer* C.Sato, T.Maeda et Uchino

RL 絶滅危惧Ⅱ類　国内 本州（関東以西），四国，九州　国外 朝鮮

カヤツリグサ科 Cyperaceae　ホタルイ属（狭義）Schoenoplectus Palla

抽水形（広島県安芸高田市，2011.9.2）

流水中の沈水形（宮崎県北川町，2000.7.31）

柱頭は2岐　　無性芽

湧水のある河川や水路，山からの湧水が入るため池などに生育する多年生の沈水または抽水植物。流水では流れになびくような沈水形をとる。多数の稈が束生し，稈の断面は三角形，長さ40～100 cm。花期は7～10月。花序は無柄の小穂が多数ついて頭花が仮側生する。柱頭が2岐（稀に3岐）であることでカンガレイから識別できる。水中では，小穂のつく部位（苞の基部）にしばしば無性芽が形成されることも特徴。常緑性とされるが，これは湧水環境と結びついたものであろう。Sato *et al.*（2004）によって新種記載された。

# タタラカンガレイ　*Schoenoplectus mucronatus* (L.) Palla var. *tataranus* (Honda) K.Kohno, Iokawa et Daigobo

国内 本州（東北・関東地方）　国外 朝鮮半島南部

花序（群馬県板倉町，2011.8.21）

開花中の株（群馬県板倉町，2011.8.21）

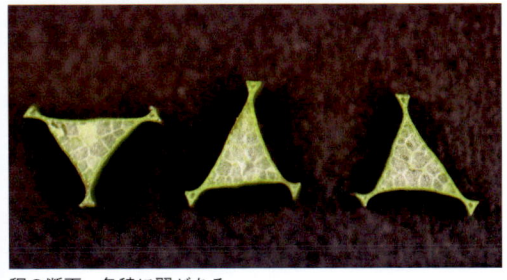

稈の断面。各稜に翼がある

カヤツリグサ科 Cyperaceae　ホタルイ属（狭義）*Schoenoplectus* Palla

　池沼や休耕田，湿地などに生育する多年生の抽水〜湿生植物。高さ30〜50 cm。稈は叢生して，やや小ぶりなカンガレイという印象だが，稈に幅約1 mmに達する顕著な翼があることで識別できる。花序は5〜10個の小穂が頭花状にあつまる。小穂は長卵形で，長さ6〜10 mm。刺針は果実より長い。
　稈の翼がさらに顕著でで，6本の稜があるように見える**ロッカクイ** var. *ishizawae* K.Kohno, Iokawa et Daigobo は，刺針が果実と同長かやや短い。本州と九州から記録がある（Kohno *et al.*, 2001）。なお，基本変種の**ヒメカンガレイ** var. *mucronatus* は，稈には翼がない。カンガレイよりやや小形で，花序あたりの小穂は1〜10個（5個以下の場合が多い）と少なく，刺針は果実とほぼ同長で，下向きにざらつく突起がある。水中に生育することはほとんどなく，湿地の植物と言えよう。刺針の突起が上向きのものは，**イヌヒメカンガレイ** var. *antrosispinulosus* Iokawa, K.Kohno et Daigobo として区別される。

# サンカクイ　*Schoenoplectus triqueter* (L.) Palla
*Scirpus triqueter* L.

国内 北海道，本州，四国，九州，沖縄　国外 ユーラシア大陸全域

カヤツリグサ科 Cyperaceae　ホタルイ属（狭義）Schoenoplectus Palla

兵庫県豊岡市（2009.9.5）

地下茎が伸び稈は単生する（兵庫県三田市，2009.7.12）

花序。小穂に柄がある（兵庫県豊岡市，2009.9.5）

　湖沼やため池，河川，水路などの砂地や水田（特に休耕田）に生育する多年生の抽水植物。地下茎を伸ばして稈は1本ずつ立ち，株にならない。稈は高さ 50～130 cm，幅 3～9 mm，断面は稜が鈍頭で，辺が外側にふくらんだ三角形（ただし，標本にすると稜は鋭角になる）。基部の葉鞘の先端に長さ 2～10 cm の葉身が残る。花期は 7～10 月。稈の上部から側生状に長さ 0.5～4 cm の散柄が 2～6 本伸び，それぞれの柄に 1～3 個の小穂がつく。小穂は長楕円状卵形で長さ 7～15 mm，幅 4～7 mm。苞は稈状で長さ 2～5 cm。

　カンガレイに似るが，稈が株にならず単生すること，稈の断面がふくらんだ三角形であること，花序の柄が伸びることなどで識別できる。

# フトイ　*Schoenoplectus tabernaemontani* (C.C.Gmel.) Palla

**国内** 北海道，本州，四国，九州，沖縄　**国外** アジア東部，インド，南ヨーロッパ

カヤツリグサ科 Cyperaceae　ホタルイ属（狭義）*Schoenoplectus* Palla

北海道標茶町（2002.8.29）

花序（北海道網走市，2011.8.1）　　柱頭は2岐

　湖沼やため池，河川などに生育する大形の多年生抽水植物。北日本の湖沼では普通だが，西南日本ではやや稀。地下茎が横走し，節から太い円柱形の桿が単生するが，節間があまり伸びないために桿が近接し，大きな株状に広がる。桿は径0.5〜1.5 cm，高さは0.8〜2.5 m。基部は葉鞘に包まれ，葉は退化して葉身は痕跡的。花期は6〜9月。花序は桿の先端近くから多数の散柄が伸びて小穂が垂れる。小穂は長楕円形で長さ6〜15 mm，幅3〜4 mm。苞は長さ1〜4 cmで花序の柄より短かく目立たない。雌花の柱頭は2岐。

　桿に白〜黄色の横縞が入るものをシマフトイ forma *zebrinus* Makino，縦に白線の入るものをタテジマフトイ forma *picta* (Honda) Ohwi と呼び，観賞用や花材として栽培される。

*199*

# オオフトイ *Schoenoplectus lacustris* (L.) Palla

**国内** 本州，四国，九州，沖縄？　**国外** アジア東部，アフリカ，オーストラリア，北・中米

カヤツリグサ科 Cyperaceae ホタルイ属（狭義）*Schoenoplectus* Palla

兵庫県加東市（2009.6.22）

花序（滋賀県彦根市，2009.6.7）

地下茎（滋賀県彦根市，2009.6.7）

柱頭は3岐

湖沼やため池，河川などに生育する大形の多年生抽水植物。地下茎が横走し，節から太い稈を伸ばす。高さは 0.8〜2.6 m。フトイと酷似した形態で，識別のポイントは雌しべの柱頭が3岐することである。ただし同一花序に柱頭が2岐の花も混在する（松岡，2014）。柱頭の先端の分岐数のみで同定を行うと，西南日本の「フトイ」は，琵琶湖の集団も含めて，多くがオオフトイとなる。フトイ類の種内変異とその分類学的取り扱いは今後の研究課題であり，ここでは，暫定的に両種を識別した。

　沖縄に分布する **イヌフトイ** ***S. littoralis*** **(Schrad.) Palla subsp.** ***subulatus*** **(Vahl) Soják;** *S. subulatus* (Vahl) Lye（絶滅危惧 II 類）は，果実の刺針がやや幅広く「羽毛状」となる。

# シズイ（テガヌマイ）
*Schoenoplectus nipponicus* (Makino) Soják

**国内** 北海道，本州，四国，九州　**国外** ウスリー地方，中国（?）

カヤツリグサ科 Cyperaceae　ホタルイ属（狭義）*Schoenoplectus* Palla

シズイの生育する池。水面はジュンサイほか（兵庫県加東市，2007.9.8）

花序（広島県東広島市，1988.7.30）

広島県東広島市（1998.7.30）

貧栄養の湖沼やため池の浅水域，水路などに生育するやや稀な多年生の抽水植物。流水中では沈水状態でも生育する。細い地下茎があり，節から稈が直立する。稈は緑白色，断面は三角形で高さ40〜70 cm，幅2〜5 mm。稈とは別に数枚の葉が根生する。葉は長さ10〜45 cm，幅2〜3 mmで三稜形をしているが直立せず，水中にある。花期は7〜10月。2〜3本の散柄が伸び，一部の柄はさらに二叉状に分枝してそれぞれの柄の先に1〜3個の小穂がつく。小穂は長楕円形で長さ8〜15 mm，幅3〜5 mm，先は尖る。稈に続く苞は本属の他種に比べて長く35 cmに達する場合もある。そのため花序のつく位置がサンカクイなどに比べ相対的に低く見える。

# サンカクホタルイ　*Schoenoplectus triangulatus* × *S. hotarui*
国内 本州, 九州　国外 ?

湖沼やため池, 湿地に生育する多年生の抽水〜湿生植物。カンガレイと比べ稈が細長く, 高さ50〜60 cm, 幅2〜3 mmで断面は3角形。小穂は無柄, 1〜5個が頭状につく。小穂の長さ7〜10 mm, 幅約5 mm。カンガレイとホタルイの雑種。

**シカクホタルイ** *S. trapezoidea* (Koidz.) J.D.Jung et H.K.Choi はカンガレイとイヌホタルイの雑種。本州, 四国, 九州, 沖縄に分布する。高さ50〜70 cm, サンカクホタルイよりも株は強壮で, 稈の断面は四角形。小穂は長く伸びてねじれる。

サンカクホタルイとシカクホタルイは同じ植物の別名とされてきたが, 両親種の組み合わせにより別の分類群として扱う。谷城 (2007) によれば, サンカクホタルイはよく結実するのに対し, シカクホタルイは結実が不完全なものが多いという。

サンカクホタルイ (京都府福知山市, 1988.10.9)

カヤツリグサ科 Cyperaceae　ホタルイ属 (狭義) *Schoenoplectus* Palla

# アイノコカンガレイ
*Schoenoplectus* × *uzenensis* (Ohwi ex T.Koyama) Hayas.

国内 本州, 四国, 九州　国外 ?

ため池や湿地に生育する多年生の抽水〜湿生植物。地下茎が短く伸び, ヒメホタルイのように稈は単生するが, 稈に稜が認められ, 小穂は無柄, (1〜) 2〜3個つく。カンガレイとヒメホタルイの雑種と推定される。

フトイ属植物では, 他にもさまざまな種の組み合わせで雑種形成が起こっている。**ホタルイモドキ** *S.* × *juncohotarui* (Yashiro) Hayas. はホタルイとイヌホタルイの雑種。

アイノコカンガレイ (福岡県上毛町, 1986.9.23)

# ツルアブラガヤ　*Scirpus radicans* Schk.

**国内** 北海道，本州（東北地方）　**国外** 極東アジア，シベリア～ヨーロッパ

カヤツリグサ科 Cyperaceae アブラガヤ属 *Scirpus* L.

山形県鶴岡市（2009.8.24）

倒伏して伸びる稈と若苗（山形県鶴岡市，2009.8.24）

花序と無性芽の伸長
（山形県鶴岡市，2009.8.24）

　湖沼や湿地に生育する多年生の抽水～湿生植物。砂地の湖岸などの湿地に多いが，ときに水中に大きな群落を作る。全高80～120cm。直立する稈とは別に倒伏しながら伸長する稈があり，地面についた部分から新しい株を形成する。倒伏する稈の全長は3m以上に達する。稈は堅く，断面は鈍3稜形。葉の基部は長さ5～15cmの葉鞘となり，葉身は長さ25～60cm，幅7～13mmの線形，葉縁はざらつく。花期は6～9月。花序は稈に頂生し複散房状。長さ10～15cmの葉状の苞が2～3個あり，長さ10cmまでの多数の花茎が散房状に伸び，その先でさらに分枝した柄が伸びて黒緑色の小穂が密につく。小穂は単生し，狭卵形，長さ4～7mmで鋭頭。果実は楕円形で長さ1mmほど。刺針は果実の2～4倍に達する。花序から無性芽が伸びることもある。

　**クロアブラガヤ** *S. sylvaticus* L. var. *maximowiczii* **Regel** は本種とよく似て，湖沼や河川の湿地に生育する。稈が倒伏する習性がないことで異なる。果実の刺針は果体よりやや長い程度。北海道と本州（中部以北）に分布。

203

# ヒメウキガヤ　*Glyceria depauperata* Ohwi var. *depauperata*
*G. leptorrhiza* (Maxim.) Kom. var. *depauperata* (Ohwi) T.Koyama

国内 北海道, 本州　国外 中国

イネ科 Poaceae(Gramineae) ドジョウツナギ属 *Glyceria* R. Br.

北海道釧路市（2003.6.23）

花序（北海道釧路市，2000.8.29）

葉舌が長く目立つ（北海道釧路市，2003.6.23）

河川（上〜中流域）や水路，水田などの水辺や水中に生育する多年生の浮葉〜抽水植物。稈は湿地や水中を這い，葉は水面に浮遊する。ときに沈水状態でも生育する。葉は互生，葉鞘は長さ3〜7 cm，閉じて筒状になる。葉舌は半透明膜質で高さ2〜5 mm，葉身は狭線形，長さ3〜7 cm，幅2〜4 mm，先端は鋭頭，柔らかく，鋸歯はない。花期は5〜7月。花序は円錐花序で，中軸から出た枝に1〜数個の小穂（長さ10〜25 mm）がつき，各小穂には小花が密につく。小花の護穎は長さ約3 mm。花序の枝も小穂もあまり横に広がらず，ほぼ中軸に沿って直立または斜上しているため花序全体はほぼ線形であることが多い。

　流水中では開花が稀であり，また花期が限られているため，花のない状態で見かける機会が多い。そのため同定の手掛かりが乏しく，各所に生育しているわりには正しく認識されていない種と思われる。

# ウキガヤ *Glyceria depauperata* Ohwi var. *infirma* (Ohwi) Ohwi

国内 日本固有種？ 北海道，本州

イネ科 Poaceae(Gramineae) ドジョウツナギ属 *Glyceria* R. Br.

湧水河川の水辺の群落（長野県白馬村，2013.5.27）

浮葉（福井県敦賀市，2013.10.23）

花序（北海道安平町，2006.8.7）

葉の拡大。鋸歯はない

　河川や水路，休耕田などに生育する多年生の浮葉〜抽水植物。北海道では湿原から流出する河川にも生育するが，本州では湧水のある河川に多い。葉は柔らかく，長さ10〜15 cm，幅3〜5 mm，鋸歯はない。花期は5〜8月。花序は円錐花序で，中軸から出た枝に数個の小穂がつき，各小穂には小花が密につく。花序の枝が広がらないために花序全体はほぼ線形に見える。小花の護頴は長さ約5 mmとヒメウキガヤより長い。ヒメウキガヤと別の分類群として扱うべきかどうかについては議論があるが，小花と葉のサイズが異なるので，ここでは独立させた。今後のさらなる検討が求められる。

# ムツオレグサ（ミノゴメ）
***Glyceria acutiflora*** **Torr. subsp.** *japonica* **T.Koyama et Kawano**
*G. acutiflora* Torr.

国内 本州（福島県以南），四国，九州，沖縄　国外 朝鮮，中国

イネ科 Poaceae（Gramineae）ドジョウツナギ属 *Glyceria* R. Br.

水路に群生する（京都府舞鶴市，2008.5.3）

水田で開花中（静岡市，2008.4.20）

花序（兵庫県朝来市，2011.5.5）

　湖沼やため池，水路，水田などの水辺や水中に生育する多年草の抽水〜湿生植物。冬〜早春には葉は水面に浮く。湿田に多く，春先に目立つ植物である。稈の基部はやや倒伏しながら分枝した後に株をなして立ち上がる。高さ30〜60 cm。葉鞘は長さ8〜17 cmと長く，閉じて筒状。葉舌は高さ3〜6 mm。葉身は線形，長さ6〜30 cm，幅3〜6 mm，鋭頭。花期は4〜6月。花序は長さ10〜30 cm，基部が葉鞘の中にある。小穂は長さ2.5〜5 cmで小花が密につく。小穂が横に広がらず，中軸にほぼ密着しているので，花序全体としては線形に見える。

　冬も水のある湿田では田植え前まで生育する雑草であったが，除草剤の使用と乾田化の進行で少なくなった。

# ドジョウツナギ　*Glyceria ischyroneura* Steud.

国内 北海道, 本州, 四国, 九州, 沖縄　国外 朝鮮南部

岐阜県海津市（2006.5.2）

流水中の浮葉形（兵庫県丹波市, 2006.10.8）

枝が開く前の花序（兵庫県丹波市, 2013.5.5）

枝が開いた花序（兵庫県篠山市, 2009.5.30）

イネ科 Poaceae (Gramineae) ドジョウツナギ属 *Glyceria* R. Br.

　河川や水路，水田などに生育する抽水〜湿生植物。湧水河川ではときに浮葉〜沈水形をとる。全長50〜110 cm。稈はまばらに束生。葉鞘は筒状，葉身は長さ20〜40 cm，幅3〜7 mm。花期は5〜7月。円錐花序は長さ15〜30 cmで小枝はまばら。はじめは小枝が開かずに線形だが，やがて展開して広がることが同属のムツオレグサなどとの違いである。小穂は灰色〜紫色を帯びる。

　かつては水田の強害草であったというが（長田, 1993），最近は湧き水のある水域などに生育が限られる。

# マンゴクドジョウツナギ　*Glyceria* × *tokitana* **Masumura**
国内 日本固有種？　本州，四国，九州

滋賀県高島市（2002.6.2）

花序。子房は膨らまず，結実しない（兵庫県丹波市，2013.6.29）

ヒロハドジョウツナギ（北海道苫小牧市，2010.8.9）

イネ科 Poaceae（Gramineae）ドジョウツナギ属 *Glyceria* R. Br.

　河川（特に湧水のある河川）や湿地に生育する多年生の抽水〜湿生植物。全長90〜180 cm，稈は叢生し，群落の前面は倒伏するのが普通である。葉鞘は長く，葉身は長さ20〜40 cm，幅6〜10 mm，表面，裏面ともにざらつく。葉舌はほとんど目立たないほど短い。円錐花序は長さ15〜35 cmで，節から数本の小枝が斜上し，ややまばらに小穂をつける。
　ドジョウツナギとヒロハドジョウツナギの雑種と考えられており，結実しない。湧水のある河川では，ドジョウツナギとともに生育していることがあるが，明らかに大形である。不稔であることが確実な同定のポイントになる。
　北日本の河川などに多い**ヒロハドジョウツナギ** *G. leptolepis* **Ohwi** は大形で直立し，全高90〜180 cm。円錐花序は横に展開する。マンゴクドジョウツナギとは結実の有無で区別できる。釧路地方（滝田・高嶋, 2002）と秋田県（沖田, 2007）から報告された**ヌマドジョウツナギ** *G. spiculosa* **(F.Schmidt) Roshev.** も北日本では他に生育している可能性がある要注意種である。

# セイヨウウキガヤ *Glyceria* × *occidentalis* (Piper) J.C.Nelson

国内 北海道, 本州, 四国　国外 北米原産

イネ科 Poaceae (Gramineae) ドジョウツナギ属 *Glyceria* R. Br.

下部の葉は浮葉に。長い浮葉はエゾミクリ（北海道安平町, 2011.8.7）

河川の群落（北海道安平町, 2011.8.7）

花序（北海道安平町, 2011.8.7）

葉舌が長く, 尖る

　河川や水路などに生育する多年生の抽水〜湿生植物。水中では稈は倒伏して節から分枝した稈が立ち上がる。高さ40〜140 cm。葉身は長さ15〜30 cm, 幅3〜12 mm, 先端はボート形で尖る。下部の葉は浮葉となる。葉舌が7〜10 mmと長く, 尖ることが特徴的。花期は5〜8月。花序は円錐花序で長さ15〜40 cm, 各節から1〜3本の枝を出し, 1〜数個の小穂をつける。小穂は線形で長さ10〜25 mm, 5〜12小花からなる。外穎は長さ5〜6 mm, 先端部は半透明で波状。

　本種は, 宮城県と北海道から報告されている**ヒロハウキガヤ** *G. fluitans* (L.) Br. （庄司・浅野, 1991; 内田, 2008）を片親とする雑種である（Whipple *et al.*, 2007）。両者は酷似するが, セイヨウウキガヤは外穎の長さが2.5〜5.5 mm, ヒロハウキガヤは5〜8 mm, また葯の長さはそれぞれ0.3〜1.0 mmと1.5〜2.8 mmという記載に基づき, 写真の植物はセイヨウウキガヤと同定した。日本にはさまざまな系統が野生化している可能性があるので, 比較検討が必要である。

# チゴザサ　*Isachne globosa* (Thunb.) Kuntze

国内 北海道，本州，四国，九州，沖縄　国外 中国，東南アジア，オーストラリア

イネ科 Poaceae (Gramineae)　チゴザサ属 *Isachne* R. Br.

兵庫県加東市（2009.9.3）

水中に向かって伸びる匍匐茎（兵庫県小野市，2010.5.22）

花序（兵庫県小野市，2009.6.27）

開花中の花。垂れ下がる雄しべと紅紫色の2個の柱頭（(兵庫県小野市，2009.6.27）

　湖沼やため池，河川，水路，水田，湿地に生育する多年生の抽水〜湿生植物。高さ30〜90 cm，直立する茎とは別にしばしば匍匐する茎が伸びる。葉鞘は長さ2〜4 cm，葉舌は毛状，葉身は披針形，長さ2〜9 cm，幅3〜8 mmで，先は細くなり尖る。花期は6〜9月。円錐花序は長さ3〜6 cm，細い枝がややまばらに展開し，楕円形の小穂をつける。開花時には紅紫色の2個の柱頭が露出して目立つ。花序を見ればチゴザサ類であることがわかるほど特徴的。

　水辺の普通種だがサイズの変異は大きい。匍匐茎が水中方向に伸びる生態など興味深いが，ありふれた種だからだろうか，ほとんど研究されていない。

# アシカキ　*Leersia japonica* Makino

**国内** 本州，四国，九州，沖縄　**国外** 朝鮮，中国

イネ科 Poaceae(Gramineae) サヤヌカグサ属 *Leersia* Swartz

兵庫県三木市（1986.8.30）

水面に広がる（静岡市，2009.6.21）

花序（滋賀県八日市市，1992.7.30）

稈の節には白毛が密生

　湖沼やため池，水路，水田などに生育する半抽水植物。稈は倒伏し水面を這うように伸長して浮遊する。分岐した稈が立ち上がり，高さ20〜50 cm。葉は互生，長さ3〜12 cmの長い葉鞘が茎を抱く。葉身は長楕円状倒披針形〜線形，長さ3〜18 cm，幅5〜10 mm。稈の上部では葉身より葉鞘のほうが長い。節には白毛が目立ち，また葉鞘にも剛毛があるので，さわるとざらつく。花期は7〜10月。花茎は立ち上がり，先端に長さ6〜13 cmの花序をつける。花序は5〜10本あまりの小枝が斜上して総状になり，ほぼ枝の基部から小穂が密につく。花序の形が特徴的だが，開花せずに水面に広がっていることも多い。全草のざらつきと節に白毛が密生することに着目すれば，同定は容易である。

　沖縄の水辺にはよく似た**タイワンアシカキ** *L. hexandra* Sw. が生育する。花序の下部の枝が分岐する。

# サヌカグサ *Leersia sayanuka* Ohwi

国内 北海道, 本州, 四国, 九州　国外 朝鮮, 中国

兵庫県福崎町 (2010.10.2)

茎と節の剛毛

小花の剛毛

花序（兵庫県福崎町, 2010.10.2）

イネ科 Poaceae(Gramineae) サヤヌカグサ属 *Leersia* Swartz

湖沼やため池, 河川, 水路, 水田などに生育する多年生の湿生〜抽水植物。河川の湿地に群落を形成することが多いが, 水際では抽水状態で生育する。アシカキのように匍匐することや, 浮島状の群落となることはないが, 基部はやや倒伏し, 稈は株状に直立する。高さ40〜80 cm。稈には剛毛があり, また節にも毛が密生するのでざらつく。葉鞘は長さ5〜12 cm。葉身は長さ7〜15 cm, 幅6〜13 mm, 表裏ともざらつく。花期は9〜10月。花序は円錐状で長さ〜15 cm, 一部が葉鞘の中にとどまるのが特徴的（閉鎖花となる）。枝の先にややまばらに黄緑色の細長い小穂がつく。小花の脈上には剛毛がある。

**エゾノサヤヌカグサ** *L. oryzoides* (L.) Sw. は, サヤヌカグサより剛壮。小穂が長楕円形で, 剛毛は長い。

# キシュウスズメノヒエ
*Paspalum distichum* L. var. *distichum*

国内 本州（関東以西），四国，九州，沖縄　国外 アジアの熱帯～亜熱帯域，北米

イネ科 Poaceae(Gramineae) スズメノヒエ属 *Paspalum* L.

福井県三方町（2012.9.30）

花序（神戸市西区，1982.9.8）

葉鞘の毛の比較。左：キシュウスズメノヒエ，右：チクゴスズメノヒエ

　湖沼やため池，河川，水路，水田などに群生する抽水～湿生植物。水辺に続く土堤や路傍に生育することもあるが，乾いた場所ほど矮生化する。浮遊マット状になって水面を覆うこともある。稈の基部は地表または水中に横たわって匍匐し，節で分枝した稈が直立して水上茎となる。高さ10～50 cm。葉は互生し基部は長さ3～7 cmの葉鞘となって茎を抱く。葉鞘の口部にまばらな長毛がある。葉身は線形，長さ2～10（～15）cm，幅3～8 mm，先はとがる。花期は7～10月。花序はV字状に分枝した長さ3～6 cmの2本の総からなり，中軸の下側に2列に小穂が並ぶ。

# チクゴスズメノヒエ
***Paspalum distichum* L. var. *indutum* Shinners**

国内 本州，四国，九州　国外 北米南部原産

琵琶湖面に広がる群落（滋賀県守山市，2010.8.24）

滋賀県守山市（2010.8.24） 　　　葉鞘に密生する毛 　　　4本の総を持つ花序（神戸市西区，2011.8.28）

イネ科 Poaceae(Gramineae) スズメノヒエ属 *Paspalum* L.

　湖沼やため池，河川，水路などに生育する多年生の抽水～湿生植物。ときに水面に浮島状の大群落をなす。キシュウスズメノヒエよりもひとまわり大形で，高さ30～80 cm。葉身の長さは陸生の場合10～15 cm，水中に浮遊する状態では15～25 cm，幅は6～15 mm。葉鞘（特に稈の下部）の毛が著しいこと，花序の総は長さ5～8 cm，2本のものに加えて3（～4）本のものが混じる。
　キシュウスズメノヒエの染色体数が2n＝60（6倍体）であるのに対し，チクゴスズメノヒエは4倍体（2n＝40）である。4倍体は当初「キシュウスズメノヒエ亜種」と呼ばれていたが，九州筑後地方に多いことからチクゴスズメノヒエの名がついた。各地に分布が広がっており，北限記録は新潟県。

# クサヨシ　*Phalaris arundinacea* L.

**国内** 北海道，本州，四国，九州　**国外** 北半球に広く分布

兵庫県加古川市（2012.5.26）

イネ科 Poaceae(Gramineae) クサヨシ属 *Phalaris* L.

　湖沼やため池，河川や水路などに生育する抽水〜湿生植物。牧草として利用され，牧場や路傍にも普通に生育する。全高 0.7〜2 m。葉身は長さ 15〜30 cm，幅 8〜15 mm。花期は 5〜6 月。長さ 10〜25 cm の円錐花序をつけるが，はじめは棒状に伸び，やがて展開する。花が終わった後，稈は倒伏するが，その節から伸びて立ち上がる若いシュートがヨシとたいへんよく似ている。

　明治時代以降，牧草として北米から輸入されており，近年，各地の河川で分布を拡大しているやや大形のクサヨシは外来品の可能性が高い。在来種の系統も残存していると思われるが確認できていない。

全形（滋賀県大津市，1997.6.7）

花序の拡大（神戸市西区，2010.6.1）

開花後に倒伏したシュートから若い茎が伸びる（北海道苫小牧市，2010.8.9）

# ヨシ（アシ）　*Phragmites australis* (Cav.) Trin. ex Steud.
*P. communis* Trin.

国内 北海道，本州，四国，九州，沖縄　国外 世界中に広く分布

イネ科 Poaceae (Gramineae) ヨシ属 *Phragmites* Adans.

青森県つがる市（2006.9.15）

花序（神戸市西区，2009.9.27）

葉鞘は茎を抱く。毛の有無は集団によって異なるが，写真は毛が顕著な集団（青森県つがる市，2006.9.15）

　湖沼やため池，河川，水路から湿原まで，いたるところの水域や湿地に最も普通に生育する多年生の抽水〜湿生植物。耐塩性もあり，汽水域にも生育する。地下茎は地中深く（〜1 m）を横に這う。稈は直立して高さ1〜4 m，円柱形で中空。葉は互生，長さ10〜20 cmの葉鞘が茎を抱き，葉身は線形で長さ15〜50 cm，幅2〜5 cm，途中で折れて先は垂れ下がることが多い。葉鞘は口部で半周以上茎を抱く。毛の有無は集団によって変異が大きい。花期は8〜10月。円錐花序は大形で長さ20〜40 cm，先は垂れ，白色または紫褐色。2〜4花からなる小穂が密につく。
　ヨシは生育環境により大きな変異を示すとともに，遺伝的変異も大きい。日本では染色体数においては2n＝96（8倍体）と120（10倍体）が報告されているが（Ishii and Kadono, 2001），今後，生態型の分化などの研究が期待される。

# ツルヨシ　*Phragmites japonica* Steud.

国内 北海道，本州，四国，九州，沖縄　国外 アジア東部

イネ科 Poaceae (Gramineae) ヨシ属 *Phragmites* Adans.

兵庫県篠山市（2011.9.28）

水中に伸びる匍匐枝（兵庫県丹波市，2005.7.24）

花序（兵庫県篠山市，2012.10.25）

葉鞘口部の比較。左：ツルヨシ，右：ヨシ（毛がない集団）

河川の上～中流や岩礫湖岸などに生育する多年生の抽水～湿生植物。地下茎を持たず，倒伏した稈の節から不定根と新たな稈を伸ばして固着しながら地上面を蔓状に匍匐することが特徴。匍匐茎の節に白毛が密生。稈は高さ1.5～2.5 m。葉身は長さ10～30 cm，幅2～3 cm。葉鞘の口部は茎をほとんど抱かず，そのまま葉身に連なる。花期は8～10月。長さ25～35 cmの円錐花序をつけるが，ヨシの穂に比べると花がまばら。ヨシとツルヨシとの中間型の存在が報告されたことがあるが（立花，1984），ツルヨシの染色体数は2n＝48（4倍体）であり，雑種の存在は否定されている。葉鞘口部の形態を比較すれば識別は容易である。

# ウキシバ
***Pseudoraphis sordida*** (Thwaites) S.M.Phillips et S.L.Chen
*P. ukishiba* Ohwi

国内 本州，四国，九州　国外 朝鮮，中国

兵庫県淡路市（2000.10.13）

花序が筆状の状態（兵庫県加西市，2013.9.29） 　　花序が開いた状態（兵庫県明石市，1992.8.30）

イネ科 Poaceae (Gramineae) ウキシバ属 *Pseudoraphis* Griff.

　湖沼やため池などに生育する多年生の浮葉〜半抽水植物。稈は細長く，1 mを超えることもある。上部は水面に横たわって浮かぶ場合と立ち上がる場合がある。葉は互生，長さ2〜5 cmの葉鞘が茎を抱く。上部では葉鞘が節間より長い。葉身は狭線形〜広線形，長さ2〜5（〜8）cm，幅2〜5 mm，先はとがる。花期は6〜10月。花序は稈の先に単生するが基部は葉鞘の中にとどまる。長さ3〜5 cmの総状花序で開花が終わる頃までは枝が広く展開せず，筆のようにすぼんだ状態が特徴的である。長さ15〜25 mmの枝のほぼ中央付近に1個の小穂がつく。
　水位が低下して陸地に生育すると，葉が斜上してギョウギシバとよく似た姿になる。

# ヒガタアシ　*Spartina alterniflora* Loisel.

**国内** 特定外来生物。本州，九州　　**国外** 北米東部原産

イネ科 Poaceae (Gramineae) ヒガタアシ属（仮称）*Spartina* Schreber

愛知県豊橋市（2012.9.12）

開花中（愛知県豊橋市，2012.9.12） 　　花序（愛知県豊橋市，2012.9.12） 　　葉の付き方

　河川の河口域や干潟に生育する多年生の抽水〜湿生植物。高さ1.3〜2.2 m。稈は直径1〜1.5 cmで中空。葉は互生し，長い葉鞘を持つ。葉身は長さ40〜95 cm，幅10〜15 mmで先端は鋭くとがる。花序は長さ18〜30 cm，枝が広がらず棒状。

　2008年に愛知県豊橋市で採集されたのが日本最初の記録（瀧崎, 2012）。その後，熊本県でも確認された。同属のスパルティナ・アングリカが日本には未侵入ながら特定外来生物に指定されていたが，2014年から「スパルティナ属」全体が指定されることになった。旺盛な繁殖力をもつために，侵入の阻止とともに早期発見と駆除が求められる外来植物である。

# ハイドジョウツナギ
*Torreyochloa viridis* (Honda) G.L.Church

国内 北海道，本州（岐阜県以北） 国外 中国，シベリア

イネ科 Poaceae(Gramineae) ハイドジョウツナギ属 *Torreyochloa* G. L. Church

岐阜県海津市（2004.7.5）

花序（岐阜県海津市，2004.7.5）

花序の拡大（岐阜県海津市，2005.8.2）

　湖沼や河川，水路などに生育する抽水植物。稈は倒伏して水中を這い，先端が水面上に立ち上がる。高さ30～50 cm。葉鞘は完筒状にならず基部まで割けることでドジョウツナギ属とは異なる。葉身は長さ10～15 cm，幅4～6 mm，葉舌は高さ4～6 mm あって目立つ。花期は6～7月。長さ8～20 cmの円錐花序をつける。小穂は長さ4.5～9 mm。

　北海道と長野県（上高地）から報告のある**ホソバドジョウツナギ** *T. natans* (Kom.) G.L.Church は，やや小形で高さ20～40 cm。小穂がまばらで，花器のサイズも小さいことで分類されるが（長田，1993），従来の記載に合致しない中間的な標本も存在する。今後の検討を待ちたい。

# マコモ  *Zizania latifolia* (Griseb.) Turcz. ex Stapf

国内 北海道，本州，四国，九州　国外 ユーラシア大陸東部

イネ科 Poaceae(Gramineae) マコモ属 Zizania L.

鳥取市（2011.9.1）

花序（兵庫県加西市，1995.8.26）

花序の拡大。黄色いのは雄しべ（福岡市，2010.7.24）

　湖沼やため池，河川，水路などに生育する多年生の抽水植物。砂質地より有機質の多い泥質の水底を好む。地下茎が泥中を横走。稈は太いが，葉鞘に次々と抱かれるためほとんど見えない。地下茎，稈ともに中空で隔膜がある。全高1〜3m。葉はほぼ根生，葉鞘は長く，ときに50cmに達する。葉身は線形で長さ40〜90（〜150）cm，幅1〜4cm，葉鞘との境は関節状となる。葉鞘口部の葉舌は高さ1〜3cmと顕著。花期は7〜10月。花序は大形の円錐状，長さ40〜60cmでまばらに分枝。花は単性花で上部に雌花の小穂，下部に雄花の小穂がつく。雄花は開花が終わるとすぐに脱落する。
　中国では，黒穂菌の感染によって肥大した茎を食用にするために栽培されてきたが，最近は我が国でもマコモ田での栽培が増加している。

## 水辺のイネ科植物

　水辺を調査するとイネ科植物が何種類も生育している。しかし，この植物は何者かと迷うことが少なくない。そんなトピックを3題取り上げよう。

### 1. 水辺のイネ科は水草とは限らない

　近畿地方の河川で最も出現頻度の高いイネ科植物が同定できず，専門家に標本を送ってオオスズメノカタビラ *Poa trivialis* L. と判明したエピソードを『日本水草図鑑』で紹介した。私がこのような普通種を同定できなかった一因は，イネ科についての不勉強はさておいて，本種が水辺や湿地に生育することに触れた図鑑がなかったことである。そう言えば逆に水辺の植物だと思っているクサヨシは牧草として栽培され，道端にも普通に生育している。

　このように，イネ科には幅広い生育環境をもっている種が少なくない。そこまで詳しく触れた植物図鑑は少ないので，注意して利用する必要がある。

　本書で取り上げるべきかどうか迷った種が何種もあるが，スズメノテッポウやヒナザサを差し置いてオオスズメノカタビラを水草とは言いがたいという思いから今回は含めなかった。しかし，5〜6月頃に河川に行くとオオスズメノカタビラは水辺の優占種である。

①オオスズメノカタビラ（兵庫県伊丹市，2009.5.10）

### 2. 浮葉性イネ科植物の同定

　浮葉性のイネ科植物の同定もむずかしい。長田武正氏のまとめられた『日本イネ科植物図譜』（1989; 増補版1993）は日本のイネ科植物に関する図鑑としては最も詳細で，私もずいぶん活用させていただいている。その中に稈や葉が水中に浮かぶイネ科はヒメウキガヤ（ウキガヤ含む），ウキシバ，稀にムツオレグサもそのような形を取るという記述がある。ウキシバは形態からそれとわかるし，ムツオレグサが浮葉の状態で生育するのは冬から春にかけての間に限られるので，夏場に河川などで浮葉性のイネ科を見ると，これがヒメウキガヤかと私は思っていた。

②正体不明のイネ科植物（徳島県吉野川市，2013.7.13）

イネ科 Poaceae (Gramineae)

③ ②の植物の葉縁には鋸歯がある

開花中の群落を見る機会が増えるにつれてヒメウキガヤは花がなくてもわかるようになり，本書で示したように今ではウキガヤとヒメウキガヤも別の分類群と考えるようになった。と同時に，今までヒメウキガヤと同定していた植物の中に全く別のものが存在することに気づいた。ウキガヤ類の葉は柔らかい感じがして，検鏡すれば葉縁に鋸歯はない（p.205）。ところが手触りがざらつく浮葉性イネ科植物が各所に生育することが気になり，葉を検鏡してみたところ葉縁に明らかな鋸歯がある（写真③）。その正体は今もってわからない。河川の上～中流部や湧水河川ではしばしば見かけるので，ぜひ注意していただきたい。開花個体を早く見つけて正確な同定をしたいと考えているところである。

## 3. 湧水河川のイネ科植物

湧水河川は，本来陸上生活をする植物が沈水形で生育するユニークな生態系である。特に多いのがタデ科と並んでイネ科の植物である。しかし，多くの場合，花がないので種の同定ができない。周辺に生育しているイネ科植物を見て見当がつく場合もあるが，よくわからないことも多い。水辺とは縁のないような種が沈水形になっているのである。湧水で沈水形をとるイネ科植物のチェックリストがあれば便利だなと思っている。栄養器官だけで少なくとも属までは同定できるようになるだろう。栽培して開花させれば済むことなので，ぜひ取り組みたい課題である。

ここでは湧水が大好きなヒエガエリ Polypogon fugax Nees ex Steud. を紹介しよう。本種はもともと水辺に生育する植物で，河川に限らずため池や水路などでも普通種と言ってよい。広義の水草を扱うとすれば本書でも外せなかった種だが，ここでふれることにして独立したページは取らなかった。抽水形で生育するが，完全な沈水形となっていることも多い。

沈水形のヒエガエリ（静岡県富士市，2013.7.3）

ヒエガエリの花穂（島根県出雲市，2013.6.10）

イネ科 Poaceae (Gramineae)

223

# マツモ　*Ceratophyllum demersum* L.

国内 北海道，本州，四国，九州，沖縄　国外 世界に広く分布

マツモ科 Ceratophyllaceae　マツモ属 *Ceratophyllum* L.

静岡市（2010.6.27）

流水になびく（愛媛県西条市，2013.7.14）

葉の形態

雄花

ヨツバリキンギョモの果実

　湖沼やため池，河川や水路などに生育する多年生の沈水性浮遊植物。根はなく，水面下に浮遊するが，ときに茎の基部が「仮根」の役割を果たし水底に固着していることもある。茎は全長 20〜120 cm，盛んに分枝する。葉は 5〜8 輪生し，長さ 8〜25（〜35）mm，線状の裂片が 1〜2 回二叉状に分かれ，裂片の縁には鋸歯がある。花期は 5〜8 月。開花を見ない集団も多いが，開花する集団では多数の花をつけ結実も良い。花は雄花と雌花が同一茎上の別の節にそれぞれ 1 個ずつつく。雄花は 10 個余りの雄しべが集合，雌花は 1 個の雌しべからなる。果実は長楕円形で本体の長さ 3〜4.5 mm，先端と基部の両側に計 3 本の長い刺状の突起がある。

　**ヨツバリキンギョモ（ゴハリマツモ）** *C. platyacanthum* Cham. subsp. *oryzetorum* (Kom.) Les（*C. demersum* L. var. *quadrispinum* Makino）は，果実の上方にさらに 2 本の突起がある。果実を欠いた状態でマツモと区別することはできないが，各地に分布している可能性がある。

# バイカモ（ウメバチモ）
*Ranunculus nipponicus* Nakai var. *submersus* H.Hara
*Batrachium nipponicum* (Makino) Kitam. var. *majus* (H.Hara) Kitam.

国内 日本固有種。北海道，本州

湧水河川に群生（兵庫県丹波市，1989.6.13）

水中でも開花（兵庫県新温泉町，2011.5.22）

花（兵庫県丹波市，1989.6.13）

陸生型の群落（鳥取県米子市，2013.6.9）

湧水のある河川や水路，池などに生育する常緑多年生の沈水植物。清流のシンボルとされる水草。茎は節から不定根を出して水底に定着，長さ2m近くなることもある。葉は互生，葉柄の長さ0.5〜2cm，葉身は細裂し，全体の輪郭は扇状または筆状となる。葉身の全長は3〜7cm。花期は長く，春から秋遅くまで。花茎は長さ3〜5cm，花弁は5(〜8)枚で白色，花の直径は約1.5cm，花床に長毛がある。果実は集合果で，痩果は長さ1.5〜2.2mm，背面に短毛がある。花が水中にある状態でも結実する。水位低下時には陸生形を作るが，この場合でも浮葉は作らない。

中国山地の河川には**ヒルゼンバイカモ var. *okayamensis* Wiegleb** が分布する。葉の長さ8cm，葉柄の長さ3cmに達する。遺伝的分化を認める報告もあるが（木村・國井，1994），水系ごとの形態変異の指摘もある（狩山ほか，1997）。バイカモは葉柄の長さ，葉身のサイズや形状の地域変異が著しく，どのレベルで分類群を分けるかは難しい。

キンポウゲ科 Ranunculaceae キンポウゲ属 *Ranunculus* L.

# イチョウバイカモ
*Ranunculus nipponicus* Nakai var. *nipponicus*

RL 「オオイチョウバイカモ」とされるタイプが絶滅危惧IB類　国内 日本固有種。北海道，本州

中央に浮葉（北海道千歳市，2009.7.20）

流水中で浮葉を形成（北海道千歳市，2009.7.20） 　沈水葉と浮葉の移行形

「ミシマバイカモ」（静岡県清水町，2012.10.28）

河川や湧水池に生育する常緑多年生の沈水植物。少数の浮葉を形成することでバイカモの変種とされるが，沈水葉だけの状態で両変種を識別することはできない。浮葉は長さ1〜2 cm，先は裂ける。浮葉を形成する「バイカモ」は今まで，北海道（千歳川）と中部地方（長野県軽井沢・上高地，静岡県三島地方など）から報告されている。浮葉のサイズや裂け方に特徴があり，独立した変種（イチョウバイカモ，オオイチョウバイカモ，ミシマバイカモ）とされてきたが，中間形が存在することから1つの変種にまとめられた（Wiegleb, 1988）。この中で「**ミシマバイカモ var. *japonicus* (Nakai) H.Hara**」とされる地域形は沈水葉の形態がぽんぽん状で特徴的である。バイカモ類の変異と分類学的取り扱いについては，さらに研究が必要であろう。

キンポウゲ科 Ranunculaceae キンポウゲ属 *Ranunculus* L.

# ヒメバイカモ  *Ranunculus kadzusensis* Makino

*R. trichophyllus* Chaix ex Vill var. *kadzusensis* (Makino) Wiegleb;
*Batrachium kazusensis* (Makino) Kitam.

`RL` 絶滅危惧IB類　`国内` 本州, 九州　`国外` 朝鮮

キンポウゲ科 Ranunculaceae キンポウゲ属 *Ranunculus* L.

熊本市（2002.7.12）

花（島根県吉賀町, 1989.7.31）

花茎は花後も短い

　湖沼やため池, 河川, 水田などに生育する多年生または越年生の沈水植物。湧水河川などでは常緑だが, 水田では越年生の生活史が知られる。バイカモに比べ小形で, 葉柄の長さ4〜12 mm, 葉身は細裂し, 長さ1.5〜3 cm。花期は越年草の生活史では4〜5月, 河川では5〜8月。花の直径は約1 cm。果実期にも花茎があまり伸びず, 長さ1〜3 cmの範囲にあることが識別のための安定した特徴である（バイカモの花茎は花後に伸長する）。花床は有毛だが果実は無毛。

　現在も韓国の一部の地域で多産する（下田, 2010）のと対照的に, 日本の水田からはほぼ絶滅状態にある（目黒・滝口, 2002）。湧水河川やため池の既知産地からも消滅が相次いでいる。

# チトセバイカモ（ネムロウメバチモ）
*Ranunculus yezoensis* Nakai
*Batrachium yezoense* (Nakai) Kitam.

RL 絶滅危惧IB類　国内 日本固有種。北海道，本州（東北）

キンポウゲ科 Ranunculaceae キンポウゲ属 *Ranunculus* L.

北海道千歳市（1987.7.13）

止水域で採集した標本（北海道根室市，1992.7.21）

花（北海道千歳市，2009.7.20）

花床，果実ともに無毛

　　河川や湖沼に生育する多年生の沈水植物。バイカモに比べ小形で繊細。全長30〜80 cm。葉柄の長さ5〜25 mm，葉身は細裂し長さ2.5〜4.5 cm。花期は6〜8月。花の径は1 cm。花床も果実も無毛であることが他種から識別できる特徴である。

　　北海道千歳川上流は和名の由来となった典型的産地であるが，別名の根室地方ではやや腐植栄養の湖沼に生育する。流水域と止水域のいずれにも生育することは本種の特徴であるが，両者に分化が起こっている可能性もある。

# オオバイカモ　*Ranunculus ashibetsuensis* Wiegleb

**国内** 日本固有種。北海道（道東）

キンポウゲ科 Ranunculaceae キンポウゲ属 *Ranunculus* L.

北海道鶴居村（1994.8.7）

花（北海道鶴居村，2004.8.30）

　河川や水路に生育する多年生の沈水植物。バイカモに比べ大形で，全長は2～4 mに達する。節間長は20 cm近くになり，葉の長さは4～9 cm，水から上げると筆状にすぼむ。花は白色で，花弁は5枚。各花弁の長さは約1 cm，花全体の直径は2 cmを超える。

　1988年に北海道釧路支庁鶴居村の鶴居芦別川で採集された標本に基づき新種として記載された。米倉（2012）はバイカモの一形としているが，バイカモの種内変異の範囲を明らかに超えており，別種と考える。鶴居村周辺の数か所しか産地は知られていない。基準産地では河畔林の成長で光環境が悪化し，減少が著しい。種の実態が不明なままに消滅の危機にさらされている状況であり，早急な保全対策が望まれる。

発見当時の基準産地の繁茂状況（北海道鶴居村，1987.7.16）

河畔林の繁茂で群落は衰退（北海道鶴居村，2011.6.19）

# タガラシ　*Ranunculus sceleratus* L.

国内 北海道，本州，四国，九州，沖縄　　国外 北半球の亜熱帯〜温帯域

キンポウゲ科 Ranunculaceae　キンポウゲ属 *Ranunculus* L.

浮葉で越冬し，春に茎が立ち上がる（静岡市，2009.3.15）

兵庫県加古川市（2013.5.3）

花（兵庫県稲美町，2011.4.29）

集合果は楕円形（兵庫県稲美町，2011.4.29）

　湖沼やため池，河川，水路，水田などの水辺環境に生育する越年生の抽水〜湿生植物。秋に発芽し翌春に開花・結実する。高さ30〜80 cm，茎は中空，根元の直径は最大2.5 cm，株元と上部で分枝する。下部の葉は長い葉柄をもち葉身は掌状，3〜5裂して裂片はさらに浅裂，長さ4〜7 cm，幅5〜10 cm，水中では浮葉となる。茎の上部ほど葉柄は短く，葉身は細長くなる。花期は4〜5月。径1 cmの黄色く光沢のある花をつける。花弁は5枚，雄しべ，雌しべともに多数。果実は長さ8〜15 mm，幅4〜11 mmの集合果で，長楕円形であることが他種にはない特徴。

　かつては田植え前の普通の水田雑草であったが，圃場整備に伴う乾田化で激減した。水質汚濁には強く，ときに市街地の河川にも群落を見る。

# ハス *Nelumbo nucifera* Gaertn.

**国内** 本州，四国，九州，沖縄（栽培）　**国外** アジア，オーストラリア，ヨーロッパ南東部

岐阜県大垣市（2005.7.15）

雄性期の花（新潟市，2009.9.25）

結実期の花床。果実は凹部に入る（兵庫県明石市，2009.9.16）

肥大した地下茎（蓮根）

ハス科 Nelumbonaceae ハス属 *Nelumbo* Adans.

湖沼やため池などに生育する多年生の抽水植物。蓮根を収穫するためハス田で栽培される。地下茎が地中を横走し，節から葉柄が伸びる。初期の葉は水面に浮くが，大半の葉は水面を突き抜けて立ち（「立葉」），全高は2m近くになる。葉柄には突起が多くざらつく。葉は盾状につき円形，直径30～70cm，中央部はくぼみ，杯状になる。花期は6～9月。花茎に1個の花が頂生する。花の色は淡紅色または白色。花の直径は花弁が最も開いた状態で20cmを超える。花は3～4日間開閉を繰り返し，雌性段階から雄性段階へと移り変わる。花後，果実は花床上面の穴の中で成熟する。果実は楕円形で灰黒色，長さ15～20mm。秋になると地下茎先端の数節が肥大して越冬芽となる。これが蓮根で，断面にはいくつもの空隙がある。ハス田で栽培されるハス（食用ハス）の蓮根は特に太い。また観賞用に多数の園芸品種が作出されている。

231

# ホザキノフサモ *Myriophyllum spicatum* L.

国内 北海道，本州，四国，九州，沖縄　国外 ユーラシア大陸。北米で野生化

滋賀県琵琶湖（2008.10.3）

アリノトウグサ科 Haloragaceae フサモ属 *Myriophyllum* L.

水面に立ち上がる花序。浮葉はアサザとヒシ（青森県東北町，1989.8.20）

茎葉

花序

　湖沼やため池，河川，水路などに生育する常緑多年生の沈水植物。中〜富栄養水域から汽水域にかけて生育し，フサモ属の中では最も普通の種である。茎は分枝し，全長2mを超えることもある。葉は細裂した羽状葉で茎の各節に4〜5輪生，ときに赤みを帯びる。羽状葉は中軸と両側の糸状羽片からなり，全長1.5〜3（〜4）cm，各羽片の長さは3〜15（〜20）mmで軸側に湾曲する。花期は5〜10月。花序は長さ3〜10cm，水面上に伸びて開花するが，気中葉がないことが他種と異なる。雌雄同株で上部に雄花，下部に雌花がつく。雄花の花弁は淡紅色で，8本の雄しべの葯が露出して花粉を放出する（風媒）。雌花は4溝のある鐘状の萼筒の先に羽毛状の4個の柱頭が並ぶ。果実は4分果が1つになり，長さ約2mm。分果の背面の突起が著しいものをトゲホザキノフサモとして別変種 var. *muricatum* Maxim. または別種 *M. sibiricum* Kom. とすることがあるが，突起の発達程度にはさまざまな変異があり，区別する必要があるかどうか疑問である。

# フサモ　*Myriophyllum verticillatum* L.

国内 北海道，本州，四国　　国外 北半球の温帯域に広く分布

青森県つがる市（2007.7.26）

茎葉

フサモ（右）とホザキノフサモ（左）の葉の比較

花序の気中葉（秋田県能代市，1989.8.24）

アリノトウグサ科 Haloragaceae フサモ属 *Myriophyllum* L.

湖沼やため池，水路などに生育する多年生の沈水植物。葉は4～5輪生で羽状に細裂，羽状葉の全長2～6 cm（気中葉，陸生形では5～15 mm），各羽片の長さ5～25 mm，ホザキノフサモに比べ葉は大きく，各羽片も広く展開するため，より柔らかくふさふさした印象を与える。花期は6～9月。花序は長さ4～12 cmで水面上に出る。雌雄同株で上部に雄花，下部に雌花がつく。各節に緑色の気中葉があり，葉腋に花が単生する。雄花は花弁4枚で表面は平滑，雄しべ8本。雌花は筒状の萼筒の先に4個の柱頭がやや外向してつく。果実は4分果が1つになり長さ1.5～2 mm。秋になると茎の頂端または側枝の先端に殖芽を形成する。殖芽は長さ1.5～3 cmで先が太い棍棒状（235p参照）。殖芽葉は通常の沈水葉と同じ形をしており，手触りは柔らかい。

# オグラノフサモ *Myriophyllum oguraense* Miki

RL 絶滅危惧II類　国内 本州，四国，九州　国外 中国

アリノトウグサ科 Haloragaceae　フサモ属 *Myriophyllum* L.

広島県東広島市（2011.9.28）

茎葉　　　　　花序（雌花が開花中）　　　　殖芽

　湖沼やため池，河川などに生育する多年生の沈水植物。フサモにたいへんよく似ているが，フサモが腐植栄養～貧栄養で酸性の水域に多いのに対し，オグラノフサモは中～やや富栄養の平地の水域に多い。葉は4～5輪生で羽状葉の全長2～4 cm，各羽片の長さ5～20 mm。花期は7～9月。気中葉のある花序を水面上に出し，上に雄花，下に雌花をつける。花序の気中葉が粉を吹いたような緑白色（フサモは鮮緑色）であることが特徴。雄花の花弁表面には小突起がある。果実は長さ約2 mm。殖芽は長さ2.5～8 cmの細長い棒状であり，各殖芽葉は通常の沈水葉に比べて幅広く短いものに特殊化している。手触りは硬い。したがって，秋の殖芽形成を待って同定すれば間違いはない。
　水域の埋立や水質汚濁の進行で生育地は急速に減少している。

# ハリマノフサモ
*Myriophyllum* × *harimense* Kadono et Sakiyama

国内 日本固有種。本州，四国

兵庫県三木市（2006.5.31）

雌花（兵庫県三木市，2006.5.31）

雄花（兵庫県三木市，2006.6.11）

殖芽。右：ハリマノフサモ，左：フサモ

アリノトウグサ科 Haloragaceae フサモ属 *Myriophyllum* L.

湖沼やため池，水路などに生育する多年生の沈水植物。フサモとオグラノフサモの雑種。茎は長く伸びて分枝し，長さ20～150 cm。葉は4輪生で羽状に細裂する。沈水葉は長さ2～4 cm，気中葉は長さ0.6～2 cm。花期は5～9月。花は水面上の花序の気中葉の葉腋に単生，雌雄同株で上部に雄花，下部に雌花がつく。結実は稀。10月頃から長さ2～7（～9）cm，径3～6 mmの棒状の殖芽を形成する。殖芽は，フサモに比べて明らかに細長いが，オグラノフサモのように棒状にならず中央部はやや膨らむ円柱形であり，個々の殖芽葉は通常の沈水葉と変わらないために堅くない。同定の決め手は，この殖芽の特徴である。花があれば花粉稔性が低いこと（50％以下：フサモとオグラノフサモは90％以上）も有力な同定の根拠になる。

兵庫県播磨地方に多産することが和名の由来であるが，東北地方や四国からも確認されている。

235

# タチモ *Myriophyllum ussuriense* (Regel) Maxim.

RL 準絶滅危惧　国内 北海道（稀），本州，四国，九州　国外 中国，ロシア東部，北米北部（稀）

干上がった湿地の群落（雄株）（兵庫県加東市，2010.9.19）

雄花（兵庫県加西市，2009.5.31） 　　雌花（兵庫県三木市，1998.9.2） 　　雌雄同株の花序。下部に雌花，上部に雄花がつく（兵庫県三木市，1998.9.2）

アリノトウグサ科 Haloragaceae フサモ属 *Myriophyllum* L.

貧栄養の湖沼やため池の浅水中または水辺の湿地に生育する多年生の沈水〜抽水〜湿生植物。水中と陸上で顕著な異形葉を示す両生植物である。地下茎があり節から水中（地上）茎が伸びるが，節間があまり伸張せず株をなすように見えることもある。沈水形の長さ20〜60 cm，陸生形は高さ5〜15 cm。葉は下部は対生，上部は3〜4輪生。沈水葉は羽状に細裂，全長15〜25 mmできわめて繊細。水面上に抽水する気中葉と陸生葉は線形または羽状，長さ4〜10 mm。花期は5〜9月。雌雄異株の場合がほとんどだが雌雄同株の集団も確認されている（Ueno and Kadono, 2001）。花は気中葉の葉腋につく。雄花の花弁は4枚で淡紅色，雄しべ8本。雌花は短い萼筒の先に白毛を密生した4個の柱頭がある。染色体数に2倍体と3倍体があり，結実は2倍体の雄株と雌株が混生するか雌雄同株の集団に限られる（Ueno and Kadono, 未発表）。陸生形は冬に細長い殖芽（長さ6〜20 mm, 径1.5〜2 mm）を形成して植物体は枯死するが，水中では冬も枯れずに一部の植物体が残る。

# オオフサモ　*Myriophyllum aquaticum* (Vell.) Verdc.
*M. brasiliense* Camb.

**国内** 特定外来生物。北海道？, 本州, 四国, 九州, 沖縄　**国外** 南米原産。現在は世界各地で野生化

滋賀県高島市（2000.10.14）

開花中の株（滋賀県高島市, 2002.5.5）

雌花

コウホネと競合するオオフサモ（兵庫県赤穂市, 2004.5.1）

アリノトウグサ科 Haloragaceae　フサモ属 *Myriophyllum* L.

湖沼やため池, 河川, 水路などに群生する多年生の抽水植物。茎は径5mm前後と太く, しばしば赤みがかる。分枝しながら水中を横走し, 大きな群落を形成する。葉は5～6輪生。気中葉は全長1.5～4.5cm, 羽状に細裂し, 粉を吹いたような緑白色で柔らかい。沈水葉は繊細で, 長さ6cmに達する。花期は5～6月ごろ。雌雄異株で, 日本に野生化しているのは雌株だけ。雌花は葉腋に着生し, 柱頭に白毛があるので白く見える。結実はしない。冬は特殊な殖芽を形成せず, そのままの状態で越冬。

いったん侵入・定着すると旺盛な繁殖力で広がり, 在来水生植物を駆逐する。観賞植物として導入されたが, 自然水域への不用意な導入は行ってはならない。現在は特定外来生物として販売も栽培も法的に禁止されている。

237

# クロバナロウゲ　*Comarum palustre* L.
*Potentilla palustris* (L.) Scop.

国内 北海道，本州（中部以北）　国外 北半球の寒冷地

バラ科 Rosaceae クロバナロウゲ属 *Comarum* L.

北海道標茶町（2000.8.29）

北海道苫小牧市（2011.8.7）

葉の表と裏

花（北海道浜頓別町，1987.7.20）

　湖沼や河川，水路の水辺，湿原に生育する多年生の抽水〜湿生植物。ときに水面に大きな群落を形成する。茎はやや太く中空，横に這って分枝する。上部は直立して高さ40〜60 cm。葉は3〜7個の小葉からなり，小葉は細い長楕円形で長さ4〜7 cm，幅1〜2 cm，鋸歯がある。裏面は絹毛があり帯白色。花期は6〜8月。径1.5〜2 cm，暗紫褐色の花を数個つける。花弁は卵形で鋭頭，萼片より短い。

# ミゾハコベ *Elatine triandra* Schkuhr var. *pedicellata* Krylov

国内 北海道（稀），本州，四国，九州，沖縄　国外 アジア，ヨーロッパ，南米

開花中の群落（滋賀県高島市，2000.10.14）

沈水形（石川県珠洲市，2009.8.5）

果実は球形，柄がある（兵庫県加東市，2013.9.29）

果実が裂開し，中の種子が見える

ミゾハコベ科 Elatinaceae ミゾハコベ属 *Elatine* L.

　河川や水路の水辺，水田などに生育する一年生の沈水〜湿生植物。特に水田に多い。茎は地面を這いながら分枝して四方に広がり，長さ2〜10 cm，完全な沈水形では30 cmに達する場合もある。葉は対生で広披針形〜狭卵形，鈍頭で鋸歯はない。気中葉は長さ4〜12 mm，幅1.5〜3 mm，沈水葉は長さ25 mm，幅4 mmと大きくなる。沈水葉が緑白色で質が薄いのに対し，気中葉は厚みと光沢がある。花期は6〜10月。花は葉腋に1個つき，長さ1〜2.5 mmの短い花柄がある。径約1 mmで目立たない。花弁は紅紫色で3枚，雄しべ3本，雌しべは1個で柱頭は3裂。水中では閉鎖花となる。果実は球形。中に鈍頭でやや湾曲した円柱形の多数の種子がある。

　花（果）柄がほとんどない植物をイヌミゾハコベ var. *triandra* とし，両者を別変種とする見解もあるが，花柄の長さは同一集団内でも変異が大きい。

　ミズハコベと間違われることがあるが，ミズハコベ（オオバコ科）の果実は軍配状なのに対し，ミゾハコベの果実は球形なので，果実を調べれば間違うことはない。

# カワゴケソウ *Cladopus doianus* (Koidz.) Koriba
*C. japonicus* Imamura

RL 絶滅危惧IB類　国内 九州（鹿児島県，宮崎県）　国外 中国

カワゴケソウ科 Podostemaceae　カワゴケソウ属 *Cladopus* Moeller

果実期のカワゴケソウ。果実は球形（鹿児島県霧島市，2012.1.11）

紅葉したカワゴケソウ（トキワカワゴケソウ）（鹿児島県枕崎市，2011.1.10）

カワゴケソウの生育環境（鹿児島県志布志市，2010.11.23）

　河川急流域の岩盤や大きな石に固着して生育する多年草。根が変形した葉状体は偏平で細長く，幅2～4 mm，厚さ0.2～0.6 mm，ほぼ規則正しく互生状に分枝し，羽状をなす。葉状体の分枝部から針状に退化した葉が3～15（多くは7～8）本束生する。葉は長さ4～8 mm，幅0.3 mm。生殖成期となる10月ごろから茎は2～3 mm伸びて，先端の切れ込んだ掌状葉を2列に密生する。花期は10～12月。花は茎の先端に1個つき，苞に包まれる。雄しべ1，雌しべ1で柱頭は2裂。開花は，水位が下がってつぼみが空気中に出たときによく見られるが，水中では閉鎖花で結実する。果実は球形で表面は平滑，中に多数の細かい種子（長さ0.3～0.4 mm）が入っている。
　鹿児島県薩摩半島の万之瀬川に産したマノセカワゴケソウ（ツクシポドステモン）と馬渡川に産したトキワカワゴケソウ（トキワポドステモン）は，分子系統学的研究によってカワゴケソウにまとめられた（Kato, 2008）。水位の低下や水質汚濁の進行で，一部の河川を除き，消滅寸前の状態にある。

# タシロカワゴケソウ
***Cladopus fukienensis*** **(H.C.Chao) H.C.Chao**
*C. austro-osumiensis* Kadono et N.Usui

`RL` 絶滅危惧IA類　`国内` 九州（鹿児島県）　`国外` 中国

カワゴケソウ科 Podostemaceae カワゴケソウ属 *Cladopus* Moeller

葉状体（根）と針状の葉（鹿児島県錦江町産。新種記載のタイプ標本となったサンプル）

葉状体（鹿児島県錦江町，2010.11.22）

タシロカワゴケソウが生育する雄川上流部（鹿児島県錦江町，2010.11.22）

　河川急流域の岩盤や大きな石に固着して生育する多年草。カワゴケソウに比べ葉状体が明らかに細く（0.4～1 mm），まばらに分岐しながら錯綜するように岩面を這う。葉は針状で長さ5 mmまで，立ち上がる茎に密につく。果実は卵状球形で長さ約1.5 mm，表面は平滑。

　1970年代に故新敏夫博士によって鹿児島県錦江町（旧田代町）雄川上流で発見されていたが，Kadono and Usui（1995）によって正式に新種として記載された。和名は新敏夫博士による。その後，分子系統学的研究によって中国に産する標記の種と同種であることが明らかになった。雄川上流部の約2 kmの区間で生育が確認されていたが，2010年11月に筆者が調査したときには激減しており，2010年10月の豪雨による大規模な出水の際に流れてきた土砂によって葉状体が剥離されたものと推測した（角野ほか，2013）。自然環境は良好であり，回復が期待される。

# カワゴロモ　*Hydrobryum japonicum* Imamura

RL 絶滅危惧Ⅱ類　国内 九州（鹿児島県）　国外 東アジア

カワゴケソウ科 Podostemaceae　カワゴロモ属 *Hydrobryum* Endl.

葉状体（鹿児島県錦江町，2010.11.22）

花（鹿児島県錦江町，2010.11.22）

果実（鹿児島県錦江町，2011.1.8）

生育環境（鹿児島県錦江町，2010.11.22）

急流河川の岩盤や大きな石に付着して生育する多年草。葉状体は濃緑色で偏平，ほぼ円形状に周縁成長し，直径30 cmを超えることもある。その生育状態は，まさに苔類や地衣類を思わせる。葉状体の厚さは0.5 mm前後と他種に比べ厚い。葉は葉状体上に散在し，長さ8〜12 mmの針状葉が数本ずつ束生する。花期は10〜12月。針状の葉身は脱落して基部の葉鞘が残存して肥大し，小形の鱗片葉のようになる。その鱗片葉に包まれるようにして1個の花がつく。雄しべは1個だが花糸の途中で2分岐してY字状になる。雌しべは1個。果実は楕円形で縦縞がある。中に多数の微細な種子がある。

鹿児島県大隅半島の4河川から報告されているが，花期には川が白く染まると言われた景観はもはや見ることができない。一部の河川では良好な生育状態を維持しているが，いずれの河川も生育範囲が限定されているため，環境の変化には注意が必要である。

# ウスカワゴロモ *Hydrobryum floribundum* Koidz.

RL 絶滅危惧Ⅱ類　国内 九州（鹿児島県）　国外 日本固有

カワゴケソウ科 Podostemaceae　カワゴロモ属 *Hydrobryum* Endl.

鹿児島県志布志市（2011.1.8）

花（鹿児島県志布志市，1988.11.9） 　　果実（鹿児島県志布志市，2011.1.8）

　急流河川の岩盤や大きな石に付着して生育する多年草。カワゴロモ同様に扁平で円形状の葉状体が広がるが，厚さ0.1～0.2mmと薄く柔らかい。針状葉は葉状体の各所に見られ，長さ5～8mmで3～10本が束生。花期は10～1月。花は密につく。花は雄しべ1本，雌しべ1本で，雄しべの花糸は2分岐する。果実は楕円形で縦縞がある。

　鹿児島県大隅半島の安楽川と前川（ともに志布志市）に分布する。両河川とも「志布志のカワゴケソウ科植物生育地」として2010年に国の天然記念物に指定された。安楽川にはカワゴケソウとウスカワゴロモの良好な群落が維持されているが，前川は樹林の成長で光環境の悪化が懸念される。

# ヤクシマカワゴロモ　*Hydrobryum puncticulatum* Koidz.

| RL | 絶滅危惧IB類 | 国内 | 九州（屋久島） | 国外 | 日本固有 |

カワゴケソウ科 Podostemaceae　カワゴロモ属 *Hydrobryum* Endl.

鹿児島県上屋久町（2012.1.9）

果実（鹿児島県上屋久町，2012.1.9）

ヤクシマカワゴロモの生育する一湊川（鹿児島県上屋久町，2012.1.9）

　急流河川の岩盤や大きな石に付着して生育する多年草。ウスカワゴロモに似るが，葉状体はウスカワゴロモに比べやや厚く0.2〜0.3 mm，直径は10数cmと他種より小さいものが多く，不規則に切れ込むことも特徴。針状葉も長さ2〜4 mmと短く，2〜5本が束生。花期は12〜1月。花のつき方は他種に比べまばら。花，果実とも他種に比べ小さい。雄しべは花糸の途中で2分岐するものと分岐しないものが混在する。

　屋久島の一湊川と上流部の白川にのみ生育。2010年に「ヤクシマカワゴロモ生育地」として国の天然記念物に指定された。ただし白川の生育地は「篤志家」によって移植されたものとされる（寺田ほか，2009）。

# オオヨドカワゴロモ
***Hydrobryum koribanum*** **Imamura ex S.Nakayama et Minamitani**

`RL` 絶滅危惧 IA 類　`国内` 九州（宮崎県）　`国外` 日本固有

カワゴケソウ科 Podostemaceae カワゴロモ属 *Hydrobryum* Endl.

葉状体（根）がめくれあがるように広がるのは本種だけの特徴（宮崎県小林市，2010.11.23）

オオヨドカワゴロモの自生地（宮崎県小林市，2010.11.23）

　急流河川の岩盤や大きな石に付着して生育する多年草。他のカワゴロモ類と比べ葉状体が粗剛でざらつく。葉状体が成長するにつれ4～5（～7）層（他種は2～3層）になり，先端部は斜上成長を始めて，めくれ上がった状態になる。針状葉は長さ4～6 mmで4～7本が束生，春から夏にかけて伸び，秋から冬にかけては脱落する。花期は11～12月。果実は卵形～楕円形で長さ1.7～2.1 mm，縦縞がある。果実の隔壁が裂開せず種子が2列に配列するのは本種だけの特徴とされる（中山・南谷，1999）。

　わが国におけるカワゴケソウ科植物の最初の発見者である今村駿一郎博士は，宮崎県大淀川水系のカワゴロモ類の特異性に気づき，新種と考え上記の学名を与えていた。恩師の郡場寛博士に因むものである。中山・南谷（1999）によって詳しく研究され，正式に記載された。

# ミズスギナ　*Rotala hippuris* Makino

RL 絶滅危惧IA類　国内 日本固有種。本州（関東以西），四国，九州

福岡県上毛町（1986.9.23）

ミソハギ科 Lythraceae キカシグサ属 *Rotala* L.

沈水形（2010.5.29）　　　花（栽培，2003.8.30）　　　沈水葉の先端の形態

　湖沼やため池などに稀に生育する多年生の沈水〜抽水〜湿生植物。やや短い地下茎が匍匐し，節から水中茎が伸びる。水中茎が基部で分枝し叢生するように見えることもある。水中では水深によって全長60 cmに達する。茎は柔らかく円柱状で各節に5〜12枚の葉が輪生。茎が水面に達すると気中に伸びて立ち抽水状態となる。水位が下がると陸生形（湿生）となる。このような環境の変化に対応して顕著な異形葉を示す。沈水葉は線形で質薄く，長さ1〜3 cm，幅0.3〜0.4 mm，鋸歯はなく，先端は2裂してスパナ状になる。気中葉は厚みがあって短く，長さ3〜8 mm，幅0.3〜1 mm，先端は鈍頭またはやや凹形。花期は8〜10月。花は葉腋に1個ずつつく。径1〜2 mm，花弁は白色で4枚，雄しべ4本，雌しべ1本。水中では閉鎖花をつける。果実は球形で径1.5〜2 mm。中に10数個の種子が入る。
　もともと産地の少ない種だが，ため池の改修工事や水質の悪化により生育地が次々と失われ，特に本州では絶滅寸前である。

# ヒシ  *Trapa japonica* Flerov

**国内** 北海道, 本州, 四国, 九州  **国外** 東アジア

シラルトロ湖のヒシ群落（北海道標茶町, 2000.8.26）

開花中のロゼット（兵庫県加西市, 2012.8.15）

花（兵庫県小野市, 2012.8.7）

果実（滋賀県近江八幡市, 2012.9.29）

ミソハギ科 Lythraceae（ヒシ科 Trapaceae） ヒシ属 *Trapa* L.

湖沼やため池, 河川・水路の淀みなどに生育する一年生の浮葉植物。中〜富栄養水域に生育し, 最近は富栄養化の進行した水域で異常繁茂する例も見られる。茎は盛んに分枝して伸長し, 水面に浮葉を展開する。浮葉はロゼット状に配列し, 葉身は卵状菱形または円みのある三角形で長さ2〜5 cm, 幅2〜8 cm, 鋸歯がある。葉柄の中央部は膨れて浮嚢となる。花期は7〜9月。各ロゼットに1日に1（〜2）個の花が咲く。花弁は白色で4枚, 径1〜1.5 cm。雄しべ4, 雌しべ1。果実は4個の萼片のうちの2つが発達して刺になる。全幅3〜5 cm, 中央の子房突起が突出する。脱落した他の2個の萼片の跡が突起状になることがある。この突起（擬角）の著しいものをイボビシと呼ぶこともあるが, これはヒシの種内変異である。また明らかな4刺を示すものをコオニビシと呼ぶ。遺伝的にはヒシの一型であることが明らかにされているが（Takano and Kadono, 2005）, しばしば独立した集団を形成するので, 区別する場合の学名は, *Trapa japonica* Flerov var. *pumila* (Nakano) Kadono という新組み合わせになる。

247

# オニビシ　*Trapa natans* L.
*T. natans* L. var. *japonica* Nakai

国内 本州，四国，九州　　国外 ユーラシア。北米で野生化

ミソハギ科 Lythraceae (ヒシ科 Trapaceae) 　ヒシ属 *Trapa* L.

兵庫県加東市（2012.8.7）

1日花で，雄しべと雌しべが接触して自家受粉する（兵庫県加東市，2012.8.7）

果実（兵庫県加東市，2012.10.5）

　湖沼やため池などに生育する一年生の浮葉植物。葉の形やサイズは生育環境によって大きく変異し，ヒシの変異幅とほぼ重なるため，果実の確認なしに正確な同定は不可能である。葉身の長さ3〜6 cm，幅4〜9 cm。花期は7〜9月。訪花昆虫もやってくるが，最終的に雄しべと雌しべが接触して自動自家受粉する（Kadono and Schneider, 1986）。果実は大形で，4本の刺（2本の上刺と2本の下刺）を持ち，全幅45〜75 mm，子房突起が突出せず，果実の肩とほぼ同じ高さとなることが多いが，下刺の向きや全体の形状にはさまざまな変異がある。葉柄や葉の裏面が赤く色付くものをメビシ var. *rubeola* Makino として区別することもあるが，このような着色は多かれ少なかれほとんどのオニビシ集団で見られるものであり，分類群を特徴付けるものではないだろう。
　国内の分布が片寄っている。「ヒシの実」は救荒植物として利用され，人間が食用に供するために移植したことが原因かもしれない。

# トウビシ  *Trapa bispinosa* Roxb.

国内 本州，九州　国外 中国，インド

ミソハギ科 Lythraceae（ヒシ科 Trapaceae）ヒシ属 Trapa L.

大きな二棘性の果実をつける（佐賀市，2001.9.24）

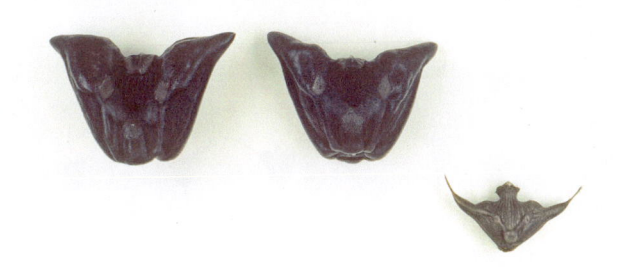

トウビシの果実。右側はヒシ

ツノナシビシの果実

　湖沼やため池などに生育する一年生の浮葉植物。オニビシと同様に全幅が5cmを超える大きな果実を形成するが，刺は上刺2本だけ。遺伝的にはオニビシの一型であることが明らかになっており，植物学的には独立した分類群として扱う必要はないかもしれないが，中国で食用に改良されたと思われるものが野生化しており，トウビシとして区別した。刺がない**ツノナシビシ *T. acornis* Nakano**はトウビシをさらに品種改良したものと考えられる。主に中国やインドで栽培されるが，日本にも導入されている。

# ヒメビシ　*Trapa incisa* Siebold et Zucc.

RL 絶滅危惧Ⅱ類　国内 本州，四国，九州　国外 東アジア

ミソハギ科 Lythraceae(ヒシ科 Trapaceae)　ヒシ属 *Trapa* L.

兵庫県加東市（2012.7.17）

花（兵庫県加東市，2012.7.17）

オニビシ（左），コオニビシ（右上段），ヒメビシ（右下段）の果実サイズの比較

果実（栽培，2012.9.25）

　湖沼やため池，水路，水田などに生育する一年生の浮葉植物。浮葉は長さ 1.5〜3.5 cm，幅 1〜3 cm，やや縦長である場合が多く，葉身が小形なので鋸歯が粗く見える。葉の裏面や葉柄の毛は他種に比べ疎かほとんどない。花期は 7〜8 月。花は他種に比べて小さく，花弁は白〜薄い桃色。花弁が開かないまま結実（閉鎖花）することも多い。果実には細く長い 4 刺があり，全幅約 20 mm，他種の果実に比べて極めて小形である。果体もやや縦長で刺は果体より長いことが多い。

　ヒシが増える傾向にあるのに対し，ヒメビシは各地で消滅が相次ぎ，きわめて稀な種になっている。比較的浅い水域に生育するために，埋め立てや水質汚濁の影響を大きく受けている。

# ミズキンバイ　*Ludwigia peploides* (Kunth) P.H.Raven subsp. *stipulacea* (Ohwi) P.H.Raven

*L. adscendens* (L.) H.Hara var. *stipulacea* (Ohwi) H.Hara

RL 絶滅危惧Ⅱ類　国内 本州，四国，九州　国外 中国

アカバナ科 Onagraceae チョウジタデ属 *Ludwigia* L.

抽水形と浮葉形の群落（千葉県横芝光町，2008.8.4）

開花した抽水形（宮崎市，2009.8.8）

花（宮崎市，2009.8.8）

　湖沼やため池，河川，水路などに生育する多年生の浮葉〜抽水植物。地下茎があり，節から地上に茎が伸びる。地上茎は地表あるいは水中を這うように伸びて立ち上がり，全高〜60 cm。葉は互生。気中の茎につく葉は狭長楕円形〜倒披針形で鈍頭，長さ3〜8 cm，幅1〜3 cm，葉柄は短く葉身との境は不明瞭。浮葉は長さ0.5〜3.5 cmの葉柄が明瞭で，葉身は楕円形〜倒卵形，長さ2〜5 cm，幅1.5〜3.5 cm，先端は円頭またはやや凹形。いずれも光沢がある。水中茎の節から水面に伸びる白色で太い呼吸根（気根）がしばしば観察される。花期は6〜9月。葉腋から長さ1〜4 cmの花柄が伸び，花は径2〜3 cmで花弁5（〜6）枚，鮮やかな黄色で1日花。果実は細長く，長さ1.5〜3 cm，やや木質で先端に萼片が残る。

　もともと国内の産地は多くない。水域の埋立や水質悪化の影響で次々と消滅した。一方で栽培用に流通している植物体が逸出して野生化し，国内外来種問題を引き起こしているケースもある。

# オオバナミズキンバイ *Ludwigia grandiflora* (Michx.) Greuter et Burdet subsp. *grandiflora*

**国内** 特定外来生物。本州（近畿地方）　**国外** 南米および北米南部原産

アカバナ科 Onagraceae チョウジタデ属 *Ludwigia* L.

浮葉形。ヒシと混生（兵庫県加西市，2010.5.30）

湿地に群生して開花中（兵庫県加西市，2009.5.31）

湿生形の密毛

花（兵庫県加西市，2009.5.31）

　湖沼やため池などに生育する多年生の浮葉〜抽水〜湿生植物。水中では走出枝を伸ばし，茎が立ち上がって抽水形になるか浮葉を展開する。茎は無毛で，葉は広楕円形〜長楕円形，長さ2.5〜5 cm，幅1〜2.5 cm，裏面は赤味がかる。水中ではしばしば呼吸根が発達する。湿地では直立し，高さ30〜80 cm。茎には粘る密毛がある。葉は長披針形〜長楕円形で長さ3〜8 cm，幅0.8〜2.5 cm，明瞭な葉柄はない。花期は5〜10月。径4〜5 cm，花弁は5（〜6）枚で，鮮やかな黄色。広倒卵形で先端がやや凹む。皿状に平開することが特徴。雄しべ10本，雌しべ1本。果実は円柱形で長い柄をもつ。
　2007年に兵庫県加西市のため池で野生化が確認された（須山ほか，2008）。水質浄化や観賞用として流通していたものの逸出である。

# ウスゲオオバナミズキンバイ　*Ludwigia grandiflora* (Michx.) Greuter et Burdet subsp. *hexapetala* (Hook. et Arn.) Neson et Kartesz
*L. hexapetala* Hook.

国内 特定外来生物。九州（鹿児島県）　国外 中南米原産。北米で野生化

アカバナ科 Onagraceae チョウジタデ属 *Ludwigia* L.

串良川の群落（鹿児島県東串良町，2009.8.9）

水面に広がる浮葉（鹿児島県東串良町，2009.8.9）

湿生形は葉が細長い（鹿児島県東串良町，2009.8.9）

花（鹿児島県東串良町，2009.8.9）

　湖沼や河川，水路などに生育する多年生の浮葉〜抽水〜湿生植物。茎は地表あるいは水中を這いながら茎を立ち上げ，群落を広げる。茎は高さ30〜120 cm。抽水形の葉は細長く，長さ7〜12 cm，幅10〜18 mm。浮葉は楕円形〜長楕円形で，長さ4〜8 cm，幅16〜30 mm。湿地に生育する茎葉には毛があり，白みがかる。花は径約3 cmとオオバナミズキンバイよりもミズキンバイに近いサイズであるが，花弁の先端が凹む特徴は前者と一致する。浮葉の形態ではミズキンバイと区別できないが，湿生形のヤナギ類に似た細長い葉と花弁先端の凹みに着目すれば見分けられる。本種は染色体数が2n＝80（ミズキンバイは16）であり，鹿児島県産植物の同定も染色体数の確認が決め手になった（岡本・角野，準備中）。和名は須山ほか（2008）による。

　2009年に鹿児島県肝属川水系串良川の数カ所で群生が記録された。水中に広がるだけでなく，コンクリート護岸を這いのぼる茎もあり，繁殖力は旺盛である。

# ミズユキノシタ　*Ludwigia ovalis* Miq.

国内 本州，四国，九州　国外 朝鮮，中国

アカバナ科 Onagraceae　チョウジタデ属 *Ludwigia* L.

秋田市（2004.8.22）

湿地に生育（兵庫県南あわじ市，2013.9.26）

湖沼やため池，河川，水路，湿原などの水中や湿地に生育する多年生の沈水〜湿生植物。茎は分枝しながら地上を這い，上部は斜上する。葉は互生，短い葉柄があり，葉身は広卵形で長さ1〜3 cm，幅0.7〜2 cm，しばしば赤みがかる（特に沈水葉）。花期は6〜10月。葉腋に目立たない径4〜7 mmの花をつける。花被は淡黄緑色をした三角形の萼裂片4個からなり，花弁はない。雄しべ4個，花柱は1個。水中では閉鎖花をつける。果実は楕円状球形で長さ3〜5 mm，萼片が先端に残る。

花。しばしばアリがやってくる（兵庫県加東市，2012.8.31）

水中の閉鎖花

# アメリカミズユキノシタ　*Ludwigia repens* J.R.Forst.

国内 本州　国外 北米原産

アカバナ科 Onagraceae チョウジタデ属 *Ludwigia* L.

駆除後も深泥池に残る（京都市，2006.8.26）

開花中の茎葉（栽培，2007.7.7） 　　花（栽培，2009.6.22） 　　果実（栽培，2010.7.24）

　湖沼やため池，休耕田や湿地などに生育する多年生の沈水〜抽水〜湿生植物。茎が倒伏して這い，節から不定根を出しながら伸長する。長さは20〜50 cm，分枝して斜上する茎はしばしば赤い。葉は対生，短い葉柄があり葉身は狭披針形〜卵形，長さ10〜40 mm，幅7〜15 mm，ミズユキノシタに比べやや厚く堅い。花期は6〜10月。葉腋に1〜2個の花をつける。ミズユキノシタと異なり，長さ3〜5 mmの黄色の小さい花弁がある。果実は長さ約15 mmの円柱形で先端に萼片が残る。

　観賞用の水槽植物として古くから世界各地に導入されている。我が国では京都市の深泥池で1980年代に野生化が記録された（村田・彭，1988）。野生化すると旺盛な繁殖力を持ち，駆除をしても根絶は困難である。同じく水槽植物として導入されている**セイヨウミズユキノシタ *L. palustris* (L.) Ell.** は葉が対生する点が共通するが，花弁を欠くことでアメリカミズユキノシタから識別できる。

# ミズタガラシ　*Cardamine lyrata* Bunge

国内 本州，四国，九州　　国外 朝鮮，中国，東シベリア

アブラナ科 Brassicaceae（Cruciferae） タネツケバナ属 *Cardamine* L.

湧水中で伸長する走出枝と沈水葉（岐阜県海津市，2005.8.2）

花序（兵庫県篠山市，2009.5.10）

春の直立形（兵庫県篠山市，2009.5.10） 　　花（兵庫県篠山市，2009.5.19）

湖沼やため池，河川，水路，水田などに生育する越年生または多年生の沈水または湿生植物。水辺の湿地では春に長さ30〜70cmの直立茎を伸ばして開花・結実した後に枯死するが，湧水のある場所などでは花後に倒伏した茎が走出枝となり成長を続ける。直立する茎の葉は羽状複葉で長さ1〜7cm。下部の葉ほど長く側小葉は多い。頂小葉は広卵形で最も大きい。花期は4〜6月。総状花序に径8〜10mmの4枚の白い花弁を持つ花を次々と咲かせる。果実は線形で長さ2〜3cm。
　花後に伸びる走出枝には卵円形で，基部が心形の葉を互生する。水中では沈水形となり，ときに赤味がかる。湧水中では通年生育する。

# オオバタネツケバナ　*Cardamine regeliana* Miq.

**国内** 北海道，本州，四国，九州　**国外** 朝鮮，中国，ロシア極東部

アブラナ科 Brassicaceae (Cruciferae) タネツケバナ属 *Cardamine* L.

兵庫県丹波市（2007.5.3）

複葉 　　　花（兵庫県篠山市，2013.4.13） 　　　果実（兵庫県丹波市，2013.5.5）

　河川上流や水路，泉，湿原などに生育する多年生の抽水〜湿生植物。湧水中では沈水植物となる。高さ 15〜45 cm，基部で盛んに分枝して株立ちする。葉は互生，羽状複葉で長さ 4〜13 cm，3〜7 対の側小葉と浅い欠刻のある頂小葉からなる。花期は 4〜6 月。花茎に長さ 3〜12 cm の総状花序をつけ，白色の花弁 4 枚の花が次々に咲く。果実は線形で長さ 1.5〜2.5 cm，上向きにつく。
　沈水形はオランダガラシと酷似するが，オオバタネツケバナは小葉が細長く，頂小葉には欠刻があることで識別できる。愛媛県の湧水で食用に栽培される「テイレギ」（松山市天然記念物）は本種の沈水形である。

# オランダガラシ（クレソン）　*Nasturtium officinale* R.Br.

国内 北海道，本州，四国，九州，沖縄　国外 ヨーロッパ原産。世界各地で野生化

アブラナ科 Brassicaceae (Cruciferae) オランダガラシ属 *Nasturtium* R. Br.

河川に広がる群落（神戸市西区，2002.3.20）

葉が大きいオランダガラシ（兵庫県丹波市，2013.5.5）

花（神戸市西区，2010.6.1）

果実（神戸市西区，2012.6.2）

　河川や水路，湧水のある池などに生育する越年生または多年生の抽水植物。湧水中では沈水状態でも生育する。茎は中空，這うように伸張して分枝，先は立ち上がり全長20〜70 cm。葉は互生で羽状複葉。複葉は3〜7対の側小葉と1枚の頂小葉からなる。小葉は広卵形〜披針形で長さ1〜3 cm，幅0.5〜3 cm，著しい欠刻はなく，頂小葉が他の小葉より大きい。花期は3〜8月。総状花序に白い花を多数つける。花序の花ははじめ平面的に密集しているが，外側（下）から開花が進むにつれて花茎が伸張して，下部に果実，上部に開花中の花がみられる状態になる。果実は長さ1〜2 cmの細い円柱状でやや湾曲，長さ1 cm前後の果柄の先に横向きにつく。秋に発芽して翌春に開花・結実して枯死する集団と，通年にわたって生育する集団がある。後者の生活史は，主に湧水環境でみられる。
　もともと食用に導入されたもので，各地で湧水を利用して栽培される。最近，頂小葉の長さと幅が10 cmを超える巨大なオランダガラシが各地で確認されているが，種内変異か別系統かは不明。

# ハリナズナ　*Subularia aquatica* L.

RL 絶滅危惧IB類　国内 本州（岩手県）　国外 周北極地域（ユーラシア大陸，北米）

アブラナ科 Brassicaceae (Cruciferae) ハリナズナ属 *Subularia* L.

閉鎖花が結実した水中の群落（岩手県八幡平市，2007.9.11）　撮影：鈴木まほろ（岩手県立博物館）

ハリナズナの生育する沼（岩手県八幡平市，2007.9.11）
撮影：鈴木まほろ（岩手県立博物館）

標本（岩手県産，神戸大学所蔵）

花（栽培）　撮影：鈴木まほろ（岩手県立博物館）

貧栄養湖沼に稀に生育する小形で1年生の沈水～湿生植物。茎は伸張せず，葉は根生する。葉は線形で先が細く，長さ1～7 cm，幅1～2 mm。夏に長さ1～3（～10）cmの細長い花茎を伸ばし，短い花柄の先に1個ずつ，計2～3（～8）個の花をつける。花は沈水状態では閉鎖花で直径約1 mmの球形，陸生形では4枚の白い花弁をもつ花をつける。果実は長楕円状で長さ2～3 mm，中に数個の種子が入っている。

1982年に岩手県で発見されたのが日本最初の記録（井上，1986）。花や果実のない状態ではホシクサ属やミズニラ属の幼個体を思わせる形をしている。果実がなければアブラナ科の植物であるとはわからない。その後，岩手県内では新たな自生地が確認されているが（鈴木・森長，2008），北海道～東北地方の山中の貧栄養湖沼を探索すれば，さらに産地が見つかる可能性がある。

# エゾノミズタデ　*Persicaria amphibia* (L.) Delarbre
*Polygonum amphibium* L.

**国内** 北海道，本州（中部以北）　**国外** 北半球の温帯地域に広く分布

タデ科 Polygonaceae　イヌタデ属 *Persicaria* Miller

浮葉形（北海道礼文町，2011.8.4）

陸生形（北海道大樹町，1992.7.18）

花序（北海道礼文町，2011.8.4）

若芽を被う粘液

湖沼やため池，水路などの水中ならびに周辺湿地に生育する多年生の両生植物。水中と陸上で形態が著しく変わる異形葉を示す典型的な例である。水中では浮葉または抽水植物として生育する。茎は水底から伸び，水面に横たわって伸張・分枝し，葉を互生する。節には長さ 1.5～2 cm の筒状の托葉鞘が発達。葉柄の基部も鞘となり，茎を抱く。浮葉の葉柄は長さ 3～6 cm，葉身は長楕円形でほぼ無毛，長さ 6～13 cm，幅 2～4.5 cm，鈍頭で基部はやや心形～切形。茎の上部はしばしば水面上に立ち上がって抽水状となり，この場合の葉柄は長さ 2 cm まで。葉身は細長く，長さ 6～9 cm，幅 1～2 cm，先端は鋭頭になる。葉の裏面（特に脈上）に毛がある。また若い芽は粘液に被われる。花期は 7～9 月。先端の葉腋から花茎が伸び，穂状花序をつける。花序の長さ 1.5～4 cm，淡紅色～白色の花が密生する。

　陸生形は直立し高さ 30～60 cm。葉は細長い倒披針形，先端は鋭頭，基部は円形。花序は水中形と変わらないので同種だとわかる。

# ホソバノウナギツカミ

***Persicaria praetermissa*** **(Hook.f.) H.Hara**
*P. hastato-auriculata* Makino ex Nakai ;
*Polygonum hastato-auriculatum* Makino

国内 本州（関東以西），四国，九州，沖縄　国外 朝鮮，中国，ヒマラヤ

沈水状態の群落（和歌山県海南市，1996.7.28）

抽水形の群落（兵庫県小野市，2009.5.30）

花序（兵庫県小野市，2009.5.30）

葉形。茎の逆刺にも注目（兵庫県小野市，2009.5.30）

湖沼やため池などの水中または水辺の湿地に生育する一年生の沈水〜抽水〜湿生植物。茎は倒伏し，上部は斜上する。長さ30〜80 cm。茎には下向きの逆刺がある。葉は長卵形〜長披針形で長さ2〜10 cm，幅0.7〜1.5 cm，先端は尖り，基部は2〜5 mmの短い葉柄があり，ほこ形で茎を抱く。托葉鞘は筒状で約2 cm。花期は5〜10月。花序は長さ7〜15 cmで，1枝に5〜10個の花をまばらにつける。花は径3〜4 mm，花弁に見えるのは萼片で淡紅色。完全に開かずに結実する花もある。水辺のタデ属植物の中で，花をまばらにしかつけないのは本種だけなので，同定の良い特徴になる。

タデ科 Polygonaceae イヌタデ属 *Persicaria* Miller

261

# ヤナギタデ　*Persicaria hydropiper* (L.) Delabre

国内 北海道, 本州, 四国, 九州, 沖縄　国外 北半球に広く分布

タデ科 Polygonaceae　イヌタデ属 *Persicaria* Miller

湧水河川の沈水形と抽水形（栃木県高根沢町, 2013.8.25）

沈水葉（栃木県高根沢町, 2013.9.23）

通常の花序（兵庫県篠山市, 2013.10.19）

葉鞘中の閉鎖花の結実

河川や水路の水辺に普通に生育する一年生の湿生植物であるが, 湧水河川ではしばしば沈水〜抽水植物となる。高さ30〜110 cm。葉は互生, 短い（2〜5 mm）葉柄があり, 葉身は披針形〜長卵形で長さ3〜10 cm, 幅1〜2 cm, 両端がやや細くなる。花期は8〜10月。総状花序は長さ5〜13 cm, ややまばらに花をつけるが, 開花する花はごく一部で, 大半は閉鎖花である。節の葉鞘の中にも数個の閉鎖花があって, 鞘中で結実する。

水中の沈水葉は, 陸生葉に比べて薄く, 半透明になり, 一見, ヒルムシロ属の沈水葉に見える。茎が立ち上がると抽水形になり, 陸生形と同じように花序をつける。

葉には舌がしびれるような辛みがあり, 若い植物でも噛んでみれば本種と分かる。刺身のつまなど, 食用として利用される。

# ムジナモ　*Aldrovanda vesiculosa* L.

RL 絶滅危惧IA類　国内 本州　国外 ユーラシア，アフリカ，オーストラリア

奈良市（2007.8.8）

輪生葉

花（奈良市，2007.8.8）　果実

種子（1目盛りは0.5mm）

モウセンゴケ科 Droseraceae ムジナモ属 *Aldrovanda* L.

　河川や湖沼に生育する多年生の沈水性浮遊植物。根はない。茎は長さ5〜25 cmで分枝しながら成長する。葉は各節に6〜9個が輪生する。葉柄は楔形で長さ5〜8 mm，葉身は長さ4〜5 mm，中肋部で二枚貝のように内側に折りたたまれ，これが刺激によって開閉して水中の小さな虫を捕える。花期は7〜8月。水面上に長さ1〜2 cmの花茎を伸ばし，径5〜6 mmの白〜緑白色の花を1個つける。開花は1〜2時間で終わる。萼片，花弁，雄しべとも5，雌しべは1個。果実は水中で成熟し球形，径3.5〜4 mm。種子は楕円状で長さ1.5 mm。晩秋になると茎の先端が球状〜楕円形の殖芽となり冬を越す。
　国内の自生地は消滅し，食虫植物愛好家などによって栽培下で系統が維持されてきた。埼玉県羽生市宝蔵寺沼では，自生地復元の努力が続けられている（ムジナモ保護増殖事業に係る調査団，1982；小宮・柴田，2001）。世界の状況はCross（2012）のモノグラフに詳しい。

263

# ナガエツルノゲイトウ
*Alternanthera philoxeroides* (Mart.) Griesb.

**国内** 特定外来生物。本州（関東以西），四国，九州，沖縄　**国外** 南米原産。世界各地の暖地で野生化

ヒユ科 Amaranthaceae　ツルノゲイトウ属 *Alternanthera* DC.

大阪府守口市（2010.8.25）

淀川に繁茂した状況（大阪府守口市，2010.8.25）

大阪府守口市（2007.10.28）

花。柄がある

湖沼や河川，水路，水田などに生育する多年生の抽水〜湿生植物。茎は長さ1m以上で中空，水中や地上を分枝しながら這う。先端が立ち上がり群落を形成する。葉は対生，短い葉柄があり，葉身は倒卵形〜倒披針形，長さ2.5〜7cm，幅0.7〜2.5cm，細かい鋸歯がある。花期は5〜10月。葉腋から長さ1〜4cmの柄を伸ばし，先端に径約1.5cm，白色の頭状花序をつける。結実は見ない。近縁種からは花柄があることで識別できる。

やや乾燥した場所も含めて幅広い環境で生育可能だが水湿地では特に旺盛な繁殖力を示す。世界的な侵略的外来種と問題視されているが，我が国でも水面を被い尽くし，さまざまな生態系被害が生ずる状況になっている。植物体断片からの再生力も強く，いったん侵入・定着すると根絶は容易ではない。

# ヌマハコベ *Montia fontana* L.

**RL** 絶滅危惧Ⅱ類　**国内** 北海道，本州（関東以北）　**国外** ユーラシア大陸，北米，アフリカ，ニュージーランド

ヌマハコベ科 Montiaceae（スベリヒユ科 Portulacaceae）ヌマハコベ属 *Montia* L.

開花中の株（北海道釧路市，2011.6.18）

生育地（北海道釧路市，2011.6.18）

花。このように半開きで終わることが多い（北海道釧路市，2011.6.18）

果実

種子

河川上流部やしみ出し水のある湿地などに生育する1年生の抽水〜湿生植物。

茎は高さ5〜15 cm，下部は倒伏して盛んに分枝し株となる。葉は対生，へら形で短い葉柄があり，長さ5〜15 mm，幅3〜5 mm，無毛で柔らかい。花期は6〜8月。集散花序にまばらに花をつける。白色の花弁5枚があるが，サイズは不揃い。花が半開きのとき径1 mm，完全に開くと径3 mmになるが，全開する場合は限られる。果実はいびつな球形で径2 mmほど。中に約1 mmの種子が2，3個入る。

目立たない植物だが，シカの食害に遭えばひとたまりもない柔らかい植物なので，注意深く見守る必要がある。

# シンワスレナグサ（ワスレナグサ） *Myosotis scorpioides* L.

国内 北海道，本州（中部以北），四国？　国外 ヨーロッパ原産

ムラサキ科 Boraginaceae ワスレナグサ属 *Myosotis* L.

長野県安曇野市（2009.8.2）

　河川や水路，池，水辺の湿地などに生育する多年生の抽水～湿生植物。特に湧水のある水域でよく育つ。茎はやや倒伏して分枝しながら立ち上がる。高さ20～50 cm。葉は互生し，長楕円形～倒披針形で全縁，長さ4～10 cm，幅0.6～2 cm。花期は5～9月。淡い青色で径7～9 mmの花を花序の下から同時に数個ずつつける。花弁は5深裂し，中心部は黄色。花序は伸張して長さは最大30 cmになる。
　花壇などで「ワスレナグサ」として植栽されているのは**ノハラワスレナグサ** *M. alpestris* F.W. Schmidt や**エゾムラサキ** *M. sylvatica* Hoffm. またはその交配種で，花の青色が濃い。

花（静岡市，2013.7.3）

ナヨナヨワスレナグサ。茎が細く，他にもたれかかるように生育する（静岡県富士市，2008.5.27）

シンワスレナグサは花の色が淡く，また萼が深く裂けないことが特徴である。名称の混乱は海外でもあり，シンワスレナグサは true forget-me-not として区別される。湿地に生育する**ナヨナヨワスレナグサ（タビラコモドキ）** *M. laxa* Lehm. subsp. *caespitosa* (C.F. Schultz) Hyl. ex Nordh. は花の直径が3 mmほど。ヨーロッパ原産で，中部～関東地方の一部地域に野生化。

# ヨウサイ（エンサイ，クウシンサイ）
***Ipomoea aquatica* Forssk.**

国内 九州，沖縄　国外 中国南部〜熱帯アジア原産。世界各地の暖地で野生化

ヒルガオ科 Convoluvulaceae サツマイモ属 *Ipomoea* L.

沖縄県石垣市（2013.11.3）

水面に広がる群落（沖縄県石垣市，2013.11.3）

つるを伸ばす（沖縄県石垣市，2013.11.3）

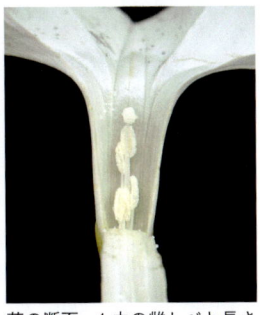

花の断面。1本の雌しべと長さの異なる5本の雄しべがある

　池や河川，水路，水田などに生育する多年生の抽水〜湿生のつる植物。茎は中空で径8〜10 mm，分枝しながら水中や地面を這い，長さが5 mを超えるのは普通。水域では特に繁殖力が旺盛で密な群落を形成する。葉は互生，5〜20 cmの葉柄があり，葉身は長心臓形〜ほこ形，基部は心形，長さ7〜18 cm，幅4〜12 cm。花期は7〜11月。花はアサガオ形で径5〜8 cm，花弁は白色または中心部が紫色を帯びる。雌しべ1，雄しべ5。
　中国や熱帯アジアでは野菜として広く利用されるが，最近は日本（本州，四国，九州）でも「空心菜」として栽培される。栽培品は野生品より小ぶりで，アクが少ない。
　沖縄では「ウンチェー」と呼ばれ，植物防疫の観点から他地域への移動が規制されている。

# ナガボノウルシ　*Sphenoclea zeylanica* Gaertn.

`国内` 九州（熊本県）　`国外` 熱帯アジア〜アフリカ原産。中南米の熱帯〜亜熱帯地域に野生化

ナガボノウルシ科 Sphenocleaceae　ナガボノウルシ属 Sphenoclea Gaertn.

熊本県玉名市（2009.9.21）

株立ちする草姿（熊本県玉名市、2009.9.21）

花序。白いのが開花中の花（熊本県玉名市、2009.9.21）

果実

　水田（特に休耕田）や湿地に生育する一年生の抽水〜湿生植物。全体に軟質で無毛、茎は中空、分枝して株立ちする。高さ20〜80 cm。葉は互生し、披針形〜長楕円形で長さ3〜9 cm、幅1〜3 cm、全縁、長さ1 cm以内の短い葉柄がある。花期は7〜10月。長さ2〜7 cmの細長い棒状の穂状花序が立ち上がり、花軸に密生した花が下からやや不規則に開花する。花は径2 mm、浅く5裂する白色の花弁があり、雌しべ1個、雄しべ5個、花序から突き出すように咲く。果実は偏球状で萼片に包まれる。

　1965年に熊本県玉名市で初めて採集された。家畜の敷き藁にするための稲束を東南アジアから輸入した際に種子が混入していた可能性が指摘されている（浜田，1990）。現在も同市とその周辺に分布が限られる。

# ウキアゼナ　*Bacopa rotundifolia* (Michx.) Wettst.

**国内** 本州（中部以西），四国，九州　　**国外** 北米原産。中国，ヨーロッパで野生化

オオバコ科 Plantaginaceae（ゴマノハグサ科 Scrophulariaceae）オトメアゼナ属 *Bacopa* Aublet

岡山市（2009.9.21）

ウキアゼナが一面に広がった休耕田（岡山市，2010.9.18）　　花（兵庫県三田市，2008.8.6）

　河川や水路，水田などに生育する一年生の浮葉〜湿生植物。特に水田（休耕田）で旺盛に繁茂する。茎は分枝しながら地表を匍匐するか，または水中に横たわって伸び，長さ20〜60 cm，毛が多い。葉は対生で葉柄はなく，円形〜倒卵型，長さ1.5〜3.5 cm，幅1〜3 cm，先は円く全縁，厚みがあって柔らかく，葉脈は掌状。花期は8〜10月。葉腋より長さ5〜15 mmの花柄が次々と伸び，径約8 mm，白〜淡紅色の花をつける。花弁は上部が5裂，雄しべ4，雌しべ1。果実は球形で長さ約5 mm，小さな種子が多数詰まる。

　1954年に岡山県で初めて採集された。その後，岡山県以外の水田にはしばらく広がらなかったが，近年，西日本を中心に各地で見られるようになった。

# ウォーターバコパ *Bacopa caroliniana* (Walt.) B.L.Robins

国内 本州　国外 北米原産

オオバコ科 Plantaginaceae（ゴマノハグサ科 Scrophulariaceae）オトメアゼナ属 *Bacopa* Aublet

干上がったため池の陸生形（岡山県備前市，2010.9.18）

沈水形（栽培）

茎の毛。左下にあるのが果実

花（岡山県備前市，2010.9.18）

　ため池や水路，湿地などに生育する多年生の抽水〜湿生植物。水槽では沈水形で観賞される。茎は水中を伸び，上部は抽水形となり高さ5〜15 cm。茎には横または下向きの密な毛がある。葉は対生，広楕円形〜倒卵形で長さ8〜20 mm，幅7〜15 mm，葉柄はなく茎を抱く。花期は7〜10月。幅10〜13 mmの淡青色の花弁を持つ花をつける。花弁は左右相称で4裂，1本の雌しべが花弁に合着，雄しべも基部は花弁に合着し長短2本ずつの計4本。果実は萼片にはさまれて緑色をしているので，注意しなければそれと気づかない。長さ1.2 cm，幅6〜7 mmで多数の小さな種子がある。
　アクアリウムプランツとして人気があり，広く流通している。逸出例は限られるが，池底が干上がった状態でも旺盛に繁茂する様子を観察したことがある。植物体断片からの再生力も強いので不用意な投棄や流出には注意が必要である。

# オトメアゼナ　*Bacopa monnieri* (L.) Pennell

**国内** 沖縄　**国外** アジアの熱帯域〜北米南部原産

オオバコ科 Plantaginaceae (ゴマノハグサ科 Scrophulariaceae) オトメアゼナ属 *Bacopa* Aublet

水面にマット状に広がる（沖縄県沖縄市，2013.11.6）

沖縄県沖縄市（2013.11.6）

花（沖縄県沖縄市，2013.11.6）

果実。右は上側の萼片を取った状態

池沼や水路，水田，湿地などに生育する多年生の抽水〜湿生植物。茎は水中または地表を這って長く伸び，水域ではマット状の半抽水植物として大きな群落を作る。葉は対生，倒卵形〜倒披針形で長さ0.8〜2 cm，幅3〜6 mm，微細な鋸歯があり，肉質でやや厚みがある。花期は5〜11月。葉腋から花茎が伸び，花弁は径0.8〜1 cm，白色で浅く4〜5裂。1本の雌しべと長短2本ずつ計4本の雄しべが下部で花弁と合着する。花後，萼片に挟まれた長さ6〜7 mmの薄い果実ができる。褐色の小さな種子が多数ある。

人気のあるアクアリウムプランツとして流通している。暖地でしか育たないが，植物体断片から容易に繁殖するので取り扱いには注意が必要である。

# ミズハコベ　*Callitriche palustris* L.

国内 北海道，本州，四国，本州，沖縄　国外 北半球の温帯域に広く分布

オオバコ科 Plantaginaceae（アワゴケ科 Callitrichaceae）　アワゴケ属 *Callitriche* L.

田植え前の水田に生育する（静岡市，2008.4.20）

茎の下部の沈水葉は線形（栃木県大田原市産，2013.9.22）

開花中（兵庫県豊岡市，2010.5.2）　果実（兵庫県新温泉町）

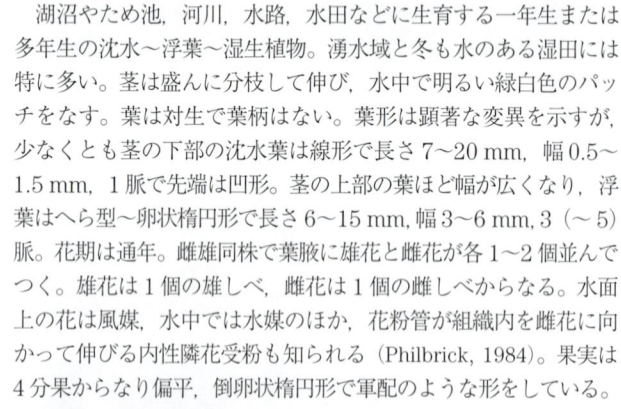

　湖沼やため池，河川，水路，水田などに生育する一年生または多年生の沈水〜浮葉〜湿生植物。湧水域と冬も水のある湿田には特に多い。茎は盛んに分枝して伸び，水中で明るい緑白色のパッチをなす。葉は対生で葉柄はない。葉形は顕著な変異を示すが，少なくとも茎の下部の沈水葉は線形で長さ7〜20 mm，幅0.5〜1.5 mm，1脈で先端は凹形。茎の上部の葉ほど幅が広くなり，浮葉はへら型〜卵状楕円形で長さ6〜15 mm，幅3〜6 mm，3（〜5）脈。花期は通年。雌雄同株で葉腋に雄花と雌花が各1〜2個並んでつく。雄花は1個の雄しべ，雌花は1個の雌しべからなる。水面上の花は風媒，水中では水媒のほか，花粉管が組織内を雌花に向かって伸びる内性隣花受粉も知られる（Philbrick，1984）。果実は4分果からなり偏平，倒卵状楕円形で軍配のような形をしている。

　本種をミズハコベ（狭義）var. *palustris*，ナンゴクミズハコベ var. *oryzetorum*（Petrov）Lansdown，マンシュウミズハコベ var. *elegans*（Petrov）Y.L.Chang の3変種に細分する見解がある（Lansdown，2006）。花の特徴や葉形が識別形質とされるが，さらに検討が必要と考え，ここでは広義のミズハコベとして扱った。

# イケノミズハコベ　*Callitriche stagnalis* Scop.

国内 本州　国外 ヨーロッパ〜北アフリカ原産。北米，オーストラリアで野生化

クレソン田に広がる大きなパッチ（静岡県富士宮市，2008.5.27）

浮葉（静岡県富士宮市，2013.12.11）

沈水葉は楕円形（栃木県大田原市，2013.9.22）　果実（静岡県富士市）

オオバコ科 Plantaginaceae（アワゴケ科 Callitrichaceae）アワゴケ属 *Callitriche* L.

　湧水河川や水路，クレソン田などを中心に分布を拡大しつつある多年生の沈水〜浮葉植物。1個体の長さは60 cmほどまでであるが，多数の株が分枝しながら成長するので数mを超えるパッチを形成することがある。葉は対生で葉柄はない。ミズハコベとの違いは沈水葉がすべて幅の広い楕円形であること。浮葉は卵状楕円形で長さ6〜20 mm，幅3〜6 mm，5（〜7）脈で表面はときに凹凸が著しい。花期は5〜7月。果実は径1.5〜2 mmの横幅がやや広い楕円形〜円形。

　山梨県富士吉田市で確認されたのが最初の記録である（森田・李，1998）。現在までに確認されている分布範囲は東北〜近畿地方であるが，ミズハコベと誤認されている場合が多い。ミズハコベを駆逐しながら急速に分布を拡大している可能性があり（角野，2013），注意を喚起したい。

# チシマミズハコベ　*Callitriche hermaphroditica* L.
*C. autumnalis* L.

RL 絶滅危惧Ⅱ類　国内 北海道（道東）　国外 北半球の温帯域寒冷地に広く分布

オオバコ科 Plantaginaceae（アワゴケ科 Callitrichaceae）　アワゴケ属 *Callitriche* L.

北海道釧路市（2008.8.24）

北海道釧路市（2008.8.24）

果実 　　　葉の先端

冷涼な地域の湖沼や河川に稀に生育する一年生の沈水植物。ミズハコベの沈水葉が緑白色なのに対し，本種は濃い緑色で半透明。茎は長さ15～50 cmで盛んに分枝する。葉は対生で無柄，線形～狭披針形で長さ8～12 mm，幅1～2 mm，全縁で1脈，先端は凹形。花期は7～8月。雌雄同株で水媒。果実は4分果からなり円形，周囲に狭い翼がある。分果の間に深い溝があることも特徴。

アワゴケ属では珍しい完全な沈水植物。一見コカナダモなどトチカガミ科の沈水植物とよく似ているが，果実の形からアワゴケ属であることがわかる。1990年に北海道の阿寒地方で発見されたのが日本最初の記録（角野・滝田，1992）。北海道の湖沼や河川には，今後新たな産地が見つかる可能性がある。

# ハビコリハコベ
***Glossostigma elatinoides*** (Benth.) Benth. ex Hook. f.

国内 本州　国外 オセアニア原産

水底を隙間なく被う（愛知県田原市，2012.9.10）

地面を這う生育形（栽培）

開花個体（栽培，2013.6.9）　　花（栽培，2013.6.29）

オオバコ科 Plantaginaceae (ゴマノハグサ科 Scrophulariaceae) ハビコリハコベ属 *Glossostigma*

湖沼やため池，湿地に生育する多年生の沈水〜湿生植物。茎は分枝しながら地面を匍匐し，節から発根しながら伸長する。一部の茎は葉腋から立ち上がって伸び抽水形をとる。葉は対生，短い葉柄があり，葉身は倒披針形〜倒卵形で長さ3〜8 mm，幅2〜5 mm。陸生葉は長さ2〜3 mm，幅2 mmと小形になる。花期は6〜8月。抽水形または陸生形で開花。葉腋から伸びる長さ1〜1.5 cmの花柄に幅3〜4 mmの白い花が咲く。花弁は5裂，雌しべ1，雄しべ2。

日本人が世界に広めたアクアリウムプランツ。前景の水底をびっしりと被う様子が Japanese Nature Style として人気が高い。愛知県で最初に野生化が報告された。和名は瀧崎吉伸氏による。成長が早く，また植物体断片から容易に増えるので，いったん逸出すると旺盛に繁殖する。

# オオアブノメ　*Gratiola japonica* Miq.

RL 絶滅危惧Ⅱ類　国内 本州，四国，九州　国外 朝鮮，中国，ロシア東部

撹乱後の裸地に生育（静岡市，2008.5.2）

オオバコ科 Plantagineaceae（ゴマノハグサ科 Scrophulariaceae）オオアブノメ属 *Gratiola* L.

花（兵庫県加西市，2006.6.7） 　　果実（兵庫県加西市，2006.6.7） 　　アブノメの花（山形県村山市，2003.8.27）

　河川の水辺や水路，水田などに生育する1年生の抽水〜湿生植物。茎は分枝しながら株立ちし直立または斜上，高さ10〜25 cm。全体が肉質で柔らかい。葉は対生，狭長楕円形〜披針形で長さ1〜3 cm，幅2〜7 mm，全縁で先端は鈍頭。花期は5〜6月。葉腋に1つの花をつける。花冠は白色，筒型で長さ5〜7 mm。ときに花は開かず閉鎖花となる。果実は球形で径3〜5 mm。
　典型的な撹乱依存植物で，植生遷移が進むと埋土種子として休眠し，撹乱によって裸地ができると発芽する。河川では撹乱の減少により，水田では除草剤の使用や乾田化によって，減少が進んでいる。
　**アブノメ** *Dopatrium junceum* (Roxb.) Buch.-Ham. ex Benth. も同様の生態をもつ。茎の上部では葉が鱗片状になり，ほとんど目立たない。花の色は淡紫色。

# スギナモ *Hippuris vulgaris* L.

国内 北海道，本州（長野県以北）　国外 周北極地域に広く分布

オオバコ科 Plantagineaceae (スギナモ科 Hippuridaceae) スギナモ属 *Hippuris* L.

北海道千歳市（2010.8.10）

流れになびく沈水形（北海道千歳市，2010.8.9）

開花中の抽水形（北海道安平町，1996.7.23）

花（北海道安平町，1996.7.23）

　湖沼や湿原内の池塘，河川などに生育する多年生の沈水〜抽水植物。水位低下時には陸生形となる。地下茎が匍匐し，節から水中茎が伸びる。植物体のサイズは変異に富み，一般に水中では大きく陸生形は小形になる。茎は軟質で長さ 10〜60 cm。葉は各節に 6〜12 輪生。沈水葉は線形で薄く緑褐色，長さ 2〜6 cm，幅 1.5〜3 mm。気中葉は厚みがあって線形〜披針形，沈水葉より短く，長さ 5〜15 mm，幅 1〜1.5 mm，鋭頭。ともに鋸歯はない。花期は 6〜8 月。花は気中葉の葉腋に単生し，濃紅紫色。無柄で，花弁はない。長さ 1〜2 mm の楕円形の萼筒から 1 本の雄しべと 1 個の雌しべが出る。果実は楕円形で長さ約 2 mm。

　**ヒロハスギナモ** *H. tetraphylla* L.f.（絶滅危惧 II 類）が北海道厚岸湖から報告されている（藤原，1988）。葉は 4（〜5）輪生で，葉の幅が 4〜5 mm ある。周北極地方の沿海の沼地に産する。

# キクモ　*Limnophila sessiliflora* (Vahl) Blume

国内 本州，四国，九州，沖縄　国外 東南アジア，インド，オーストラリア

オオバコ科 Plantaginaceae（ゴマノハグサ科 Scrophulariaceae）シソクサ属 *Limnophila* R. Br.

抽水形で開花中の群落。浮葉植物はガガブタ（兵庫県加古川市，1991.9.1）

水中の沈水形（鳥取市，2010.10.11）

花（新潟県佐渡市，2012.9.20）　果実（沈水形）

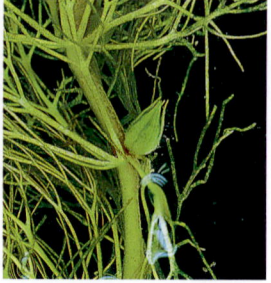

湖沼やため池，水路，水田などに生育する一年生の沈水〜抽水〜湿生植物。地下茎があり節から水中（地上）茎が立つ。茎の長さは水中では水深によって60 cm近くなるが，陸生状態では20 cmくらいまで。茎には密に軟毛が生える。葉は4〜10輪生。葉は水中と気中で顕著な異形葉を示す。沈水葉は細い糸状の裂片（幅0.2〜1 mm）に裂け，全体の長さは15〜40 mm。気中葉の裂片は幅広く，長さ6〜25 mm。中間的な葉形も認められる（p. 13）。花期は8〜10月。花は葉腋に単生し無柄。気中葉につく花の花弁は筒状で紅紫色。沈水葉の葉腋につく花は開花しない（閉鎖花）。結実はよく，果実は卵円形，長さ3〜5 mm，萼片に包まれる。果実が無柄であることが次のコキクモとの識別点であるが，稀に短い柄をもつ果実が混じる。

# コキクモ（タイワンキクモ，エナガキクモ）
***Limnophila trichophylla*** (Kom.) Kom.
*L. indica* (L.) Druce

RL 絶滅危惧Ⅱ類　国内 本州，九州　国外 中国

水中で閉鎖花をつける（岡山市，2007.9.23）

花（岡山市，2010.9.18）

果実には柄がある（岡山市，1989.9.30）

オオバコ科 Plantaginaceae（ゴマノハグサ科 Scrophulariaceae）シソクサ属 *Limnophila* R. Br.

　ため池や水路，水田などに稀に生育する一年生の沈水〜抽水植物。キクモとたいへんよく似ているが，やや小形で沈水葉は長さ1.5〜2.5 cm，気中葉は長さ0.4〜2 cm。果実が有柄（長さ2〜10 mm）であることが特徴。果実を欠いた状態でキクモとの識別は困難である。キクモ，コキクモともに抽水形，沈水形にかかわらず秋にはよく結実するので，この時期の標本があれば同定は容易である。萼の基部の小苞がないか1 mm以下である日本のコキクモに対し，東南アジアからアフリカにかけて分布するタイプは小苞の長さが2〜4 mmある。そこで前者を *L. indica* (L.) Druce subsp. *trichophylla* (Kom.) Yamazaki，後者を subsp. *indica* として扱う立場もあったが，最近は独立種として扱われる。もともと分布が限られるが，除草剤の使用などで減少が著しい。

# キタミソウ *Limosella aquatica* L.

RL 準絶滅危惧　国内 北海道，本州，四国，九州　国外 北半球の冷涼地に広く分布

オオバコ科 Plantaginaceae（ゴマノハグサ科 Scrophulariaceae）キタミソウ属 *Limosella* L.

北海道大樹町（1992.7.18）

浮葉形（北海道大樹町，1992.7.18） 　　　花（北海道大樹町，1992.7.18）

　湖沼や河川などの浅い水域から湿地にかけて生育する一年生の浮葉〜湿生植物。細い茎が泥中を這い，節部が株となる。湿生状態では高さ3〜5 cm。葉は根生。長さ1〜4 cmの葉柄の先に広線形〜さじ形，長さ3〜15 mmでやや肉厚の葉身をもつ。水中では葉柄を伸ばして水面に楕円形の浮葉を展開する。浮葉は長さ1〜2 cm。開花は湿生状態で見られ，花期は6〜10月。白色の花弁は径2〜3.5 mm，花弁は5（〜6）裂，雄しべは4個で花筒の上部につく。雌しべは1個。
　夏に水位が下がり湿地帯ができる湖沼や河川などに生育する。最近，各地から新産地報告が増えている（西廣ほか，2002など）。種子が微細なので水鳥によって運ばれている可能性がある。

# ヒシモドキ　*Trapella sinensis* Oliver

RL 絶滅危惧IB類　国内 北海道（稀），本州，四国，九州　国外 朝鮮，中国

佐賀市（2000.8.12）撮影：上赤博文

葉の裏面は赤い（岡山市，2007.9.11）

開放花。このように同じ節から2個の花が同時に咲くのはまれ（岡山市，2008.8.20）

葉腋のつぼみ様の部分が閉鎖花

オオバコ科 Plantaginaceae（ヒシモドキ科 Trapellaceae）ヒシモドキ属 *Trapella* Oliver

　湖沼やため池，河川，水路などに生育する一年生の浮葉植物。茎は水面まで伸張して伸びる。葉は対生，沈水葉は披針形で質薄く，長さ1〜2 cm。浮葉は長さ0.5〜3 cmの葉柄があり，葉身は三角状卵形〜腎円形で長さ1.5〜3 cm，幅1.5〜4 cm，低い鋸歯がある。裏面は赤い。基部は浅い心形〜切形。花期は7〜9月。花には開放花と閉鎖花があり，葉腋に単生する。閉鎖花は無柄またはごく短い花柄があり細長いつぼみ状，開放花は花柄が伸び，淡紅色の花弁をもつ筒状の花をつける。閉鎖花は花期を通して見られるのに対し，開放花の形成は限られ，年や集団によっては見ることができない。結実は閉鎖花のほうがよい。果実は萼筒が伸びて円柱形となり，長さ1.2〜2 cm，ときに発達した翼がある。がく裂片が伸張した長さ2〜6 cmの刺状突起が3〜5本ある。
　平地の水域に生育する水草なので水域の埋立や水質汚濁の進行で，全国的にはきわめて稀になっている。

# オオカワヂシャ（オオカワヂサ）
***Veronica anagallis-aquatica* L.**

国内 本州，四国，九州　国外 ヨーロッパ〜アジア北部原産

兵庫県丹波市（2006.6.4）

抽水形（神戸市西区，2011.5.15） 　　沈水形（兵庫県丹波市，2006.6.4） 　　花（兵庫県丹波市，2007.5.3）

オオバコ科 Plantaginaceae（ゴマノハグサ科 Scrophulariaceae）クワガタソウ属 *Veronica* L.

　主に河川や水路，水田などに生育する越年生または多年生の抽水〜湿生植物。湧水域ではしばしば沈水形となる。茎は中空，高さは普通1m前後，ときに2mを超えるが，発芽が遅れた個体は高さ10cm前後でも開花結実するというサイズの可塑性が顕著。葉は対生，無柄でやや茎を抱き，長楕円形〜披針形，長さ3〜12cm，幅1〜4cm，葉縁には細かい鋸歯がある。花期は3〜6月，通年生育する集団では9〜10月にも再度開花する。葉腋から長さ5〜15cmの穂状花序が伸び，直径7〜8mm，淡紫色でオオイヌノフグリに似た花を咲かせる。果実は球形で先端がやや凹む。微細な多数の種子を含む。

　本種は1920年代に神奈川県と兵庫県で採集された標本が残されているが，その後，分布を拡大した様子がない。ところが1980年代から京阪神地方を中心に急速に分布を広げ，今では北海道と沖縄を除く全地域で見られる。特に湧水河川への侵入が目立ち，生態系への影響が危惧されている（角野，2010）。なお東日本を中心に別種と考えられるオオカワヂシャ類似植物が広がっており，検討中である。

# カワヂシャ　*Veronica undulata* Wall.

**RL** 準絶滅危惧　**国内** 本州，四国，九州，沖縄　**国外** 中国，東南アジア，インド

オオバコ科 Plantaginaceae（ゴマノハグサ科 Scrophulariaceae）クワガタソウ属 *Veronica* L.

背後にはオオカワヂシャ（淡紫色の花）が迫っている（兵庫県加古川市，2012.5.26）

兵庫県赤穂市（2004.5.8） 　　花（兵庫県加古川市，2012.5.26） 　　果実（兵庫県加古川市，2012.5.26）

　主に河川や水路，水田などに生育する越年生の抽水〜湿生植物。湧水域ではしばしば沈水形で生育する。茎は分枝しながら直立し，高さ（10〜）30〜90 cm。葉は無柄でやや茎を抱く。葉身は長披針形で先はやや尖り，長さ2.5〜8 cm，幅0.5〜2.5 cm，縁には明瞭な鋸歯がある。花期は4〜6月。長さ5〜15 cmの花序に直径4 mm前後の白い花をつける。果実は球形で先端中央部がわずかに凹む。
　通常は秋から冬にかけて発芽し，翌春に開花結実して枯れるが，湧水中では通年生育する。裸地で発芽する攪乱依存植物であり，湿地の植生遷移の進行などで植生に被われると減少する。外来種オオカワヂシャとの競合も危惧されている。

# ホナガカワヂシャ　*Veronica* × *myriantha* Tos.Tanaka

国内 本州　国外 中国

オオバコ科 Plantaginaceae（ゴマノハグサ科 Scrophulariaceae）　クワガタソウ属 *Veronica* L.

長い穂が重いのであろうか，他の植物に寄りかかるように生育していた（兵庫県加古川市，2012.5.26）

花（兵庫県加古川市，2013.6.6）

（左から）オオカワヂシャ，ホナガカワヂシャ，カワヂシャの花

果実は結実しない（兵庫県加古川市，2012.5.26）

　河川や水路，水田などに生育する越年生の抽水～湿生植物。オオカワヂシャとカワヂシャの雑種として報告された（Tanaka, 1995）。高さ50～80 cm。葉は無柄でやや茎を抱き，長披針形，長さ5～7 cm，幅1～2.5 cm，鋸歯があり，先はやや尖る。和名のとおり穂が長く，長さ15～28 cm。花は直径6 mm前後，色は白色に近い淡い紫色で，サイズ，色ともに両親種の中間的特徴を示す。全体的な見かけはオオカワヂシャに似ているが，オオカワヂシャでは花弁の裏の萼片が隠れて見えないのに対し，ホナガカワヂシャの場合は見える。現場での便利な識別方法である。もう1つの特徴は結実しないこと。両親種はともに結実良好で果実が膨れるが，本種は果実が発達しない。
　両親種が混生する集団でも必ずしも本種が見つかると限らない。雑種が成長するにはさまざまな条件があるのだろう。

# ノタヌキモ　*Utricularia aurea* Lour.
*U. pilosa* Makino

**RL** 絶滅危惧Ⅱ類　**国内** 本州，四国，九州，沖縄　**国外** 東アジア〜インド，オーストラリア

タヌキモ科 Lentibulariaceae　タヌキモ属 *Utricularia* L.

滋賀県東近江市（1988.9.2）

葉は基部で3裂

花（兵庫県加東市，2013.9.29）　　果実

中栄養の湖沼やため池などに生育する一年生の浮遊植物。茎はよく分枝し長さ1.5 mに達する。葉は基部から3本の枝に分かれ，それぞれがさらに立体的に枝分かれする。タヌキモやイヌタヌキモと異なり，葉の裂片が3次元（立体）の配列を持つ。葉全体の長さ3〜8 cm，多数の捕虫嚢がつくが，秋遅くなると捕虫嚢のない葉が展開することもあり，フサタヌキモとまぎらわしい（冬になるとフサタヌキモは殖芽を形成するが，ノタヌキモは枯死する）。花期は7〜10月。花茎は長さ7〜20 cm，花弁は淡黄色，下唇の仮面部は隆起し普通赤褐色の紋様がある。自家受粉によってよく結実し，果実は直径4〜5 mm，花柱が残存する。花柄は花の時期には細いが，果実期には先の方が太くなることが特徴的である。

285

# イヌタヌキモ　*Utricularia australis* R.Br.
*U. tenuicaulis* Miki

RL 準絶滅危惧　国内 北海道，本州，四国，九州，沖縄　国外 アジア，アフリカ，オーストラリア，ヨーロッパ

タヌキモ科 Lentibulariaceae　タヌキモ属 *Utricularia* L.

兵庫県加東市（2007.8.7）

捕虫嚢。葉は基部で2本に分かれる

花（兵庫県加東市，2009.9.3）

花の距は太短かく鈍頭

　貧栄養～腐植栄養の湖沼やため池，水田やその側溝などに生育する多年生の浮遊植物。茎は細く径0.3～2 mm，全長は約 1 m に達する。葉は長さ 1.5～4.5 cm，基部で2本の枝に分かれ，さらに互生状に何回か分枝する。捕虫嚢は多いが，環境条件（ハスの葉の陰など）によって捕虫嚢の少ない植物体も見かける。花期は7～9月。花茎は長さ 10～30（～50）cm で，3～10花，花茎はしばしば茎より太く，断面は中実。花柄は長さ 0.5～3 cm で果実期には湾曲して下向する。花弁は黄色，距は下唇より短く鈍頭。果実は球形で径約 4 mm。ただし雄性不稔で結実しない集団も報告されている（山本・角野，1990；Araki and Kadono, 2003）。秋以降，側枝の先端と頂端に殖芽を形成する。殖芽は長楕円形で暗褐色，長さ 4～10 mm，幅 3～7 mm。殖芽葉は中軸が不明で不規則に分裂し刺毛が顕著。殖芽の形態はタヌキモとオオタヌキモから識別する顕著な特徴である。

# オオタヌキモ　*Utricularia macrorhiza* Leconte

**RL** 準絶滅危惧　**国内** 北海道，本州（関東以北）　**国外** 温帯アジア東部，北米

青森県つがる市（2006.9.15）

花（正面）（青森県つがる市，2007.7.26）

花。距が長く，先端はやや上を向き鋭頭（青森県つがる市，2007.7.26）

果実

殖芽

タヌキモ科 Lentibulariaceae タヌキモ属 *Utricularia* L.

　湖沼やため池，流れのない水路，湿原内の池塘などに生育する多年生の浮遊植物。日本産タヌキモ類では最も大形で，長さは1 mを超え，分枝しながら成長する。葉は互生，まず基部で2本の枝に分かれ，それぞれがさらに3～4回枝分かれして各裂片は糸状，全体の長さ3～6 cm。各裂片はほぼ同一平面上にあり，多数の捕虫嚢がつく。花期は7～9月。花弁は黄色，幅約1.5 cm，距は下唇よりも長くやや上方に湾曲し尖ることが特徴。花茎の断面には直径の半分に近い穴があり中空，花の距と茎の断面でタヌキモやイヌタヌキモとは確実に識別できる（沖田，2006，2008）。果実は球形で径5～6 mm。秋遅く茎の先端に暗緑色をした長径12～20 mm，短径10～15 mmの球形～楕円形の殖芽を形成して越冬する。ときに2個の殖芽が並ぶ。

　山本・角野（1990）は日本産「タヌキモ」に結実する集団と，花粉が不稔で結実しない集団があることを報告した。前者は小宮ほか（1997，2001）によって日本新産として報告された本種であり，後者がタヌキモであることが，その後明らかになった。

# タヌキモ　*Utricularia* × *japonica* Makino
*U. vulgaris* L. var. *japonica* (Makino) Tamura

RL 準絶滅危惧　国内 本州，九州　国外 日本固有？

京都市深泥池（2006.8.26）

花（京都市，2006.8.26）

距は花弁よりやや短く先は少し尖る（京都市，2006.8.26）

殖芽

タヌキモ科 Lentibulariaceae　タヌキモ属 *Utricularia* L.

　湖沼やため池，水路，湿原の池塘などに生育する多年生の浮遊植物。茎は径2～3 mm，分枝しながら伸張し，長さ1 mを超える。葉は互生，基部で2本の枝に分かれ，それぞれがさらに枝分かれして各裂片は糸状，全体の長さ2～5 cm。各裂片は同一平面上にあり，多数の捕虫嚢がつく。花期は7～9月。花茎は長さ10～25 cm，断面の中央部に径1 mm足らずの小さな穴がある。花弁は黄色，距は下唇とほぼ同長で，先端はやや尖る。まさにオオタヌキモとイヌタヌキモの中間形である。両種の交雑によって起源した雑種であり（Kameyama et al., 2005），花粉は不稔，結実しない。胚嚢形成も異常である（山本・角野，1990）。秋遅く茎の先端に暗緑色をした，長径5～15 mm，短径5～12 mmのほぼ球形の殖芽を形成して越冬する。ときに2個の殖芽が並ぶ。殖芽葉には中軸があって羽状に細裂し，腋の部分にしばしば痕跡的な捕虫嚢が認められる。

# フサタヌキモ　*Utricularia dimorphantha* Makino

RL 絶滅危惧IB類　国内 本州　国外 日本固有種

タヌキモ科 Lentibulariaceae タヌキモ属 *Utricularia* L.

兵庫県加古川市（1987.7.4）

開放花（兵庫県加古川市，1987.7.4） 　閉鎖花 　殖芽（兵庫県加古川市，1984.12.8）

　湖沼やため池，水路などに稀に生育する多年生の浮遊植物。茎は長さ30～80 cm，ややまばらに分枝。葉は長さ2～6 cm，多数の細裂片に分かれ，房のように柔らかい。捕虫嚢は葉の基部ごく少数しかつかない。花には開放花と閉鎖花がある。開放花の花期は7～8月。花茎は長さ7～14 cm，3～5花がつき，花弁は淡黄色。開放花の形成状況は天候や集団によって異なる。閉鎖花は6～9月。数節おきに1個ずつつき，球状で径1～2 mm，短い花柄がある。一見蕾のようだが開花することなく，中で自家受粉が起こる。開放花，閉鎖花ともに結実し，果実は球状，径2～3 mm。殖芽は秋遅く頂端に形成され，ほぼ球形で緑色，長さ12～20 mm，幅10～15 mm。
　平地のやや富栄養な水域に生育する一方，山間の湧水のある水域の自生地も知られる。もともと稀な種であるが，多くの産地で消滅し，今や一部の地域を除いて絶滅寸前の状態にある。

# コタヌキモ　*Utricularia intermedia* Heyne

国内 北海道，本州，九州（大分県）　国外 北半球の温帯〜亜寒帯域に広く分布

タヌキモ科 Lentibulariaceae タヌキモ属 *Utricularia* L.

北海道豊富町（2011.8.5）

葉の形態と地中茎の捕虫嚢 　　葉の顕微鏡写真。先端は鈍頭 　　花（北海道浜中町，1994.8.5）

　腐植栄養湖沼の浅水域や湿原の水たまりなどに生育する多年生の沈水〜湿生植物。根を欠き，茎は長さ約 20 cm まで。まばらに分枝する。水中に浮遊または泥上に横たわる緑白色の茎と地中に伸びる無色（葉緑体を欠く）の茎がある。地表の茎の葉には捕虫嚢がないのが通常であるのに対し，地中茎には多数の捕虫嚢がつく。地表茎の葉は二叉状に細裂し，全体の輪郭が扇状になって重なり合う。葉全体の長さ 3〜15 mm，幅 4〜18 mm。葉裂片の先端部はやや鈍頭で鋸歯がある。花期は 6〜9 月。花茎は長さ 8〜20 cm，2〜5 花が順次咲く。花弁は黄色で日本産タヌキモ類の中では大きな花である。果実は球形で径 2.5〜3 mm。頂端に楕円状の殖芽を形成して越冬する。

　**ヤチコタヌキモ** *U. ochroleuca* R.Hartm. はコタヌキモと酷似するが，地表茎の葉に少数の捕虫嚢が見られることと，葉裂片の先端が鋭頭であることで異なる。花は淡い黄色，正常な花粉が形成されず，果実も種子もできないという（Taylor, 1989）。

# ヒメタヌキモ　*Utricularia minor* L.

RL 準絶滅危惧　国内 北海道，本州，四国，九州　国外 北半球の温帯〜亜寒帯域に広く分布

兵庫県三木市（2004.11.6）

水中茎（右）と地中茎（左）

西日本に多い白〜淡桃色の花

北日本に多い黄色の花

タヌキモ科 Lentibulariaceae タヌキモ属 *Utricularia* L.

　貧栄養の湖沼やため池，湿原の池塘などに生育する多年生の浮遊植物。根はなく茎は長さ5〜30 cm，水中を浮遊する場合と，水底に固着している場合がある。後者の場合，泥中の茎（地中茎）は無色で，水中茎上の捕虫嚢よりも大きな捕虫嚢が多数つく。葉は疎で互生，細裂片が二叉状に分枝，長さ5〜15 mm。花期は8〜9月，ただし西南日本では開花は稀。花茎は細く，長さ5〜25 cm，2〜10花，花弁は淡黄色（北日本）または白色〜淡桃色（主に西日本）で長さ6〜8 mm，全体として細長い形をしている。秋になると茎頂に直径〜7 mmの殖芽を形成して越冬する。

　生育環境による形態の変異が著しい。花色の変異についても，さらなる研究が必要である。タヌキモ属の中ではしばしば誤って同定される種である。特に成長の悪いイヌタヌキモとの誤同定が多い。ヒメタヌキモの葉の裂片は二叉状分枝の傾向が明瞭。

# イトタヌキモ（ミカワタヌキモ） *Utricularia exoleta* R.Br.
*U. gibba* L. subsp. *exoleta* (R. Br.) P. Taylor

RL 絶滅危惧Ⅱ類　国内 本州，九州，沖縄　国外 東南アジアほか？

タヌキモ科 Lentibulariaceae　タヌキモ属 *Utricularia* L.

兵庫県加古川市（1987.10.10）

茎と葉の拡大

花（栽培，2011.8.24）

　ため池や湿地などに生育する一年生または多年生の浮遊〜湿生植物。根を欠き，茎はごく細く直径1 mm以下，盛んに分枝してからみあい，水面や湿地で重なり合ってマット状になる。葉は長さ0.5〜1.5 cm，繊細な二叉分枝状の葉がまばらにつく。葉には少数の捕虫嚢がつく。花期は7〜10月。干上がった泥土上や水面にマットを形成した状態で次々と開花する。花茎は長さ5〜15 cm，1節から2本以上立つこともある。花数は1〜3個。花は淡い黄色で全幅3〜4 mm。自家受粉でよく結実し，果実は球形で直径2〜3 mm，径約1 mmの多数の種子ができる。湿地上では冬を越せず一年草となるが，水中では植物体の一部が浮遊したまま冬を越す。

　Taylor（1989）は，本種とオオバナイトタヌキモとの変異は連続して区別できないとして*U. gibba*のシノニムとした。しかし日本在来のイトタヌキモは花のサイズが明らかに小さいので独立種として扱う。

# オオバナイトタヌキモ　*Utricularia gibba* L.

**国内** 本州, 四国, 九州　**国外** アジア, ヨーロッパ, アフリカ, 南北アメリカの亜熱帯～熱帯域

奈良市（2004.8.12）

水面にマット状に広がる茎と葉（栽培, 2007.8.18） 　満開の花（栽培, 2012.9.15）

タヌキモ科 Lentibulariaceae タヌキモ属 *Utricularia* L.

　池沼や湿地に生育する多年生の浮遊植物。茎はごく細く直径1mm以下, 長さ20cmまたはそれ以上に伸び, 盛んに分枝してからみあいマット状になる。葉はやや疎で, 長さ0.5～1.5cm, 少数の捕虫嚢をつけた繊細な葉が二叉分枝状につく。花のない状態でイトタヌキモと識別することはできない。花期は5～11月。花茎は長さ8～18cm, 3～5個の花が次々と咲く。花は黄色で全幅12～18mm, ときに水面が黄色く染まるほどに多数の花が咲く。よく結実し, 果実は球形で直径2～3mm。水中ではそのままの状態で冬を越す。

　観賞植物として導入されたが, 各地で逸出している。Taylor（1989）以降, 国外ではイトタヌキモと区別しない分類学的取り扱いが増加しているが, 我が国で野生化している外来系統は花のサイズがはるかに大きく, 全く別の系統であると考えられる。繁殖力も旺盛である。外来種に対する適切な対応の観点からも区別して取り扱うべきであろう。

# エフクレタヌキモ　*Utricularia* cf. *platensis* Speg.
*U. inflata* Walter

国内 本州（中部，近畿地方）　国外 南米原産？

花茎の基部にフロート状の葉が輪生（兵庫県西宮市，2005.5.29）

水中に密生する沈水葉（兵庫県小野市 2013.7.9） 　茎の分枝の様子 　花（兵庫県加西市，2010.6.5）

タヌキモ科 Lentibulariaceae　タヌキモ属 *Utricularia* L.

　湖沼やため池に生育する多年生の浮遊植物。茎は他の大形タヌキモ類に比べ細く径 2 mm ほどであるが，盛んに分枝して 1 m 以上に伸びる。葉は長さ 2〜10 cm，細く繊細で多数の捕虫嚢をつける。花期は 5〜7 月。花茎の基部に長さ 6〜10 cm，輪生するフロートを形成することが顕著な特徴。その上に花茎が立ち，明るい黄色の花が近接して次々と咲く。花弁は大形で幅は 15〜18 mm，下唇弁が 3 裂する。花粉が異常で，結実はしない。観賞用に導入されたものが逸出して分布を拡大している。成長が早いうえに，分枝が立体的であることと，葉の密度が高いために容易に水中の空間を占有する。他のタヌキモ類が水面近くを浮遊するのに対し，本種は深いところでも広がるために，侵入に気づくのが遅れると根絶が困難になる。リスクの大きな外来種と言えよう。これまで *U. inflata* とされていたが，最近，学名が変更された（Kadono *et al.*, in press）。

# ミツガシワ　*Menyanthes trifoliata* L.

国内 北海道，本州，九州　国外 北半球の温帯域に広く分布

京都市（2005.4.24）

長花柱花（栽培，2010.4.21） 　　短花柱花（長野県白馬村，2013.5.26） 　　果実（北海道釧路市，2010.7.11）

ミツガシワ科 Menyanthaceae ミツガシワ属 *Menyanthes* L.

　主に北日本の湖沼や湿原内の池塘などに生育する多年生の抽水植物。西南日本の産地は氷河期の遺存分布である。緑色の太い根茎が水面下を分枝しながら横走し，分枝した根茎の頂端に数個の葉が束生する。葉柄は長さ15〜60 cm，基部は茎を抱いて葉鞘となる。葉身は3小葉からなり，各小葉は卵状楕円形でやや肉厚，長さ4〜12 cm，幅2.5〜8 cm，縁に鈍鋸歯がある。花期は西南日本では4〜5月，北日本では6〜8月。花茎は直立し長さ20〜50 cm，先端に長さ6〜9 cmの総状花序がつき，下から順次開花する。花は白で径1〜1.5 cm，花冠の先端は5裂する。内側に白毛が顕著。5本の雄しべと1本の雌しべがある。長花柱花と短花柱花があり，両型の花間で他家受粉することによって結実する。果実は球形で径3〜8 mm，種子は長さ2〜2.5 mm，光沢のある黄褐色。

# アサザ *Nymphoides peltata* (S.G.Gmel.) Kuntze

RL 準絶滅危惧　国内 北海道（移入？），本州，四国，九州　国外 ユーラシア大陸に広く分布

ミツガシワ科 Menyanthaceae　アサザ属 *Nymphoides* Hill

茨城県霞ヶ浦（2002.8.25）

兵庫県佐用町（植栽，2005.6.25）

花と訪花昆虫（滋賀県琵琶湖，2009.6.7）

　湖沼やため池，河川の淀み，水路などに生育する多年生の浮葉植物。地中を匍匐する地下茎から水中茎が伸びる。水中茎の節から伸びる葉と，地下茎から直接伸びる長い葉柄をもつ葉がある。葉身は卵形〜円形で基部は深く切れ込む。長さ4〜12 cm，幅4〜9 cm，低い鈍鋸歯があって葉縁が波状を呈する。裏面は紫色がかり粒状の腺点が顕著。花期は6〜9月。花は葉腋に多数の花が束生する集散花序につくが，1日に咲くのは1〜2花。花は黄色で径3〜4 cm，花冠上部は5深裂し，縁に毛が顕著。雄しべ5，雌しべ1。長花柱花と短花柱花のほかに雄しべと雌しべの高さがほぼ同じ等花柱花がある。複数の花型が混在する集団でのみ結実する。集団によっては開花がきわめて稀であるが，これが生態的要因によるのか遺伝的要因によるのかは不明である。種子発芽は春先の水位低下で湿地状態となった場所で起こる（Nishihiro *et al.*, 2004）。

　花期には水面が黄色く染まるほどの群生が各地に見られたが，最近は消滅する場所が相次いでいる。一方で，観賞用に販売されたアサザの野生逸出と見られる集団が出現している。アサザについては全国のほぼ全集団について遺伝子解析が進んでいるので，逸出個体の由来を突き止めることができる（上杉ほか，2009）

# ガガブタ　*Nymphoides indica* (L.) Kuntze

RL 準絶滅危惧　国内 本州，四国，九州　国外 東アジア，アフリカ，オーストラリア

ミツガシワ科 Menyanthaceae　アサザ属 *Nymphoides* Hill

兵庫県加西市（1996.8.20）

長花柱花（兵庫県淡路市，2012.9.2）

短花柱花（兵庫県小野市，2012.9.17）

殖芽の形成（兵庫県加西市，2013.9.29）

　湖沼やため池などに生育する多年生の浮葉植物。塊状の根茎から数枚の沈水葉（葉柄の長さ10 cm以下）が形成された後，水深に応じて長い葉柄をもつ初期の浮葉が展開する。この時期の葉の表面には紫褐色の斑状模様が顕著である。発育が進むと葉柄状の細長い茎が伸張を開始する。この茎の上部の節から数枚の葉や花柄が伸びる。葉はほぼ円心形〜卵心形で長さ7〜20 cm，葉縁はアサザのように波状にはならず全縁，裏面はやや紫色がかり，粒状の腺点が目立つ。花期は7〜9月。花は葉柄の基部に多数が束生し，次々と開花する。花弁は白色で径約15 mm，内側全面に白毛が密生する。長花柱花を持つ株と短花柱花を持つ株があり，両方の株が混生する集団でのみ結実が見られる。果実は楕円形で長さ3〜5 mm，萼片に包まれる。夏から秋にかけて，根が変形・肥大して太短くなり，それが集合してバナナの房状となった殖芽を葉柄の基部（花のつく位置）に形成する。翌春はこの殖芽から成長する株と前年の根茎から成長する株とがある。種子は水辺の湿地や水位低下で干上がった水底で発芽する（Shibayama and Kadono, 2007）。

# ヒメシロアサザ　*Nymphoides coreana* (H.Lev.) H.Hara

RL 絶滅危惧Ⅱ類　国内 本州，四国，九州，沖縄　国外 中国，朝鮮半島

ミツガシワ科 Menyanthaceae　アサザ属 *Nymphoides* Hill

岡山市（1988.9.10）

花（2001.8.）

越冬した根茎（多年生型）

　湖沼やため池，水田などに生育する多年生または一年生の浮葉植物。根茎から葉柄状の細長い茎が伸び，水面近くの節から1〜2枚の浮葉が展開する。葉は円心形〜卵心形，ガガブタより小形で長さ2〜6 cm，幅2〜4 cm。葉の表面に紫褐色の斑状模様があることが多い。花期は7〜9月。花は白色，径8 mmほどで，花弁の内側には毛がなく縁だけに毛がある。開花せずに自家受粉する閉鎖花も多い。結実はたいへん良い。果実は長楕円形，長さ3〜5 mm，中にたくさんの種子がつまっている。
　本種には不完全な殖芽または根茎で越冬する多年草の集団と，種子で越冬する水田の一年草の集団の存在が知られている（Shibayama, 2013）。

# ハナガガブタ　*Nymphoides aquatica* (J.F.Gmel.) Kuntze

**国内** 本州　**国外** 北米南東部原産。東アジア，アフリカ，オーストラリアで野生化

ため池に逸出して繁茂（兵庫県三木市，1996.7.1）

花。花弁は無毛

バナナの房状の殖芽

ミツガシワ科 Menyanthaceae アサザ属 *Nymphoides* Hill

　湖沼やため池に生育する多年生の浮葉植物。根茎から伸びる茎も葉柄も堅くざらつく。葉は円心型〜卵形で，長さ，幅ともに5〜15 cm。表面はガガブタの葉に比べ白みのある明るい緑色，裏面は濃紫色。花期は6〜9月ごろ。径1〜2 cmの白い花をつける。花弁は5裂，無毛であることでガガブタとは容易に識別できる。

　不定根が貯蔵物質を蓄えて肥大した殖芽の形態がバナナの房状であるために「バナナプラント」としてよく知られ，日本でも人気のある観賞植物である。日本での最初の逸出・野生化は兵庫県三木市の小さなため池だったが，瞬く間に全面がハナガガブタに被われ，在来種のジュンサイやヒツジグサが消えた。栽培では20℃以上の温度が推奨されており，逸出すると西南日本の気候では旺盛に繁茂すると予測できる。

# ミズヒマワリ　*Gymnocoronis spilanthoides* DC.

国内　特定外来生物。本州，四国，九州
国外　中南米原産。オーストラリア，ニュージーランド，台湾，インドほかで野生化

キク科 Compositae ミズヒマワリ属 *Gymnocoronis* DC.

兵庫県姫路市（2005.11.3）

花（2010.8.21） 　　花を訪れるツマグロヒョウモン（大分県由布市，2009.9.20）

　湖沼やため池，河川，水路の水辺に生育する多年生の抽水植物。茎は中空で高さ 0.5〜1.6 m，盛んに分枝する。葉は対生，葉柄の長さ 1〜4 cm。葉身は広披針形〜卵形で長さ 4〜15 cm，幅 2〜5 cm，基部はくさび形，先端は尖り，縁には鋸歯がある。花期は 6〜11 月。花は多数の小花が密集して径 1 cm ほどの球状の頭花が円錐花序をなし，2，3 個が並んで咲く。結実率は低いが発芽能力をもつ種子が形成される（大道・角野，2005）。茎の断片や葉片に形成されるカルスからも再生する（須山，2007；藤井ほか，2008）。
　アクアリウムプランツとして導入され，愛知県豊橋市で最初の野生化が報告された（須山，2001）。アサギマダラをはじめさまざまな蝶類などが訪れるので，一時，蝶の愛好家が栽培したこともあった。野生化すると旺盛な繁殖力で在来種の競争排除を引き起こすほか，訪花昆虫を巡っても在来種との競合が起こると予想される。特定外来生物として販売は禁止されたが，分布は拡大中。

# ウチワゼニグサ(ウチワゼニクサ, タテバチドメグサ)
*Hydrocotyle verticillata* Thunb. var. *triradiata* (A.Rich.) Fernald

国内 本州,四国,沖縄
国外 北アメリカ南部原産。南北アメリカ,オーストラリア,アフリカでも野生化

水中から水辺まで広がる(神戸市東灘区, 2003.4.29)

抽水形(愛媛県西条市, 2013.7.14)　　花　　果実

ウコギ科 Araliaceae(セリ科 Apiaceae)　チドメグサ属 *Hydrocotyle* L.

　湖沼やため池,河川,水路,水田,湿地などに生育する多年生の抽水〜湿生植物。流水中では沈水形を取ることもある。径2〜3 mmの白色の茎が地中を横走し,各節から葉柄が立ちあがり先端に盾状葉をつける。葉柄の長さ(=草丈)は10〜40 cm。葉はほぼ円形で径2〜7 cm,縁に浅い切れ込みがある。花期は5〜9月。葉腋から長さ6〜18 cmの花茎が伸びて短柄のある花が数段輪生し,下から順次開花する。花の径は約2 mm,5枚の白い花弁がある。果実は幅広い軍配状で長さ約2 mm,幅約3 mm。

　アクアリウムプランツとして流通するが,各地で逸出している。水中よりも湿地のほうがよく生育し,茎の総伸長は5 m/年を超える(藤井・角野, 2007)。茎の断片からの再生力も大きいので,いったん野生化すると急速に分布を拡大する。

# ブラジルチドメグサ　*Hydrocotyle ranunculoides* L.f.

**国内** 特定外来生物。本州（岡山県），九州（福岡県，熊本県，大分県）　**国外** 南米原産

ウコギ科 Araliaceae (セリ科 Apiaceae)　チドメグサ属 *Hydrocotyle* L.

菊池川における群生（熊本県菊池市，2003.5.10）

水面に広がる（熊本県菊池市，2003.5.10）

花と果実（熊本県菊池市，2003.5.10）

　湖沼や河川，水路などに生育する多年生の浮葉〜抽水植物。径3〜5 mmの茎が盛んに分枝しながら地中または水中を横走し，各節から1枚の葉と根が伸びる。ウチワゼニグサが水辺の湿地を好むのに対し，本種は水面に群落を広げ，浮島状のマットを形成する。葉は円心形で掌状に浅く5裂，幅3〜8 cm。花期は5〜6月。湿生状態の場合のみ花が見られる。葉腋から1本の花茎を伸ばすが，葉の高さを超えることはない。花はほぼ球状につく。白い花弁が5枚あるが，小さくて目立たない。
　熊本県菊池川で大繁茂して駆除が行われたが，根絶はできていない。現在は近隣の水域へも分布を拡大している。チドメグサ属植物は沈水形でもよく育つために，いくつもの種類がアクアリウムプランツとして流通する。その逸出の脅威を如実に実証したケースである。

# ドクゼリ　*Cicuta virosa* L.

国内 北海道，本州，四国，九州　国外 ユーラシア

北海道苫小牧市（2010.8.9）

花序（滋賀県高島市，2012.5.19）

ドクゼリ（左）とヌマゼリ（右）の葉の比較

セリ科 Apiaceae (Umbelliferae) ドクゼリ属 *Cicuta* L.

　湖沼やため池，河川，湿原などに生育する多年生の抽水〜湿生植物。タケノコ状の太い地下茎から中空の地上茎が分枝しながら伸びる。草高60〜120 cm。根出葉と茎上に互生する葉がある。2〜3出羽状複葉で葉の中軸から対生状に軸が伸び，これがさらに何枚かの小葉に分かれる。葉全体では長さ30〜50 cmになる。小葉は披針形で長さ3〜8 cm，幅0.5〜2 cm，鋸歯がある。花期は5〜9月。花序軸の先端から傘の骨組みのような花柄が伸び，その先端からさらに多数の小花柄が伸びて花を球状につける複散形花序となる。花弁は白色。果実は卵球形で長さ約2.5 mm。

　代表的な有毒植物で，誤って食べると中毒症状や死亡に至るケースもある。北日本では水辺に普通の植物だが，西南日本では稀少種である。

# セリ *Oenanthe javanica* (Blume) DC.

**国内** 北海道，本州，四国，九州，沖縄　**国外** アジア東部，インド，オーストラリア

セリ科 Apiaceae (Umbelliferae)　セリ属 Oenanthe L.

湧水中で沈水形をとる（静岡県富士宮市，2011.9.24）

花序。果実も見られる（石川県輪島市，2009.8.4）

花（石川県輪島市，2009.8.4）

水中に伸びる走出枝（山形県遊佐町，2013.9.11）

湖沼や河川，水路，水田，湿地などに生育する多年生の抽水〜湿生植物。湧水中ではしばしば沈水形となる。分枝して倒伏する茎が多いが，直立茎は高さ 10〜80 cm。葉は互生し 1〜2 回羽状複葉。小葉は卵形〜狭卵形，長さ 1〜5 cm，幅 0.5〜2 cm，鋸歯がある。花期は 7〜9 月。複散形花序は径 3〜5 cm。各花序には径約 3 mm の白い花が密に咲く。果実は楕円形で長さ 2〜3 mm。夏には茎の基部周辺から多数の走出枝を出して広がる。

独特の香気があり，昔から食用や薬用に栽培されてきた。そのような栽培品種も含め変異が著しい。春の七草とされる身近な植物だが，分類学的にも生態学的にも解明されていない問題が多い。日本産のセリは少なくとも 2 種に分かれるという見解もある（瀬尾, 2013）。

# ヌマゼリ（サワゼリ）　*Sium suave* Walter

**RL** 絶滅危惧Ⅱ類　**国内** 北海道，本州，四国，九州　**国外** アジア東部，北アメリカ

北海道苫小牧市（1998.8.6）

複葉の形態（北海道苫小牧市，1998.8.6）

花序（北海道豊富町，2011.8.4）

セリ科 Apiaceae (Umbelliferae) ヌマゼリ属 *Sium* L.

　湖沼や河川，水路，湿原などに生育する多年生の抽水〜湿生植物。茎は中空で高さ60〜130 cm。葉は単羽状複葉が互生，葉全体の長さは20〜60 cm。小葉は3〜9対，披針形〜線形，長さ6〜10（〜25）cm，幅1〜3 cm，鋸歯がある。花期は7〜9月。複散形花序は径4〜8 cm。5花弁の白色の小さな花をほぼ平面〜やや盛り上がった丘状に密集して咲かせる。ドクゼリの花序のように球形とならないことと複葉の形態に着目すれば容易に区別することができる。

　葉の形態変異が著しく，葉が幅広く卵円形のものを**ヒロハヌマゼリ var. *ovatum* (Yatabe) H.Hara**，逆に葉の幅が細く小葉が多いものを**トウヌマゼリ（ホソバヌマゼリ）var. *suave*** と分類することがある。その場合，狭義のヌマゼリの学名は**var. *nipponicum* (Maxim.) H.Hara**となる。

## ウキゴケ（カヅノゴケ） *Riccia fluitans* L.

| RL | 準絶滅危惧 | 国内 | 北海道，本州，四国，九州，沖縄 | 国外 | 世界に広く分布 |

湧水中で群生するウキゴケ（滋賀県高島市，2009.6.6） 　葉状体の拡大

　湖沼やため池，水路，水田などに生育する沈水性の浮遊植物。湧水に群生することがある一方，湿地に貼り付くように生育している陸生形も見られる。ゼニゴケ類（苔類）の植物で，葉状体は白みのかかった淡緑色で薄く，幅1mm前後の糸状，長さ1～5cm，二叉状に分枝する。シカの角に似ていることから鹿角苔とも呼ばれる。
　「リシア」の名称でアクアリウムプランツとして人気がある。

## イチョウウキゴケ　*Ricciocarpos natans* (L.) Corda

| RL | 準絶滅危惧 | 国内 | 北海道，本州，四国，九州，沖縄 | 国外 | 世界に広く分布 |

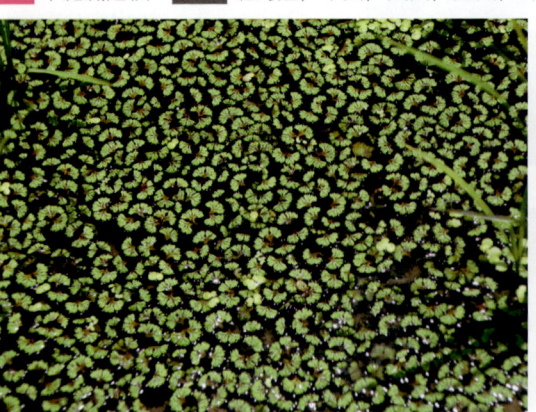

水田のイチョウウキゴケ（兵庫県篠山市，2010.6.17） 　葉状体の裏側には多数の鱗片が根のように垂れ下がる

　ため池や水路，水田などに生育する浮遊植物。ゼニゴケの仲間（苔類）。葉状体は緑色で，横幅8～16mm。縦5～12mm，二叉状に分枝し，その筋が明瞭である。イチョウの葉を連想させる形から名前がついた。葉状体は厚さ2～3mmで，下部に多数の気室が発達する。腹部の鱗片は黒紫色で長さ3～10mm，根のように垂れて密生する。雌雄同株で晩秋に胞子を形成。
　かつては水田に普通に生育していたが，乾田化と除草剤の影響で少なくなっている。

ウキゴケ科 Ricciaceae　ウキゴケ属 *Riccia* L.・イチョウウキゴケ属 *Ricciocarpos* Corda

## 沈水性コケ植物の世界

　コケ植物にも水中生活をする種は多い。清流の石などに付着して生育するヤナギゴケ *Leptodictyum riparium* (Hedw.) Warnst.（アクアリウムで栽培される「ウィローモス」の仲間である。流通している「ウィローモス」は外国産のものが多い）や，カワゴケ類 *Fontinalis* は，日本各地で比較的普通に見られる水生のコケ植物である。

　私は各地の湧水調査をするようになって，沈水性コケ植物の多様性を認識することになった。写真①は観光地としても有名な熊本県白川水源の水中写真である。何種類のコケ類が確認できるであろうか。写真②は，秋田県鳥海山麓の「鳥海マリモ」の生育状況である。ハンデルソロイゴケとヒラウロコゴケの2種を主体にコケ類が群生する。このように日本各地の湧水には，さまざまな沈水性コケ植物が見られる。

　沈水性のコケ植物が多いもうひとつの水域は酸性湖沼である。福島県裏磐梯の五色沼はじめ全国各地の酸性湖沼には，多様なコケ植物の群集が見られる。

　湧水と酸性湖沼は維管束植物でも特異な生態が見られるユニークな生態系である。コケ植物の世界でも何が起こっているのか解明が待たれる。

ウキゴケ科 Ricciaceae ウキゴケ属 *Riccia* L.・イチョウウキゴケ属 *Ricciocarpos* Corda

①熊本県南阿蘇村白川水源（2013.8.17）

②秋田県にかほ市（2013.9.9）

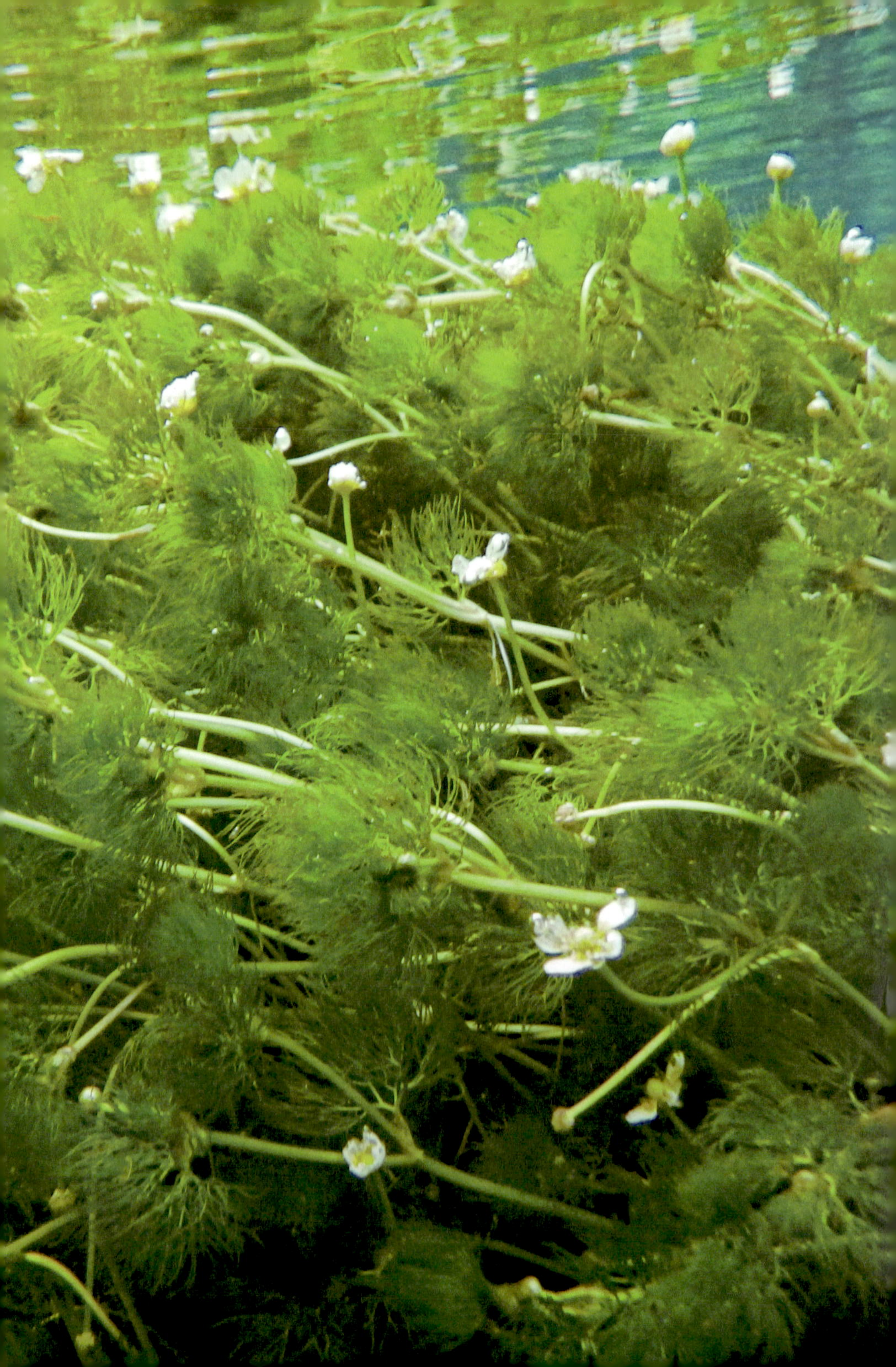

## 参考文献（全般）

浜島繁隆・須賀瑛文, 2005. ため池と水田の生き物図鑑 植物編. トンボ出版.
浜島繁隆・土山ふみ・近藤繁生・益田芳樹, 2001. ため池の自然－生きたちと風景. 信山社サイテック.
Haston, E., J.E. Richardson, P.S. Stenens, M.W. Chase and D. J. Harris, 2009. The Linear Angiosperm Phylogeny Group (LAPG) III: a linear sequence of the families in APG III. *Bot. Jour. Linnean Soc.* **161**: 128-131.
Hutchinson, G.E., 1975. A Treatise on Limnology. Vol. III. Limnological Botany. John Wiley & Sons.
初島住彦, 1975. 琉球植物誌(追補・訂正版). 沖縄生物教育研究会.
星野卓二・正木智美・西本眞理子, 2011. 日本カヤツリグサ科植物図譜. 平凡社.
生嶋 功, 1972. 水界植物群落の物質生産 I. 水生植物. 共立出版.
岩槻邦男, 1992. 日本の野生植物 シダ. 平凡社.
角野康郎, 1994. 日本水草図鑑. 文一総合出版.
角野康郎・遊磨正秀, 1995. ウェットランドの自然. 保育社.
加藤雅啓, 2013. 原色植物分類図鑑 世界のカワゴケソウ. 北隆館.
勝山輝男, 2005. 日本のスゲ. 文一総合出版.
桐谷圭治（編）, 2010. 改訂版田んぼの生きもの全種リスト. 農と自然の研究所・生物多様性農業支援センター.
北村四郎・村田 源・堀 勝, 1957（1974改訂版）. 原色日本植物図鑑 草本編〔I〕合弁花類. 保育社.
北村四郎・村田 源, 1961. 原色日本植物図鑑 草本編〔II〕離弁花類. 保育社.
北村四郎・村田 源・小山鐵夫, 1964（1981増補版）. 原色日本植物図鑑 草本編〔III〕単子葉類. 保育社.
三木 茂, 1937. 山城水草誌. 京都府史蹟名勝天然記念物調査報告 **18**: 1-127.
大場達之・宮田昌彦, 2007. 日本海草図譜. 北海道大学出版会.
大橋広好・邑田 仁・岩槻邦男（編）, 2008. 新牧野日本植物図鑑. 北隆館.
大滝末男・石戸 忠, 1980. 日本水生植物図鑑. 北隆館.
長田武正, 1993. 増補日本イネ科植物図譜. 平凡社.
清水矩宏・森田弘彦・廣田伸七, 2001. 日本帰化植物写真図鑑. 全国農村教育協会.
大井次三郎, 1965. 改訂新版日本植物誌 顕花篇. 至文堂.
佐竹義輔・大井次三郎・北村四郎・亘理俊次・富成忠夫（編）, 1981. 日本の野生植物 草本 III 合弁花類. 平凡社.
佐竹義輔・大井次三郎・北村四郎・亘理俊次・富成忠夫（編）, 1982. 日本の野生植物 草本 I 単子葉類. 平凡社.
佐竹義輔・大井次三郎・北村四郎・亘理俊次・富成忠夫（編）, 1982. 日本の野生植物 草本 II 離弁花類. 平凡社.
Sculthorpe, C.D., 1967. The Biology of Aquatic Vascular Plants. Edward Arnold.
清水健美（編）, 2003. 日本の帰化植物. 平凡社.
太刀掛 優・中村慎吾, 2007. 改訂増補帰化植物便覧. 比婆科学教育振興会.
立花吉茂, 1990. 水辺の草花. 淡交社.
多紀保安（監修）・財団法人自然環境研究センター（編著）, 2008. 日本の外来生物. 平凡社.
田中法生, 2012. 異端の植物「水草」を科学する 水草はなぜ水中を生きるのか？ ベレ出版.
植村修二・勝山輝男・清水矩宏・水田光雄・森田弘彦・廣田伸七・池原直樹, 2010. 日本帰化植物写真図鑑 第2巻. 全国農村教育協会.
内山りゅう, 2005（2013増補改訂新版）. 田んぼの生き物図鑑. 山と渓谷社.
Walker, E. H., 1976. Flora of Okinawa and the Southern Ryukyu Islands. Smithonian Institution Press.
矢原徹一（監修）・永田芳男（写真）, 2003. 絶滅危惧植物図鑑 レッドデータプランツ. 山と渓谷社.

谷城勝弘, 2007. カヤツリグサ科入門図鑑. 全国農村教育協会.
米倉浩司（邑田 仁 監修）, 2012. 日本維管束植物目録. 北隆館.

## 引用文献

赤沼敏春・宮川浩一, 2005. 水の妖精 睡蓮と蓮の世界. マリン企画.

Arai, K. and F. Miyamoto, 1997. A new species of *Scirpus* Ser. *Actaeogeton* (Cyperaceae) from Japan. *Jour. Jpn. Bot.* **72**: 297-300.

Araki, S. and Y. Kadono, 2003. Restricted seed contribution and clonal dominance in a free-floating aquatic plant *Utricularia australis* R. Br. in southwestern Japan. *Ecol. Res.* **18**: 599-609.

別府敏夫・柳瀬大輔・野渕 正・村田 源, 1985. 日本産アオウキクサ類の再検討. 植物分類地理 **36**: 45-58.

Cook, C.D.K. and M.S. Nicholls, 1987. A monographic study of the genus *Sparganium* (Sparganiaceae). Part 2. Subgenus *Sparganium*. *Bot. Helvetica* **97**: 1-44.

Cook, C.D.K., J.-J. Symoens and K. Urmi-König, 1984. A revision of the genus *Ottelia* (Hydrocharitaceae) I. Generic considerations. *Aquat. Bot.* **18**: 263-274.

Cross, A., 2012. *Aldrovanda* - The Waterwheel Plant. Redefern Natural History Productions.

Evrard, C. and C. Van Hove, 2004. Taxonomy of the American *Azolla* species (Azollaceae): a critical review. *Syst. Geogr. Pl.* **74**: 301-318.

藤井聖子・角野康郎, 2007. 外来水生植物ウチワゼニクサの成長と繁殖様式. 水草研究会誌 **(87)**: 1-11.

藤井伸二・志賀 隆・金子有子・栗林 実・野間直彦, 2008. 琵琶湖におけるミズヒマワリ（キク科）の侵入とその現状および駆除に関するノート. 水草研究会誌 **(89)**: 9-21.

藤井伸二・牧 雅之・志賀 隆, 2016. 新外来水草コウガイセキショウモおよびオーストラリアセキショウモの同定. 水草研究会誌 **(103)**: 8-12.

浜田善利, 1990. 熊本で水田雑草化したナガボノウルシ. 水草研究会報 **(42)**: 22-23.

Hayasaka, E. and C. Sato, 2004. A new species of *Schoenoplectus* (Cyperaceae) from Japan. *Jour. Jpn. Bot.* **79**: 322-325.

平塚純一・山室真澄・石飛 裕, 2006. 里湖 モク採り物語－50年前の水面下の世界. 生物研究社.

藤原陸夫, 1988. ヒロハスギナモ北海道に産す. 植物地理・分類研究 **36**: 16.

Iida, S. and Y. Kadono, 2000. Genetic diversity of *Potamogeton anguillanus* in Lake Biwa, Japan. *Aquat. Bot.* **67**: 43-51.

Iida, S. and Y. Kadono, 2001. Population genetic structure of *Potamogeton anguillanus* in Lake Shinji, Japan. *Limnology* **2**: 51-53.

Iida, S., A. Miyagi, S. Aoki, M. Ito, Y. Kadono and K. Kosuge, 2009. Molecular adaptation of *rbcL* in the heterophyllous aquatic plant *Potamogeton*. *PLoS ONE* **4(2)**: e4633.

Iida, S., Y. Kadono and K. Kosuge, 2013. Maternal effects and ecological divergence in aquatic plants: a case study in natural reciprocal hybrids between *Potamogeton perfoliatus* and *P. wrightii*. *Plant Species Biol.* **28**: 3-11.

生嶋 功, 1980. コカナダモ・オオカナダモ－割り込みと割り込まれ. 日本の淡水生物 侵略と攪乱の生態学（川合禎次 他 編）pp. 56-62, 東海大学出版会.

井上幸三, 1986. 夜沼と他二つの湖沼の水草について. 岩手植物の会会報 **(23)**: 1-4.

Ishii, J. and Y. Kadono , 2001. Classification of two *Phragmites* species, *P. australis* and *P. japonicus*, in Lake Biwa-Yodo River system, Japan. *Acta Phytotax. Geobot.* **51**: 187-201.

Ito, Y., T. Ohi-Toma, J. Murata and N. Tanaka, 2010. Hybridization and polyploidy of an aquatic plant,

*Ruppia* (Ruppiaceae), inferred from plastid and nuclear DNA phylogenies. *Amer. J. Bot.* **97**: 1156-1167.
角野康郎, 1987. セタカミズオオバコの正体. 植物研究雑誌 **62**: 145-147.
角野康郎, 1999. 沼と池の植物たち-失われた楽園. プランタ **(64)**: 14-20.
角野康郎, 2010. オオカワヂシャの生態と分布の現状. 水草研究会誌 **(93)**: 23-29.
角野康郎, 2013. 湧水河川における外来水生植物イケノミズハコベの分布拡大-静岡県富士宮・富士市と栃木県大田原市の事例. 水草研究会誌 **(100)**: 81-84.
Kadono, Y. and E. L. Schneider, 1986. Floral biology of *Trapa natans* var. *japonica*. *Bot. Mag. Tokyo* **99**: 435-439.
角野康郎・野口達也, 1991. 栃木県野元川に産するヒルムシロ属の新種. 植物分類地理 **42**: 173-176.
角野康郎・滝田謙譲, 1992. 日本新産の水草チシマミズハコベ. 植物分類地理 **43**: 75.
角野康郎・平嵜雅子, 1994. 日本のイボウキクサ. 植物分類地理 **45**: 75-76.
Kadono,Y. and N. Usui, 1995. *Cladopus austro-osumiensis* (Podostemaceae), a new rheophyte from Japan. *Acta Phytotax. Geobot.* **46**:131-135.
角野康郎・志賀 隆・堀井佳織・加藤亮太・倉園友広・熊澤辰徳, 2013. 日本産絶滅危惧水生植物の現状-特に情報の不足する種の実態解明-プロ・ナトゥーラファンド第21期助成成果報告書 pp.85-100. (http://www.pronaturajapan.com/archive/pnresults)
Kadono,Y., Y. Noda, K. Tsubota, K. Shutoh and T. Shiga. Taxonomic identity of an alien *Utricularia* naturalized in the Japanese wild flora. *Acta Phytotax. Geobot.* in press.
Kameyama, Y., M. Toyama and M. Ohara, 2005. Hybrid origins and $F_1$ dominance in the free-floating sterile bladderwort, *Utricularia australis* f. *australis* (Lentibulariaceae). *Amer. J. Bot.* **92**: 469-476.
Kaplan, Z., 2008. A taxonomic revision of *Stuckenia* (Potamogetonaceae) in Asia, with notes on the diversity and variation of the genus on a worldwide scale. *Folia Geobot.* **43**: 159-234.
Kaplan, Z., Jarolimova, V. and J. Fehrer, 2013. Revision of chromosome numbers of Potamogetonaceae: a new basis for taxonomic and evolutionary implications. *Preslia* **85**: 421-482.
片山 久・狩山俊悟, 2102. 岡山市に広がりつつある帰化水草の *Lagarosiphon major*. しぜんしくらしき **(80)**: 2-5.
狩山俊悟・榎本 敬・小畠裕子・片山 久・地職 恵・稲若邦典, 1997. 岡山県産バイカモ類の形態変異. 倉敷市立自然史博物館研究報告 **(12)**: 93-99.
Kato, M., 2008. A taxonomic study of Podostemaceae of Japan. *Bull. Natl. Mus. Nat. Sci., ser. B (Bot.)* **34**: 63-73.
川島淳平, 2010. スイレンハンドブック. 文一総合出版.
木村保夫・國井秀伸, 1994. バイカモ類の酵素多型と形態変異（要旨）. 水草研究会報 **(54)**: 32.
倉園知広・角野康郎, 2012. 日本のモウコガマ-兵庫県産「モウコガマ」の再検討. 分類 **12**: 141-151.
小林央生, 1981. 水田と池のクログワイの変異と適応様式. 種生物学研究 **(5)**: 62-74.
Kohno, K., Y. Iokawa and S. Daigobo, 2001. A new variety and a new combination of *Schoenoplectus mucronatus* (L.) Palla (Cyperaceae) from Japan. *Jour. Jpn.. Bot.* **76**: 227-230.
小宮定志・外山雅寛・柴田千晶・勝山員伊, 1997. 北海道産の食虫植物. 日本歯科大学紀要（一般教育系）**(26)**: 153-188.
小宮定志・柴田千晶, 2001. 羽生市宝蔵寺沼ムジナモ自生水域における環境の変遷（1996～2000）及びムジナモ他水生植物の放流実験. 日本歯科大学紀要（一般教育系）**(30)**: 143-180.
小宮定志・外山雅寛・沖田貞敏・柴田千晶, 2001. 北日本に分布するオオタヌキモ. 植物研究雑誌 **76**:

120-122.

Kunii, 1984. Effects of light intensity on the growth and buoyancy of detached *Elodea nuttallii* (Planch.) St. John during winter. *Bot. Mag. Tokyo* **97**: 287-295.

Landolt, E., 1986. Biosystematic investigations in the family of duckweeds (Lemnaceae) (Vol.2). The family of Lemnaceae - a monographic study. Vol.1. Veroff. Geobot. Inst. ETH, Stift. Rubel, Zurich, **71**: 1-566.

Lansdown, R. V., 2006. The genus *Callitriche* in Asia. *Novon* **16**: 354-361.

Les, D.H. and D.J. Crawford, 1999. *Landoltia* (Lemnaceae), a new genus of duckweeds. *Novon* **9**: 530-533.

Les, D.H., S.W.L. Jacobs, N.P. Tippery, L. Chen, M.L. Moody and M. Wilstermann-Hilderbrand, 2008. Systematics of *Vallisneria* (Hydrocharitaceae). *Syst. Bot.* **33**: 49-65.

牧野富太郎, 1887. 日本産ひるむしろ属. 植物学雑誌 **1**: 2-7.

Makino, T., 1910. Observations on the flora of Japan. *Bot. Mag. Tokyo* **24**: 165-167.

丸山まさみ・山崎真実, 2011. 北海道然別湖におけるカラフトグワイの現状. 水草研究会誌 **(96)**:1-7.

Masumura, S., 1989. *Glyceria* × *tokitana*, a new hybrid from northern Kyushu, Japan. *Acta Phytotax. Geobot.* **40**: 163-166.

Masuyama, S., Y. Yatabe, N. Murakami and Y. Watano, 2002. Cryptic species in the fern *Ceratopteris thalictroides* (L.) Brongn. (Parkeriaceae). I. Molecular analyses and crossing tests. *J. Plant Res.* **115**: 87-97.

Masuyama, S. and Y. Watano, 2010. Cryptic species in the fern *Ceratopteris thalictroides* (L.) Brongn. (Parkeriaceae). IV. Taxonomic revision. *Acta Phytotax. Geobot.* **61**: 75-86.

松岡成久, 2014. 兵庫県に見られるフトイとオオフトイ（カヤツリグサ科）の形態的特徴. 兵庫の植物 **(24)**: 5-8.

Miki, S., 1935a. New water plants in Asia Orientalis I. *Bot. Mag. Tokyo* **49**: 687-693.

Miki, S., 1935b. New water plants in Asia Orientalis II. *Bot. Mag. Tokyo* **49**: 773-780.

目黒聡・滝口政彦, 2002. 宮城県のヒメバイカモの分布と生活史. 宮城の植物 **(27)**: 9-15.

森田弘彦・李度鎭, 1998. 新帰化植物イケノミズハコベ（新称；アワゴケ科）, 山梨県のクレソン水田に出現. 植物研究雑誌 **73**: 48-50.

ムジナモ保護増殖事業に係る調査団, 1982. ムジナモとその生育環境. 羽生市教育委員会.

村田源・彭鏡毅, 1988. 深泥池に現われた北米産帰化植物. 植物分類地理 **39**: 150.

中村功, 2012. 日本未記録種 *Commelina caroliniana* Walter カロライナツユクサ（新和名）の報告. 私たちの自然史 **(120)**: 11-15.

中村憲男, 2010. 栃木県の農業用水路に混生するミクリとナガエミクリの種間雑種. 土浦日本大学高等学校紀要 **(25)**: 1-6.

中山至大・南谷忠志, 1999. 日本産カワゴロモ属（カワゴケソウ科）の新種オオヨドカワゴロモ. 植物研究雑誌 **71**: 307-316.

西廣淳・永井美穂子・安島美穂・鷲谷いづみ, 2002. 一時的な裸地に生育する絶滅危惧種キタミソウの種子繁殖特性. 保全生態学研究 **7**: 9-18.

Nishihiro, J., S. Araki, N. Fujiwara and I. Washitani, 2004. Germination characteristics of lake shore plants under artificially stabilized water regime. *Aquat. Bot.* **79**: 333-343.

西川嘉廣, 2002. ヨシの文化史－水辺から見た近江の暮らし－. サンライズ出版.

小川誠, 2013. 徳島県産の新帰化植物カロライナツユクサ（ツユクサ科）について. 徳島県立博物館研究報告 **(23)**: 123-125.

大滝末男・釘嶋善治, 1983. セタカミズオオバコの観察（第2報）. 水草研究会報 **(11)**: 10-12.

沖田貞敏, 2006. 秋田県のタヌキモ類について. 秋田自然史研究 **(50)**: 2-7.

沖田貞敏, 2007. ヌマドジョウツナギ秋田県に産する. 水草研究会誌 **(88)**: 14-16.

沖田貞敏, 2008. 秋田県産大型タヌキモ類3種の花茎断面の観察. 水草研究会誌 **(90)**: 1-7.

大場達之, 2001. ガマ科. 神奈川県植物誌（神奈川県植物誌調査会 編), pp. 392-394. 神奈川県立生命の星・地球博物館.

大道暢之・角野康郎, 2005. 外来水生植物ミズヒマワリの種子形成とその発芽特性. 保全生態学研究 **10**: 113-118.

邑楽町誌編纂室, 1976. 館林市・邑楽町におけるムジナモ発見とその推移 – 邑楽町の特記すべき植物 – 邑楽町誌基礎資料 自然編 **(5)**: 1-20.

Padgett, D.J., M. Shimoda, L.A. Horky and D.H. Les, 2002. Natural hybridization and the imperiled *Nuphar* of western Japan. *Aquat. Bot.* **72**: 161-174.

Philbrick, C.T., 1984. Pollen tube growth within vegetative tissues of *Callitriche* (Callitrichaceae). *Amer. J. Bot.* **71**: 882-886.

坂尻淑子・角野康郎, 2003. クログワイとシログワイの分類と比較生態. 水草研究会誌 **(77)**: 11-19.

佐々木純一, 2012. ウキミクリとホソバウキミクリ（ミクリ科ミクリ属）の生育形態と生活史 – 北海道雨竜沼湿原を事例として – 水草研究会誌 **(97)**: 4-18.

Sato, C., T. Maeda and A. Uchino, 2004. A new species of *Schoenoplectus* Sect. *Actaeogeton* (Cyperaceae). *Jour. Jpn. Bot.* **79**: 23-28.

瀬尾明弘, 2013. セリ – 遺伝的多様性と栽培セリ. 栽培植物の自然史II（山口裕文 編著）pp.21-30, 北海道大学出版会.

Shibayama, Y., 2013. Life-history differentiation in *Nymphoides coreana* (Menyanthaceae) populations in aquatic habitats with different disturbance regimes in Japan. *Limnology* **13**: 199-205.

Shibayama, Y. and Y. Kadono, 2007. The effect of water-level fluctuations on seedling recruitment in an aquatic macrophyte *Nymphoides indica* (L.) Kuntze (Manyanthaceae). *Aquat. Bot.* **87**: 320-324.

Shiga, T. and Y. Kadono, 2004. Morphological variation and classification of *Nuphar* with special reference to populations in central to western Japan. *Acta Phytotax. Geobot.* **55**: 107-117.

志賀 隆・角野康郎, 2005. ヒメコウホネ（広義）の分類と生育地の現状について. 分類 **5**: 113-122.

Shiga, T. and Y. Kadono, 2007. Natural hybridization of the two *Nuphar* species in northern Japan: Homoploid hybrid speciation in progress. *Aquat. Bot.* **86**: 123-131.

Shiga, T. and Y. Kadono, 2008. Genetic relationships of *Nuphar* in central to western Japan as revealed by allozyme analysis. *Aquat. Bot.* **88**: 105-112.

志賀 隆・大阪市立自然史博物館淀川水系調査グループ植物班, 2010. 淀川水系におけるヒロハオモダカ *Sagittaria platyphylla* (Engelm.) J.G.Sm. の定着とナガバオモダカの学名について. 水草研究会誌 **(93)**: 13-22.

志賀 隆・五十嵐あすか・阿部知美・平澤優輝・逗子雅人・柴田由子, 2013a. シモツケコウホネ *Nuphar submersa*（スイレン科）の生育地における群落面積と開花数の経年変化. 水草研究会誌 **(100)**: 51-60.

志賀 隆・横川昌史・兼子伸吾・井鷺裕司, 2013b. 全個体遺伝子型解析データに基づく絶滅危惧水生植物シモツケコウホネ *Nuphar submersa* とナガレコウホネ *Nuphar* × *fluminalis* の市場流通株の種同定と産地特定. 保全生態学研究 **18**: 33-44.

下田路子, 1991. 広島県西条盆地のコウホネ属植物. 植物地理・分類研究 **39**: 1-8.

下田路子, 2010. 江華島（韓国）のヒメバイカモ. 水草研究会誌 **(94)**: 21-27.

庄子邦光・浅野 修, 1991. 宮城県高等植物分布資料I. 東北植物研究 **(7)**: 33-36.

鈴木 武, 2010. 特定外来生物アメリカオオアカウキクサを含む外来アゾラの現状. 外来生物の生態学－進化する脅威とその対策（種生物学会 編）, pp.181-194. 文一総合出版.

鈴木まほろ・森長真一, 2008. *Subularia aquatica* L. ハリナズナの国内新産地. 東北植物研究 **(14)**:43-44.

須山知香, 2001. 日本新帰化植物ミズヒマワリ *Gymnochoronis spilanthoides* DC. 植物地理・分類研究 **49**: 183-184.

須山知香, 2007. 特定外来生物ミズヒマワリ（キク科）は近自然条件下で葉片からカルス再生する. 水草研究会誌 **(87)**: 16-18.

須山知香・佐藤杏子・植田邦彦, 2008. 侵略的水草 *Ludwigia grandiflora* subsp. *grandiflora*（新称：オオバナミズキンバイ，アカバナ科）の野外生育確認およびその染色体数. 水草研究会誌 **(89)**: 1-8.

立花吉茂, 1984. 琵琶湖沿岸のヨシ（*Phragmites communis* Trin.）について. 水草研究会報 **(18)**: 2-6.

高田 順・岡野邦宏・尾崎保夫, 2013. 秋田県大潟村産イトクズモ *Zannichellia palustris* L. の生態と生活史. 水草研究会誌 **(99)**: 1-14.

高宮正之, 1999. ミズニラ属の自然誌と分類. 植物分類地理 **50**: 101-138.

Takano, A. and Y. Kadono, 2005. Allozyme variations and classification of *Trapa* (Trapaceae) in Japan. *Aquat. Bot.* **83**: 108-118.

滝田謙譲, 2001. 北海道植物図譜. 自費出版.

滝田謙譲・高嶋八千代, 2002. ヌマドジョウツナギ釧路湿原に産する. 水草研究会誌 **(76)**: 43-46.

瀧崎吉伸, 2012. 愛知県豊橋市に帰化したヒガタアシ（新称）*Spartina alterniflora* Loisel. について. 日本帰化植物友の会通信 **(9)**: 6-8.

Tanaka, T., 1995. *Veronica* × *myriantha*, a new hybrid from the Kansai District, Japan. *Jour. Jpn. Bot.* **70**: 260-269.

Taylor, P., 1989. The Genus *Utricularia* – a taxonomic monograph. Kew Bulletin Additional Series XIV. Her Majesty's Stationary Office.

Triest, L. and P. Uotila, 1986. *Najas orientalis*, a rice field weed in the Far East and introduced in Turkey. *Ann. Bot. Fennici* **23**: 169-171.

筒井貞雄, 1983. ツクシカンガレイ続報. 福岡の植物 **(9)**: 105-112.

寺田仁志・手塚賢至・斉藤俊浩・手塚田津子・大屋 哲, 2009. 屋久島一湊川におけるヤクシマカワゴロモの分布と生育環境について. 鹿児島県立博物館研究報告 **(28)**: 29-58.

上杉龍士・西廣 淳・鷲谷いづみ, 2009. 日本における絶滅危惧水生植物アサザの個体群の現状と遺伝的多様性. 保全生態学研究 **14**: 13-24.

内田暁友, 2008. 北海道新産の帰化植物ヒロハウキガヤ（イネ科）. 知床博物館研究報告 **29**: 41-42.

内田和子, 2003. 日本のため池 防災と環境保全. 海青社.

内山 寛, 1992. 沖縄八重山諸島のイバラモ属植物. 水草研究会報 **(48)**: 6-8.

Ueno, S. and Y. Kadono, 2001. Monoecious plants of *Myriophyllum ussuriense* (Regel) Maxim.in Japan. *J. Plant Res.* **114**: 375-376.

Whipple, I.G., M.E. Barkworth and B.S. Bushman, 2007. Molecular insights into the taxonomy of *Glyceria* in North America. *Amer. J. Bot.* **94**: 551-557.

Wiegleb, G.,1988. Notes on Japanese *Ranuculus* subgenus *Batrachium*. *Acta Phytotax. Geobot.* **39**: 117-132.

山本功人・角野康郎, 1990. 水生タヌキモ属植物6種の繁殖様式. 植物分類地理 **41**: 189-200.

山崎真実・丸山まさみ, 2013. ウキミクリの北海道大雪山系南東地域における新産地と国内の分布. 分類 **13**: 123-128.

# 索 引

## 特定外来生物

アメリカオオアカウキクサ *Azolla cristata* 33
ウスゲオオバナミズキンバイ *Ludwigia grandiflora* subsp. *hexapetala* 253
オオカワヂシャ（オオカワヂサ）*Veronica anagallis-aquatica* 282
オオセキショウモ *Vallineria gigantea* 108
オオバナミズキンバイ *Ludwigia grandiflora* subsp. *grandiflora* 252
オオフサモ *Myriophyllum aquaticum* 237
スパルティナ属 *Spartina*

アングリカ 219
ヒガタアシ *alterniflora* 219
ナガエツルノゲイトウ *Alternanthera philoxeroides* 264
ブラジルチドメグサ *Hydrocotyle ranunculoides* 302
ボタンウキクサ *Pistia stratiotes* 67
ミズヒマワリ *Gymnocoronis spilanthoides* 300

## 絶滅危惧種

### 絶滅

タカノホシクサ *Eriocaulon cauliferum* 166

### 絶滅危惧 IA 類

アズミノヘラオモダカ *Alisma canaliculatum* var. *azuminoense* 73
イヌイトモ *Potamogeton obtusifolius* 132
オオヨドカワゴロモ *Hydrobryum koribanum* 245
ガシャモク *Potamogeton lucens* subsp. *sinicus* var. *teganumensis* 121
カラフトグワイ（ウキオモダカ）*Sagittaria natans* 80
シモツケコウホネ *Nuphar submersa* 49
タシロカワゴケソウ *Cladopus fukienensis* 241
ナガバエビモ *Potamogeton praelongus* 123
ヒメイバラモ *Najas tenuicaulis* 95
ビャッコイ（ウキイ）*Isolepis crassiuscula* 189
ホソバヘラオモダカ（シジミヘラオモダカ）*Alisma canaliculatum* var. *harimense* 72
ミズスギナ *Rotala hippuris* 246
ムジナモ *Aldrovanda vesiculosa* 263
ヤハズカワツルモ *Ruppia occidentalis* 140

### 絶滅危惧 IB 類

イチョウバイカモ（オオイチョウバイカモ）*Ranunculus nipponicus* var. *nipponicus* 226
イトクズモ（ミカヅキイトモ）*Zannichellia palustris* 138
オオバシナミズニラ *Isoetes sinensis* var. *coreana* 22
カワゴケソウ *Cladopus doianus* 240
セトヤナギスブタ *Blyxa alternifolia* 85
チシマミクリ（タカネミクリ）*Sparganium hyperboreum* 158
チトセバイカモ（ネムロウメバチモ）*Ranunculus yezoensis* 228
ツクシオガヤツリ *Cyperus ohwii* 177
ツツイトモ *Potamogeton pusillus* 134
トウゴクヘラオモダカ *Alisma rariflorum* 74
トリゲモ *Najas minor* 97
ナンゴクデンジソウ *Marsilea crenata* 27
ハリナズナ *Subularia aquatica* 259
ヒシモドキ *Trapella sinensis* 281
ヒメバイカモ *Ranunculus kadzusensis* 227
フサタヌキモ *Utricularia dimorphantha* 289
マルバオモダカ *Caldesia parnassifolia* 75
ミスミイ *Eleocharis acutangula* 188
ムサシモ（マガリミサヤモ）*Najas*

ancistrocarpa　101
ヤクシマカワゴロモ Hydrobryum
　　puncticulatum　244

◆絶滅危惧 II 類◆

アカウキクサ Azolla imbricata　30
イトイバラモ Najas yezoensis　102
イトタヌキモ（ミカワタヌキモ）Utricularia
　　exoleta　292
イヌフトイ Schoenoplectus littoralis subsp.
　　subulatus　200
ウキクリ Sparganium gramineum　156
ウスカワゴロモ Hydrobryum floribundum
　　243
エゾベニヒツジグサ Nymphaea tetragona var.
　　erythrostigmatica　51
オオアカウキクサ Azolla japonica　31
オオアブノメ Gratiola japonica　276
オオミクリ（アズマミクリ）Sparganium
　　eurycarpum subsp. coreanum　150
オグラコウホネ Nuphar oguraensis var.
　　oguraensis　45
オグラノフサモ Myriophyllum oguraense　234
オゼコウホネ Nuphar pumila var. ozeensis　47
オニバス Euryale ferox　39
カワゴロモ Hydrobryum japonicum　242
コキクモ（タイワンキクモ，エナガキクモ）
　　Limnophila trichophylla　279
コツブヌマハリイ Eleocharis parvinux　182
コバノヒルムシロ Potamogeton cristatus　119
サイコクヒメコウホネ Nuphar saikokuensis
　　44
ササエビモ Potamogeton × nitens　116
シナミズニラ Isoetes sinensis var. sinensis　22
スジヌマハリイ Eleocharis equisetiformis　182
スブタ Blyxa echinosperma　86
チシマミズハコベ Callitriche hermaphroditica
　　274
チャボイ Eleocharis parvula　184
デンジソウ Marsilea quadrifolia　26
ヌマアゼスゲ Carex. cinerascens　175
ヌマゼリ（サワゼリ）Sium suave　305
ヌマハコベ Montia fontana　265

ノタヌキモ Utricularia aurea　285
ヒメコウホネ Nuphar subintegerrima　43
ヒメシロアサザ Nymphoides coreana　298
ヒメビシ Trapa incisa　250
ヒメミクリ Sparganium subglobosum　155
ヒラモ Vallisneria asiatica var. higoensis　107
ヒロハスギナモ Hippuris tetraphylla　277
ヒロハトリゲモ（サガミトリゲモ）Najas
　　chinensis　100
ヒンジモ Lemna trisulca　66
ホソバウキミクリ Sparganium angustifolium
　　157
ホソバヒルムシロ Potamogeton alpinus　117
マルミスブタ Blyxa aubertii　87
ミズオオバコ Ottelia alismoides　103
ミズキンバイ Ludwigia peploides subsp.
　　stipulacea　251
ミズニラモドキ Isoetes pseudojaponica　21

◆準絶滅危惧◆

アギナシ Sagittaria aginashi　77
アサザ Nymphoides peltata　296
イチョウウキゴケ Ricciocarpos natans　306
イトトリゲモ Najas japonica　99
イトモ Potamogeton berchtoldii　133
イヌタヌキモ Utricularia australis　286
ウキゴケ（カヅノゴケ）Riccia fluitans　306
オオタヌキモ Utricularia macrorhiza　287
ガガブタ Nymphoides indica　297
カワヂシャ Veronica undulata　283
カワツルモ Ruppia maritima　139
キタミソウ Limosella aquatica　280
サンショウモ Salvinia natans　28
タチモ Myriophyllum ussuriense　236
タヌキモ Utricularia × japonica　288
タマミクリ Sparganium glomeratum　154
トチカガミ Hydrocharis dubia　92
ナガエミクリ Sparganium japonicum　152
ネジリカワツルモ Ruppia cirrhosa　139
ヒメカイウ Calla palustris　56
ヒメタヌキモ　Utricularia minor　291
ヒメミズニラ Isoetes asiatica　23
ミクリ Sparganium erectum　149

ミズアオイ *Monochoria*
　　*korsakowii*　147
ミズニラ *Isoetes japonica*　20

ミズワラビ *Ceratopteris*
　　*thalictroides*　35
ヤマトミクリ *Sparganium*

　　*fallax*　151
リュウノヒゲモ *Stuckenia*
　　*pectinata*　137

## 学名索引

### A
*Acorus*
　　*calamus*　54
　　*gramineus*　55
　　　　var. *pussilus*　55
*Aldrovanda*
　　*vesiculosa*　263
*Alisma*
　　*canaliculatum*
　　　　var. *azuminoense*　73
　　　　var. *canaliculatum*　71
　　　　var. *harimense*　72
　　*plantago-aquatica*
　　　　var. *orientale*　70
　　*rariflorum*　74
*Alternanthera*
　　*philoxeroides*　264
*Azolla*
　　*caroliniana*　33
　　*cristata*　33
　　*cristata* × *filiculoides*　34
　　*filiculoides*　32
　　*imbricata*　30
　　*japonica*　31
　　*mexicana*　33
　　*microphylla*　33
　　*pinnata*
　　　　subsp. *asiatica*
　　　　　　→ *imbricata*

### B
*Bacopa*
　　*caroliniana*　270
　　*monnieri*　271
　　*rotundifolia*　269
*Batrachium*

　　*kazusensis* → *Ranunculus*
　　　　*kadzusensis*
　　*nipponicum*
　　　　var. *majus* → *Ranunculus*
　　　　　　*nipponicus* var.
　　　　　　*submersus*
　　　　*yezoense* → *Ranunculus*
　　　　　　*yezoensis*
*Blyxa*
　　*alternifolia*　85
　　*aubertii*　87
　　*bicaudata*　86
　　*ceratosperma*
　　　　→ *echinosperma*
　　*echinosperma*　86
　　*japonica*　84
　　*muricata*　86
*Bolboschoenus*
　　*fluviatilis*
　　　　subsp. *yagara*　169
　　*koshevnikovii*　170
　　*maritimus* → *koshevnikovii*
　　*planiculmis*　171
*Brasenia schreberi*　37

### C
*Cabomba caroliniana*　38
*Caldesia*
　　*parnassiifolia*　75
　　*reniformis* → *parnassiifolia*
*Callitriche*
　　*autumnalis*
　　　　→ *hermaphroditica*
　　*hermaphroditica*　274
　　*palustris*　272
　　　　var. *elegans*　272

　　　　var. *oryzetorum*　272
　　　　var. *palustris*
　　　　　　→ *palustris*
　　*stagnalis*　273
*Cardamine*
　　*lyrata*　256
　　*regeliana*　257
*Carex*
　　*dispalata*　172
　　*lyngbyei*　176
　　*persisitens*　172
　　*pseudocuraica*　174
　　*rhynchophysa*　173
　　*thunbergii*
　　　　*cinerascens*　175
　　　　var. *appendiculata*　175
　　　　var. *thunbergii*　175
*Ceratophyllum*
　　*demersum*　224
　　　　var. *quadrispinum*
　　　　　　→ *platyacanthum*
　　　　subsp. *oryzetorum*
　　*platyacanthum*
　　　　subsp. *oryzetorum*　224
*Ceratopteris*
　　*gaudichaudii*
　　　　var. *vulgaris*　36
　　*thalictroides*　35
*Cicuta virosa*　303
*Cladopus*
　　*austro-osumiensis*
　　　　→ *fukienensis*
　　*doianus*　240
　　*fukienensis*　241
　　*japonicus* → *doianus*
*Comarum palustre*　238

学名索引

*317*

*Commelina*
　*caroliniana* 143
　*diffusa* 143
*Cyperus*
　*alternifolius*
　　subsp. *flabelliformis* 178
　　var. *obtusangulus*
　　　→ subsp. *flabelliformis*
　*ohwii* 177
　*papyrus* 178

**D**
*Dopatrium junceum* 276

**E**
*Egeria densa* 88
*Eichhornia*
　*azurea* 146
　*crassipes* 144
*Elatine*
　*triandra*
　　var. *pedicellata* 239
　　var. *triandra* 239
*Eleocharis*
　*acicularis*
　　var. *acicularis* 183
　　var. *longiseta* 183
　*acutangula* 188
　*congesta*
　　var. *congesta*
　　　f. *dolichochaeta* 186
　　var. *japonica* 185
　　var. *subvivipara* 185
　　var. *thermalis* 187
　*dulcis*
　　var. *dulcis* 180
　　var. *tuberosa* 180
　*equisetiformis* 182
　*fistulosa*　→ *acutangula*
　*intersita* 181
　*kuroguwai* 179
　*mamillata* 181
　*maximowiczii*
　　→ *congesta* var. *thermalis*
　*palustris*
　　　→ *intersita*
　*parvinux* 182
　*parvula* 184
　*pellucida*
　　→ *congesta* var. *japonica*
　*valleculosa* → *equisetiformis*
*Elodea*
　*canadensis* 88
　*nuttallii* 89
*Equisetum*
　*fluviatile* 24
　*palustre* 25
*Eriocaulon*
　*buergerianum* 168
　*cauliferum* 166
　*cinereum* 167
　*heleocharioides* 168
*Euryale ferox* 39

**F**
*Fontinalis* 307

**G**
*Glossostigma elatinoides* 275
*Glyceria*
　*acutiflora*
　　subsp. *japonica* 206
　*depauperata*
　　var. *depauperata* 204
　　var. *infirma* 205
　*fluitans* 209
　*ischyroneura* 207
　*leptolepis* 208
　*leptorrhiza*
　　var. *depauperata*
　　　→ *depauperata* var. *depauperata*
　× *occidentalis* 209
　*spiculosa* 208
　× *tokitana* 208
*Gratiola japonica* 276
*Gymnocoronis spilanthoides* 300

**H**
*Heteranthera*
　*limosa* 145
　*reniformis* 146
*Hippuris*
　*tetraphylla* 277
　*vulgaris* 277
*Hydrilla verticillata* 90
*Hydrobryum*
　*floribundum* 243
　*japonicum* 242
　*koribanum* 245
　*puncticulatum* 244
*Hydrocharis dubia* 92
*Hydrocleys nymphoides* 76
*Hydrocotyle*
　*ranunculoides* 302
　*verticillata*
　　var. *triradiata* 301

**I**
*Ipomoea aquatica* 267
*Iris pseudacorus* 141
*Isachne globosa* 210
*Isoetes*
　*asiatica* 23
　*japonica* 20
　*lacustris* 23
　× *michinokuana* 21
　*pseudojaponica* 21
　*sinensis*
　　var. *coreana* 22
　　var. *sinensis* 22
*Isolepis crassiuscula* 189

**J**
*Juncus*
　*decipiens* 164
　cv. *utilis* 164

*effusus*
　var. *decipiens* →*Juncus decipiens*
*prismatocarous*
　subsp. *leschenaulti*　163
　sp.　165
*wallichianus*　163

## L

*Lagarosiphon major*　91
*Landoltia punctata*　57
*Leersia*
　*hexandra*　211
　*japonica*　211
　*oryzoides*　212
　*sayanuka*　212
*Lemna*
　*aequinoctialis*　59
　*aoukikusa*
　　subsp. *aoukikusa*　58
　　subsp. *hokurikuensis*　58
　*gibba*　63
　*japonica*　61
　*minima*　　→ *minuta*
　*miniscula*
　　　　　　→ *minuta*
　*minor*　60
　*minuta*　64
　*paucicostata*
　　　　　→ *aequinoctialis*
　*perpusilla*　64
　*trisulca*　66
　*turionifera*　62
　*valdiviana*　65
*Leptodictyum riparium*　307
*Limnobium laevigatum*　93
*Limnophila*
　*indica*　　→ *trichophylla*
　　subsp. *indica*　279
　　subsp. *trichophylla*　279
　*sessiliflora*　278
　*trichophylla*　279
*Limosella aquatica*　280

*Ludwigia adscendens*
　var. *stipulacea*
　　　→ *peploides* subsp. *stipulacea*
*grandiflora*
　subsp. *hexapetala*　253
　subsp. *grandiflora*　252
*hexapetala*
　　→ *Ludwigia grandiflora*
　subsp. *hexapetala*
*ovalis*　254
*palustris*　255
*peploides*
　subsp. *stipulacea*　251
*repens*　255

## M

*Marsilea*
　*crenata*　27
　*quadrifolia*　26
*Menyanthes trifoliata*　295
*Monochoria*
　*korsakowii*　147
　*vaginalis*　148
*Montia fontana*　265
*Murdannia*
　*keisak*　142
　*loriformis*　142
*Myosotis*
　*alpestris*　266
　*laxa*
　　subsp. *caespitosa*　266
　*sylvatica*　266
*Myriophyllum*
　*aquaticum*　237
　× *harimense*　235
　*oguraense*　234
　*spicatum*　232
　　var. *muricatum*　232
　*ussuriense*　236
　*verticillatum*　233

## N

*Najas*
　*ancistrocarpa*　101
　*chinensis*　100
　*foveolata* → *chinensis*
　*graminea*　98
　*japonica*　99
　*marina*　94
　*minor*　97
　*oguraensis*　96
　*orientalis*　100
　*tenuicaulis*　95
　*yezoensis*　102
*Nasturtium officinale*　258
*Nelumbo nucifera*　231
*Nuphar*
　× *fluminalis*　49
　× *hokkaiensis*　48
　*japonica*
　　f. *japonica*　40
　　f. *rubrotincta*　40
　　var. *saijoensis*
　　　　→ × *saijoensis*
　*oguraensis*
　　var. *akiensis*　46
　　var. *oguraensis*　45
　*pumila*
　　f. *rubro-ovaria*　47
　　var. *ozeensis*　47
　　var. *pumila*　47
　× *saijoensis*　42
　*saikokuensis*　44
　*shimadae*　46
　*subintegerrima*　43
　*submersa*　49
*Nymphaea*
　sp.　52
　*tetragona*
　　var. *erythrosligmatica*　51
　　var. *tetragona*　50
*Nymphoides*
　*aquatica*　299

学名索引

*319*

*coreana* 298
*indica* 297
*peltata* 296

## O

*Oenanthe javanica* 304
*Ottelia*
　*alismoides* 103
　*japonica* → *alismoides*

## P

*Paspalum*
　*distichum*
　　var. *distichum* 213
　　var. *indutum* 214
*Persicaria*
　*amphibia* 260
　*hastato-auriculata*
　　　　→ *praetermissa*
　*hydropiper* 262
　*praetermissa* 261
*Phalaris*
　*arundinacea* 215
*Phragmites*
　*australis* 216
　*japonica* 217
*Pistia stratiotes* 67
*Poa trivialis* 222
*Polygonum*
　*amphibium*
　　→ *Persicaria amphibia*
　*hastato-auriculatum*
　　　　→ *Persicaria*
　　　　*praetermissa*
*Polypogon fugax* 223
*Potamogeton*
　*alpinus* 117
　× *anguillanus* 124
　*apertus* 125
　*berchotoldii* 133
　× *biwaensis* 129
　*compressus* 131
　*crispus* 126

*cristatus* 119
*dentatus* → *lucens* subsp.
　*sinicus* var. *teganumensis*
*distinctus* 113
*fauriei* 125
*fryeri* 111
*gramineus* 115
× *inbaensis* 121
× *kamogawaensis* 136
× *kyushuensis* 128
× *leptocephalus* 129
*lucens*
　subsp. *sinicus*
　　var. *teganumensis* 121
　var. *dentatus* → *lucens*
　　subsp. *sinicus* var.
　　*teganumensis*
*maackianus* 127
× *malainoides* 114
*natans* 110
*nipponicus* → × *nitens*
× *nitens* 116
*nomotoensis* 125
*obtusifolius* 132
*octandrus* 118
× *orientalis* 135
*oxyphyllus* 130
*perfoliatus* 122
*praelongus* 123
*pusillus* 134
*tosaensis* 118
*wrightii* 120
× *yamagataensis* 112
*Pseudoraphis*
　*sordida* 218
　*ukishiba*
　　　　→ *sordida*

## R

*Ranunculus*
　*ashibetsuensis* 229
　*kadzusensis* 227
　*nipponicus*

var. *japonicus* 226
var. *nipponicus* 226
var. *okayamensis* 225
var. *submersus* 225
*sceleratus* 230
*trichophyllus*
　var. *kadzusensis*
　　　　→ *kadzusensis*
*yezoensis* 228
*Riccia fluitans* 306
*Ricciocarpos natans* 306
*Rotala hippuris* 246
*Ruppia*
　*cirrhosa* 139
　*maritima* 139
　*occidentalis* 140
　*truncatifolia*
　　　　→ *occidentalis*

## S

*Sagittaria*
　*aginashi* 77
　*graminea* 82
　*natans* 80
　*platyphylla* 83
　*pygmaea* 81
　*trifolia* 78
　　'Caerulea' 79
　　f. *longiloba* 78
　　var. *alismaefolia* 78
　　var. *edulis* → *trifolia*
　　　　'Caerulea'
　*weatherbiana* 82
*Salvinia*
　*cucullata* 29
　*molesta* 29
　*natans* 28
*Schoenoplectus*
　*gemmifer* 196
　*hondoensis* 194
　*hotarui* 192
　× *juncohotarui* 202
　*juncoides* 193

*lacustris* 200
*littoralis*
  subsp. *subulatus* 200
*mucronatus*
  subsp. *robustus*
    → *triangulatus*
  var. *antrosispinulosus* 197
  var. *ishizawae* 197
  var. *mucronatus* 197
  var. *tataranus* 197
*multisetus* 195
*nipponicus* 201
*orthorhizomatus* 194
*subulatus*
  → *littoralis* subsp. *subulatus*
*tabernaemontani* 199
  f. *picta* 199
  f. *zebrinus* 199
*trapezoidea* 202
*triangulatus* 195
*triangulatus* × *hotarui* 202
*triqueter* 198
  × *uzenensis* 202
*Scirpus*
  *iseensis* → *Bolboschoenus planiculmis*
  *maritimus*
    → *Bolboschoenus koshevnikovii*
  *radicans* 203
  *sylvaticus*
    var. *maximowiczii* 203
*Sium*
  *suave*
    var. *nipponicum* 305
    var. *ovatum* 305
    var. *suave* 305
*Sparganium*
  *angustifolium* 157
  *emersum* 153
  *erectum* 149
    var. *macrocarpum*
    → *eurycarpum* subsp. *coreanum*
  *eurycarpum*
    subsp. *coreanum* 150
  *fallax* 151
  *glomeratum* 154
    var. *angustifolium* 154
  *gramineum* 156
  *hyperboreum* 158
  *japonicum* 152
  *kawakamii*
    → *angustifolium*
  *macrocarpum*
    → *eurycarpum* subsp. *coreanum*
  *natans* 158
  *simplex* → *emersum*
  *stenophyllum*
    → *subglobosum*
  *subglobosum* 155
*Spartina alterniflora* 219
*Sphenoclea*
  *zeylanica* 268
*Spirodela*
  *oligorhiza*
    → *Landoltia punctata*
  *polyrhiza* 68
  *punctata*
    → *Landoltia punctata*
*Stuckenia*
  *pectinata* 137
*Subularia*
  *aquatica* 259

## T

*Torreyochloa*
  *natans* 220
  *viridis* 220
*Trapa*
  *acornis* 249
  *bispinosa* 249
  *incisa* 250
  *japonica* 247
    var. *pumila* 247
  *natans* 248
    var. *japonica* → *natans*
    var. *rubeola* 248
*Trapella sinensis* 281
*Typha*
  *angustifolia* 161
  *domingensis*
    → *angustifolia*
  *latifolia* 159
  *laxmannii* 162
  *orientalis* 160
  × *suwensis* 160

## U

*Utricularia*
  *aurea* 285
  *australis* 286
  *dimorphantha* 289
  *exoleta* 292
  *gibba* 292, 293
    subsp. *exoleta* → *exoleta*
  *inflata* → cf. *platensis*
  *intermedia* 290
  × *japonica* 288
  *macrorhiza* 287
  *minor* 291
  *ochroleuca* 290
  *pilosa* → *aurea*
  cf. *platensis* 294
  *tenuicaulis* → *australis*
  *vulgaris*
    var. *japonica*
    → *Utricularia* × *japonica*

## V

*Vallisneria*
  *asiatica* 105
    var. *biwaensis* 106
    var. *higoensis* 107

*australis* 108
*biwaensis*
　→ *asiatica* var. *biwaensis*
*denseserrulata* 104
*gigantea* 108
*higoensis*
　→ *asiatica* var. *higoensis*
*natans* → *asiatica*
Veronica

*anagallis-aquatica* 282
× *myriantha* 284
*undulata* 283

### W
*Wolffia globosa* 69

### Z
*Zannichellia*

*palustris* 138
Zizania
　*latifolia* 221
Zostera
　*japonica* 109
　　subsp. *austroasiatica* 109
　*nana* → *japonica*

## 和名索引

### ア行
アイオオアカウキクサ **34**
アイノコイトモ **135**, 136
アイノコガマ　160
アイノコカンガレイ **202**
アイノコセンニンモ **128**
アイノコヒルムシロ　114
アイノコヤナギモ　125
アオウキクサ　8, **58**, 59, 68
アカウキクサ　**30**
アギナシ　77, 78
アサザ　8, 15, 19, **296**, 297
アシ→ヨシ
アシカキ　8, **211**, 212
アズマミクリ→オオミクリ
アズミノヘラオモダカ　**73**
アゼスゲ　**175**
アブノメ　**276**
アマゾントチカガミ　**93**
アマモ　109
アメリカオオアカウキクサ **33**, 34
アメリカコナギ　**145**
アメリカミズユキノシタ **255**
アリスガワゼキショウ　55

イ→イグサ
イグサ（イ，トウシンソウ）16, **164**

イケノミズハコベ　18, **273**
イセウキヤガラ　**171**
イチョウウキゴケ　**306**
イチョウバイカモ　**226**
イトイバラモ　**102**
イトクズモ　8, **138**
イトタヌキモ（ミカワタヌキモ）203, **292**
イトトリゲモ　**99**, 101
イトモ　**133**, 134, 135
イヌイトモ　**132**
イヌクログワイ（シログワイ）**180**
イヌスギナ　25
イヌタデ　12
イヌタヌキモ　14, 285, **286**, 287, 288, 291
イヌヒメカンガレイ　197
イヌフトイ　200
イヌホタルイ　**193**, 202
イヌミゾハコベ　239
イバラモ　8, **94**, 95
イボウキクサ　**63**
イボクサ　**142**, 143
イボビシ→ヒシ
インバモ　121

ウォーターバコパ　**270**
ウォーターポピー→ミズヒナゲシ

ウキアゼナ　**269**
ウキイ→ビャッコイ
ウキガヤ　**205**, 222
ウキクサ　8, 16, 58, 62, 64, **68**, 69
ウキゴケ（カヅノゴケ）**306**
ウキシバ　**218**, 222
ウキミクリ　**156**
ウキヤガラ　**169**
ウスカワゴロモ　243, **244**
ウスゲオオバナミズキンバイ **253**
ウチワゼニクサ→ウチワゼニグサ
ウチワゼニグサ（ウチワゼニクサ，タテバチドメグサ）**301**
ウメバチモ→バイカモ
ウリカワ　12, **81**
ウリュウコウホネ　47
ウンチェー→ヨウサイ

エゾウキヤガラ→コウキヤガラ
エゾコウキクサ→キタグニコウキクサ
エゾコウホネ
　　→ネムロコウホネ
エゾノサヤヌカグサ　212
エゾノヒツジグサ　50
エゾノヒルムシロ→エゾヒル

索引

322

ムシロ
エゾノミズタデ　9, **260**
エゾハリイ　**187**
エゾヒルムシロ（エゾノヒルムシロ）　**115**, 116
エゾベニヒツジグサ　**51**
エゾミクリ　**153**
エゾムラサキ　266
エゾヤナギモ　**132**
エトロフソウ　157
エナガキクモ→コキクモ
エビモ　14, 125, **126**, 130
エフクレタヌキモ　**294**
園芸スイレン　**52**, 53, 95
エンサイ→ヨウサイ

オオアカウキクサ　13, 30, **31**, 32
オオアゼスゲ　175
オオアブノメ　17, **276**
オオイチョウバイカモ→イチョウバイカモ
オオカサスゲ　**173**
オオカナダモ　10, 18, **88**, 89, 90
オオカワヂサ→オオカワヂシャ
オオカワヂシャ（オオカワヂサ）　18, **282**, 283, 284
オオクログワイ　→シナクログワイ
オオササエビモ　**124**, 125
オオサンショウモ　**29**
オオスズメノカタビラ　222
オオスブタ　86
オオセキショウモ　**108**
オオタヌキモ　14, 286, **287**, 288
オオトリゲモ　**96**, 97, 99
オオヌマハリイ→ヌマハリイ
オオバイカモ　**229**
オオバシナミズニラ　**22**
オオバタネツケバナ　**257**

オオバナイトタヌキモ　292, **293**
オオバナミズキンバイ　18, **252**
オオハリイ　**186**
オオフサモ　**237**
オオフトイ　**200**
オオホシクサ　168
オオミクリ（アズマミクリ）　**150**
オオミズヒキモ（カモガワモ）　**136**
オオヨドカワゴロモ　**245**
オグラコウホネ　44, **45**, 46
オグラノフサモ　14, **234**, 235
オーストラリアセキショウモ　108
オゼコウホネ　47
オトメアゼナ　**271**
オニバス　8, 15, 16, **39**
オニビシ　15, **248**, 249
オヒルムシロ　**110**, 112, 113
オモダカ　14, 77, **78**, 79
オランダガラシ（クレソン）　16, 257, **258**

### カ行

ガガブタ　**297**, 298, 299
カキツバタ　52
カサスゲ　16, **172**
ガシャモク　**121**
カヅノゴケ→ウキゴケ
カナダモ　88
ガマ　7, **159**, 160
カミガヤツリ（パピルス）　178
カモガワモ→オオミズヒキモ
カラー　56
カラフトグワイ　**80**
カロライナツユクサ　143
カワゴケソウ　**240**, 241, 243
カワゴケ類　307
カワゴロモ　**242**

カワヂシャ　17, **283**, 284
カワツルモ　**139**
カンガレイ　188, **195**, 196, 197, 198, 202

キクモ　9, 13, **278**, 279
キシュウスズメノヒエ　**213**, 214
キショウブ　54, **141**
キタグニコウキクサ（エゾコウキクサ）　**62**
キタミソウ　**280**
キバナトチカガミ→ミズヒナゲシ
ギョウギシバ　218
キンキカサスゲ　**172**

クウシンサイ→ヨウサイ
クサヨシ　**215**, 222
クレソン→オランダガラシ
クロアブラガヤ　**203**
クログワイ　**179**, 180, 181
クロヌマハリイ　181
クロバナロウゲ　**238**
クロモ　8, 14, 15, 89, **90**, 91
クロモモドキ　**91**
クワイ　16, **79**

コアマモ　**109**
コウガイゼキショウ　163
コウガイモ　**104**
コウキクサ　57, 59, **60**, 61, 62, 63, 64
コウキヤガラ（エゾウキヤガラ）　**170**
コウホネ　**40**, 42, 44, 48, 49
コオニビシ　247
コカナダモ　14, **89**, 90, 274
コガマ　**160**
コキクモ（タイワンキクモ, エナガキクモ）　278, **279**
コゴメイ　**165**
コシガヤホシクサ　168

*323*

索引

コスブタ　86
コタヌキモ　**290**
コツブヌマハリイ　**182**
コナギ　145, **148**
コバノヒルムシロ　**119**
ゴハリマツモ→ヨツバリキンギョモ
コヒゲ　**164**
コモチコウガイゼキショウ→ハリコウガイゼキショウ
コモチゼキショウ→ハリコウガイゼキショウ

## サ行

サイコクヒメコウホネ　42, 43, 44
サイジョウコウホネ　**42**
サガミトリゲモ→ヒロハトリゲモ
ササバモ　9, 114, **120**, 121, 124, 125
サジオモダカ　**70**, 71, 74
サツマオモダカ（ヒトツバオモダカ）　**78**
サヤヌカグサ　**212**
サワゼリ→ヌマゼリ
サンカクイ　188, **198**, 201
サンカクホタルイ　**202**
サンショウモ　**28**
サンネンモ　**129**

シカクイ　**185**
シカクホタルイ　**202**
シジミヘラオモダカ→ホソバヘラオモダカ
シズイ（テガヌマイ）　**201**
シナクログワイ（オオクログワイ）　**180**
シナミズニラ　**22**
シマイボクサ　**142**
シマウキクサ→ヒメウキクサ
シマツユクサ　**143**
シマフトイ　**199**

シモツケコウホネ　19, **49**
ジャイアントサジッタリア　**82**
シュロガヤツリ　**178**
ジュンサイ　15, 16, **37**, 299
ショウブ　**54**, 55
シログワイ→イヌクログワイ
シンワスレナグサ（ワスレナグサ）　**266**

スイレン→園芸スイレン
スガモ　**109**
スギナモ　13, **277**
スジヌマハリイ　**182**
スズメノテッポウ　**222**
スパルティナ・アングリカ　**219**
スブタ　12, **86**, 87, 167

セイヨウウキガヤ　**209**
セイヨウミズユキノシタ　**255**
セキショウ　**55**
セキショウモ　8, 15, 82, **105**, 106, 107, 152
セトヤナギスブタ　**85**
セリ　16, **304**
センニンモ　125, **127**, 128, 129

## タ行

タイワンアシカキ　**211**
タイワンキクモ→コキクモ
タイワンコウホネ　45, 46
タカネミクリ→チシマミクリ
タカノホシクサ　16, **166**
タガラシ　**230**
タシロカワゴケソウ　**241**
タタラカンガレイ　**197**
タチモ　13, 168, **236**
タテジマフトイ　**199**
タテバチドメグサ→ウチワゼニグサ

タヌキモ　8, 14, 285, 286, 287, **288**
タビラコモドキ→ナヨナヨワスレナグサ
タマミクリ　**154**

チクゴスズメノヒエ　8, 213, **214**
チゴザサ　**210**
チシママツバイ　**183**
チシマミクリ　**158**
チシマミズニラ　**23**
チシマミズハコベ　**274**
チトセバイカモ（ネムロウメバチモ）　**228**
チビウキクサ　**64**
チャボイ　7, **184**
チリウキクサ　**65**

ツクシオオガヤツリ　**177**
ツクシカンガレイ　**195**
ツクシササエビモ→ヒロハノセンニンモ
ツクシポドステモン→マノセカワゴケソウ
ツツイトモ　133, **134**
ツツミズヒキモ　**118**
ツツヤナギモ　**125**
ツノナシビシ　**249**
ツルアブラガヤ　**203**
ツルスゲ　**174**, 176
ツルヨシ　9, **217**

テイレギ　**257**
テガヌマイ→シズイ
テリハノエビモ　**116**
デンジソウ　**26**, 27

トウゴクヘラオモダカ　**74**
トウシンソウ→イグサ
トウヌマゼリ（ホソバヌマゼリ）　**305**
トウビシ　**249**

324

トキワカワゴケソウ（トキワポドステモン）**240**
トキワポドステモン→トキワカワゴケソウ
ドクゼリ **303**
トゲホザキノフサモ 232
ドジョウツナギ **207**, 208
トチカガミ 10, 14, 17, **92**
トリゲモ 96, **97**, 101

### ナ行

ナガエツルノゲイトウ 10, 14, **264**
ナガエミクリ 10, **152**, 154
ナガバエビモ **123**
ナガバオモダカ **82**, 83
ナガボノウルシ **268**
ナガレコウホネ **49**
ナヨナヨワスレナグサ（タビラコモドキ）266
ナンカイコアマモ 109
ナンゴクアオウキクサ 57, **59**
ナンゴクサンショウモ 29
ナンゴクデンジソウ **27**
ナンゴクミズハコベ **272**

ニシノオオアカウキクサ **32**, 34

ヌマアゼスゲ 175
ヌマゼリ（サワゼリ）**305**
ヌマドジョウツナギ 208
ヌマハコベ **265**
ヌマハリイ（オオヌマハリイ）**181**

ネジリカワツルモ 139
ネジレモ **106**
ネビキグサ（アンペライ）**190**
ネムロウメバチモ→チトセバイカモ

ネムロコウホネ（エゾコウホネ）**47**, 48
ノタヌキモ 15, **285**
ノハラワスレナグサ 266
ノモトヒルムシロ 125

### ハ行

バイカモ（ウメバチモ）**225**, 227, 228, 229
ハイドジョウツナギ **220**
ハイホテイアオイ 146
ハゴロモモ 95
ハゴロモモ（フサジュンサイ）**38**
ハス 14, 15, 16, 52, **231**
ハタベカンガレイ **196**
ハナガガブタ **299**
バナナプラント→ハナガガブタ
ハビコリハコベ **275**
パピルス→カミガヤツリ
ハリイ **185**, 186
ハリコウガイゼキショウ（コモチコウガイゼキショウ、コモチゼキショウ）**163**
ハリナズナ **259**
ハリマノフサモ 14, **235**
ハンデルソロイゴケ 307

ヒエガエリ 223
ヒガタアシ **219**
ヒシ 8, 16, **247**, 248
ヒシモドキ 15, **281**
ヒツジグサ **50**, 51, 299
ヒトツバオモダカ→サツマオモダカ
ヒナウキクサ **64**
ヒナザサ 222
ヒナミクリ **158**
ヒメイバラモ 95
ヒメウキガヤ **204**, 205, 222, 223

ヒメウキクサ（シマウキクサ）**57**
ヒメオヒルムシロ **112**
ヒメカイウ（ヒメカユウ）**56**
ヒメガマ 7, 8, 160, 161, **162**
ヒメカユウ→ヒメカイウ
ヒメカンガレイ **197**
ヒメコウホネ **43**, 44
ヒメシロアサザ **298**
ヒメタヌキモ **291**
ヒメバイカモ **227**
ヒメビシ **250**
ヒメホタルイ 7, **191**, 202
ヒメホテイアオイ（ヒメホテイソウ）**146**
ヒメホテイソウ→ヒメホテイアオイ
ヒメミズニラ **23**
ヒメミズワラビ **36**
ビャッコイ（ウキイ）**189**
ヒラウロコゴケ 307
ヒラモ **107**
ヒルゼンバイカモ 225
ヒルムシロ 14, **113**, 114, 120
ヒロハウキガヤ 209
ヒロハオモダカ **83**
ヒロハコモチコウガイゼキショウ→コウガイゼキショウ
ヒロハコモチゼキショウ→コウガイゼキショウ
ヒロハドジョウツナギ 208
ヒロハトリゲモ 98
ヒロハヌマゼリ 305
ヒロハノエビモ 116, **122**, 124, 125
ヒロハノセンニンモ（ツクシササエビモ）129
ヒンジモ **66**

フサジュンサイ→ハゴロモモ

*325*

フサタヌキモ　15, 285, **289**
フサモ　14, **233**, 234, 235
フジエビモ　125
フトイ　**199**
フトヒルムシロ　110, **111**, 113
ブラジルチドメグサ　18, **302**
ベニオグラコウホネ　42, **46**
ベニコウホネ　**40**
ヘラオモダカ　**71**, 72, 73, 74, 82
ホクリクアオウキクサ　58, 59
ホザキノフサモ　66, **232**, 233
ホシクサ　**167**
ホソバウキミクリ　**157**
ホソバオモダカ　**78**
ホソバタマミクリ　154
ホソバドジョウツナギ　220
ホソバヌマゼリ→トウヌマゼリ
ホソバノウナギツカミ　**261**
ホソバヒメガマ　**161**
ホソバヒルムシロ　111, **117**
ホソバヘラオモダカ（シジミヘラオモダカ）　**72**, 74
ホソバミズヒキモ　112, **118**, 119, 133, 136
ホタルイ　**192**, 193, 202
ホタルイモドキ　202
ボタンウキクサ　18, **67**
ホッカイコウホネ　48
ホッスモ　98, 99, 102
ホテイアオイ　8, 14, 15, **144**, 146
ホナガカワヂシャ　284

### マ行

マガリミサヤモ→ムサシモ
マコモ　**221**
マツバイ　**183**

マツモ　8, 14, **224**
マノセカワゴケソウ（ツクシポドステモン）　**240**
マルバオモダカ　9, 14, **75**
マルミスブタ　**87**
マンゴクドジョウツナギ　**208**
マンシュウミズハコベ　272
ミカヅキイトモ→イトクズモ
ミカワタヌキモ→イトタヌキモ
ミクリ　**149**, 150, 152
ミシマバイカモ　226
ミジンコウキクサ　**69**
ミズアオイ　17, **147**, 148
ミズウチワ→ミズヒナゲシ
ミズオオバコ　8, 12, 15, 16, **103**
ミズキンバイ　19, **251**, 253
ミズスギナ　**246**→ミズドクサ
ミズタガラシ　**256**
ミズドクサ（ミズスギナ）　**24**, 25
ミズニラ　**20**, 21, 22
ミズニラモドキ　**21**, 22
ミズハコベ　239, **272**, 273, 274
ミズヒナゲシ（ウォーターポピー，キバナノチカガミ，ミズウチワ）　**76**
ミズヒマワリ　14, 18, **300**
ミスミイ　**188**
ミズユキノシタ　**254**, 255
ミズワラビ　14, **35**, 36
ミゾハコベ　**239**
ミチノクホタルイ　194
ミチノクミズニラ　21
ミツガシワ　**295**
ミノゴメ→ムツオレグサ
ミヤマホタルイ　**194**

ムサシモ（マガリミサヤモ）　**101**
ムジナモ　8, 16, **263**
ムツオレグサ（ミノゴメ）　206, **207**, 222
ムラサキコウキクサ　**61**

メビシ　248

モウコガマ　**162**

### ヤ行

ヤクシマカワゴロモ　**244**
ヤチコタヌキモ　290
ヤナギゴケ　307
ヤナギスブタ　**84**, 85
ヤナギタデ　**262**
ヤナギモ　17, 128, **130**, 135, 136
ヤハズカワツルモ　**140**
ヤマトミクリ　**151**
ヤラメスゲ　**176**
ヤリハリイ　185

ヨウサイ（エンサイ，クウシンサイ）　**267**
ヨシ（アシ）　7, 14, 16, 215, **216**, 217
ヨツバリキンギョモ（ゴハリマツモ）　**224**

### ラ行

リュウノヒゲモ　8, **137**

ロッカクイ　197

### ワ行

ワスレナグサ→シンワスレナグサ

## 著者紹介

**角野 康郎**(かどの やすろう)

1952年京都府生まれ。京都大学理学部卒業。大学院に進み,日本産ヒルムシロ属の比較生態学的研究で理学博士。神戸大学において,日本の水草の生態と分類地理学的研究に広く取り組んできた。絶滅危惧水生植物の保全生態学的研究と外来水生植物の生態リスク研究も重要なテーマ。神戸大学大学院理学研究科生物学専攻 教授(生物多様性講座)を務める。現在は神戸大学名誉教授。

【主著】

『日本水草図鑑』(文一総合出版,1994)

『ウェットランドの自然』(共著・保育社,1995)

『水辺環境の保全―生物群集の視点から』(分担執筆・朝倉書店,1998)

『多様性の植物学3』(分担執筆・東京大学出版会,2001)

『Flora of Japan』(分担執筆・Kodansha,1993〜2015)など。

### ネイチャーガイド　日本の水草

2014年9月30日　初版第1刷発行
2018年11月30日　初版第2刷発行

著　者　角野 康郎
発行者　斉藤 博
発行所　株式会社 文一総合出版
　　　　〒162-0812　東京都新宿区西五軒町2-5
　　　　TEL：03-3235-7341　FAX：03-3269-1402
　　　　URL：http://www.bun-ichi.co.jp　振替：00120-5-42149
印　刷　奥村印刷株式会社

©YASURO KADONO 2014　ISBN978-4-8299-8401-7　Printed in Japan

JCOPY 〈(社) 出版者著作権管理機構 委託出版物〉　本書の無断複写は著作権法上での例外を除き禁じられています。複写される場合は、そのつど事前に、(社) 出版者著作権管理機構 (電話 03-3513-6969、FAX 03-3513-6979、e-mail : info@jcopy.or.jp) の許諾を得てください。